U0193342

自由空间光通信技术

Free Space Optical Communication

[印] 赫曼尼·考沙尔(Hemani Kaushal)
维兰德·库马尔·杰恩(V. K. Jain) 著
舒普洛特·卡尔(Subrat Kar)

刘　阳　余林佳　邓小飞
朱维各　李　鑫　宋　涛 译

国防工業出版社

·北京·

著作权登记号　图字军 - 2020 - 018 号

图书在版编目（CIP）数据

自由空间光通信技术/(印) 赫曼尼·考沙尔(Hemani Kaushal),(印)维兰德·库马尔·杰恩(V. K. Jain),(印)舒普洛特·卡尔(Subrat Kar)著;刘阳等译. —北京:国防工业出版社,2021. 10

书名原文:Free Space Optical Communication

ISBN 978 - 7 - 118 - 12353 - 1

Ⅰ. ①自…　Ⅱ. ①赫… ②维… ③舒… ④刘…　Ⅲ. ①空间光通信—研究　Ⅳ. ①TN929. 1

中国版本图书馆 CIP 数据核字(2021)第 160429 号

※

国防工业出版社出版发行

（北京市海淀区紫竹院南路 23 号　邮政编码 100048）

北京龙世杰印刷有限公司印刷

新华书店经售

*

开本 710 × 1000　1/16　印张 13¼　字数 192 千字

2021 年 10 月第 1 版第 1 次印刷　印数 1—2000 册　定价 98. 00 元

（本书如有印装错误，我社负责调换）

国防书店:(010)88540777　书店传真:(010)88540776

发行业务:(010)88540717　发行传真:(010)88540762

译者序

本书是在光通信技术已经蓬勃发展的阶段，总结了地表、室内、星间和星地多种应用基础上，结合原著作者多年的研究和实践经验下完成的，内容广而全，点精而深，深入浅出，适于光通信领域初学者以及资深研究人员学习与借鉴。

本书虽然没有对全部的光通信链路进行案例分析，但论述的内容大多是工程实践的经验或是具有代表性的研究，对实际系统设计有重要的、可操作的指导意义，对系统仿真、链路规划、指标分配等具体问题更具有现实的指导和借鉴价值。书中的重点在于描述星地激光通信链路的组成与性能，星地激光通信应用也是自由空间光通信技术的难点和主要攻关领域。星地链路面临大气干扰、激光对准、卫星资源等一系列制约因素，为未来建立星地一体化的自由空间光网络带来了重大的技术挑战。本书对其中的具体问题进行了梳理和分析，具有一定的参考意义。本书篇幅不长，但在光通信领域涉及的广泛性和深入程度而言，是难得的佳作。

本书的翻译讲求简练、直观地体现原著的风格与内涵，在清楚表述的基础上尽量减少译者的文字发挥，而尽可能传达原著作者的思想与技术认识，使读者能够顺畅地阅读。希望本书能对光通信领域感兴趣的朋友们有所裨益。

由于译者水平有限，书中难免有一些缺点和不确切之处，谨望专家、学者批评指正。

译者

2021 年 6 月

前　言

近年来，随着宽带通信需求的兴起，光通信技术得到了广泛的关注和重视。本书将阐述的自由空间光通信技术具有吉比特量级以上的无线通信潜力，目前自由空间光通信技术具有宽松的可用谱段，可以避免出现微波通信中普遍存在的谱段受限问题。自由空间光通信技术可应用于多种场合，包括地表链路、深空卫星光通信链路、多种航天器间链路、多种高轨平台间链路、地球空间站的上行/下行链路、飞机及其他地基平台之间的激光链路等。利用该技术能够建成一个保密性好、可灵活互联的集中式或分布式通信系统。自由空间光通信技术具有低功耗、强需求、高带宽、频段限制小、可快速部署、成本效率高等优点，成为近年来的研究热点。然而，自由空间光通信技术也存在着技术挑战，如随机变化的大气环境对系统设计者将是一个很难逾越的技术障碍，其中对光通信影响最大的几个因素是大气吸收、大气散射和大气湍流。大气湍流将导致链路性能急剧恶化，是自由光通信链路建立过程中面临的主要挑战。本书将对自由空间光通信技术和系统进行基本论述，同时将着重介绍如何在大气湍流影响下提高激光链路的性能。

本书致力于覆盖自由空间光通信技术的主要基础知识和基本概念，使读者能够得到充分的、有深度的相关理论，能够依据本书内容独立进行无线光通信系统的设计工作。本书的读者包括工程师、设计师以及大气光通信领域的相关研究人员。本书的主要内容针对室外空间光通信技术，在部分章节中对室内光通信技术也进行了概要介绍。本书的主要内容是基于第一作者在攻读博士学位阶段的研究工作，之后进一步在自由空间光通信技术方面进行了全面的技术阐述和内容补充。

本书共7章。第1章对自由空间光通信技术的发展背景及应用情况进行了综述。第 2 章对自由空间光信道模型进行了全面、系统地介绍，对于光束在大气中传播所受到的多种大气损失因素如自由空间传输损失、指向损失、大气吸收损失和大气散射损失等进行了阐述，随后对大气湍流现象及其对激光通信的影响展开论述，包括光束漂移、光束扩散、光束起伏、光斑抖动等影响因素，并建立了多种形式的大气湍流信道模型。第 3 章论述了自由空间光通信系统的组成，包括光发射机、激光放大器和光接收机等。光接收机的设计中考虑到多种类型探测器和噪声源，给出了基于信噪比分析的接收机性能分析模型，介绍了与链路设计相关的工作波长、天线孔径、接收机带宽等内容。第 4 章论述了自由空间光通信的重要组成部分，即激光信号的捕获、跟踪、扫描（ATP）技术。由于初始建链时间长度决定了通信系统整体性能，ATP 技术对系统设计具有最根本性的约束；还列举并介绍了关于精确定位和窄波束对准等子系统原理。第 5 章介绍了在相干通信体制和非相干通信体制下自由空间激光链路误码率特性。第 6 章论述了可用于提高链路性能的新技术，如孔径平均技术、分集技术、编码技术、自适应光学技术、延迟转发光通信技术等。第 7 章描述了光通信系统设计中链路预算的计算方法。

Hemani Kaushal，V. K. Jain，Subrat Kar

目　录

第1章

无线光通信系统

1.1 概述

无线光通信技术具有超高带宽、方便部署、无频带许可限制、更低功耗(约为微波通信的1/2)、更小系统质量(约为微波通信的1/2)、更小体积(天线口径约为微波通信的1/10)以及更高的链路安全性等诸多优势,使得无线光通信技术成为当前高速通信技术的先进领域与前沿方向。更高的通信速率和更窄的通信波束(高链路增益)使该项技术更具有商业价值。它可在自由空间信道上实现10Gb/s量级的音频或视频通信。按照其应用场景可分为室内无线光通信与室外无线光通信两类,其中室内无线光通信技术又可以分为4种不同应用场景,即视距内、视距外、散射和准散射。室外光通信又称为自由空间光通信,分为地面应用和空间应用两大类。图1.1给出了无线光通信技术的各种应用分类。

近年来,得益于光电器件技术及其相关产业的商业化和市场化的巨大发展,无线光通信技术得到了迅猛的发展,并被认为是解决超大带宽通信需求以及通信网络最后一公里瓶颈等问题的有效手段。无线光通信技术可应用于多种链路和平台,如低轨星地链路、星间链路、高轨星地链路、卫星与飞行器间链路、深空探测器、地面站、无人飞行器、高海拔平台等[1-4],可服务于遥感、射电天文学、空间无线通信、军事应用等多个领域。

当无线光通信技术应用于非常短的链路距离时,也称为无线光互联(FSOI)

技术,该技术可用于集成电路内部光电器件间复杂的无线光传输,得到了业界广泛的关注。与使用超大规模集成电路(VLSI)相比,FSOI 技术能够带来更高速、更低功耗和更小型化的网络互联设施,不过目前 FSOI 技术所需的全部光电器件成本比较高昂,实施网络互联建设的成本较高。吞吐量达到 1Tb/s 的印制电路板(PCB)已经在实验室中开发成功并得到验证,即在 PCB 上应用了 1000 条 1mm 宽光栅阵列通道,每条通道的通信速率为 1Gb/s[5]。

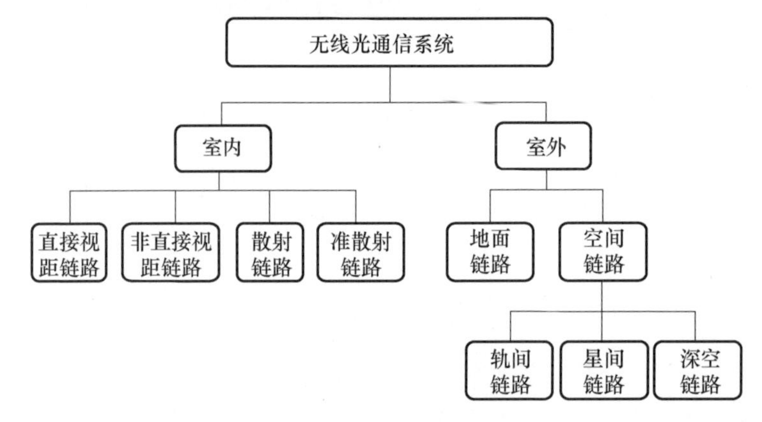

图 1.1 无线光通信系统分类

基于不同的传输距离,无线光通信可以分为以下五大类(图 1.2)。

(1) 超短距离无线光通信,用于芯片级通信或全光板上系统通信。

(2) 短距离无线光通信,用于无线体域网(WBAN)或无线个人空间网(WPAN)。

(3) 中距离无线光通信,用于室内无线局域网(WLAN)的红外或可见光通信,或用于汽车与其他基础设施间的通信。

(4) 远距离无线光通信,用于地面建筑之间或城际间通信。

(5) 超远距离无线光通信,用于星地、星间或深空通信。

当前商业化的无线光通信设备已可支持 10Mb/s ~ 10Gb/s 量级的通信速率[10-11]。例如,美国圣迭戈的 LightPointe 公司、加拿大的 fSONA 公司、英国的 CableFree Wireles Excellence 公司、美国加州的 AirFiber 公司等光学公司,已经能够提供如大范围无线光路由器、无线光网桥、无线混合网桥、光交换机等光通信产品,可实现在恶劣天气环境下对企业互联、最后一公里接入、高清电视广播的多项业务的 100% 可靠性服务。

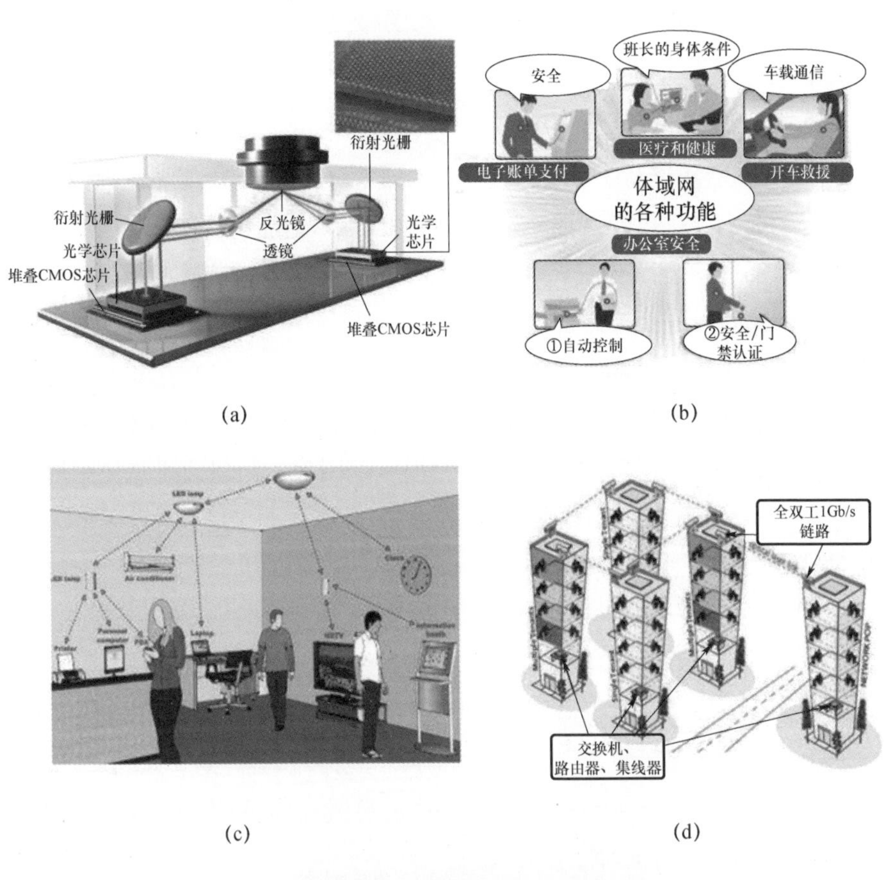

(a)　(b)

(c)　(d)

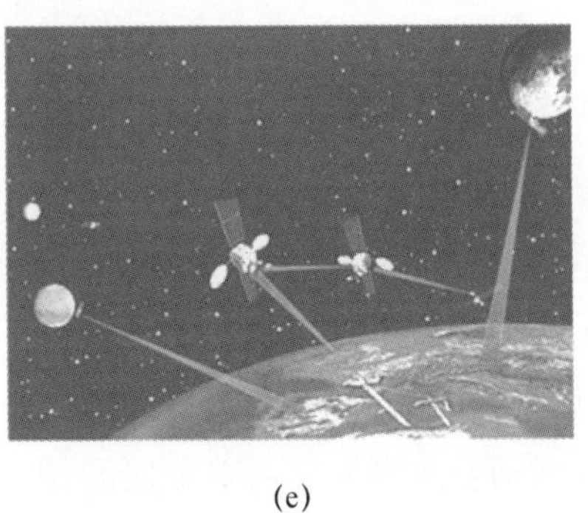

(e)

图 1.2　无线光通信的应用[6-9]

(a)芯片间通信;(b)无线局域网;

(c)室内红外或可见光通信;(d)建筑物间通信;(e)深空任务。

1.1.1 研究背景

贝尔在1880年进行了首例大气信道光通信试验，他利用阳光作为信号载波在几英尺距离上尝试语音信号传输。然而，由于阳光载波内在的不一致性，导致试验没有获得成功。20世纪60年代，西奥多·H·梅曼在美国加州马布里市的休斯研究实验室发明了第一台可正常运转的红宝石激光器，从此自由空间光通信(Free Space Optical Communication,FSO)的命运发生了转变。多个军事领域和空间试验领域的光通信链路试验计划得以实施。20世纪70年代，美国空军发起了一项名为“太空飞行测试系统”的计划，试图建立新墨西哥州美军地面站与卫星之间的星间链路，该计划后来更名为“机载飞行测试系统”。该计划于20世纪80年代取得了第一阶段的成功，实现了从飞机到地面站之间1Gb/s数据率的演示验证。在80—90年代期间，记载了一连串的演示验证试验，其中包括“光交叉互联子系统”(LCS)、“加强监视与跟踪系统”(BSTS)、“预警系统”(BSTS)等[12]。1995—1996年，美国国家航空航天局(NASA)与喷气推进实验室(JPL)首次联合推出了全双工的“星地激光通信演示验证”试验计划。此外，还为深空及星间任务进行了多个演示验证项目，如“火星激光通信演示验证”(MLCD)、“星间链路试验”(SILEX)等。

目前，NASA、印度空间研究组织(ISRO)、欧洲空间局(ESA)以及日本国家空间开发局(NSDA)都进行了大规模的相关领域技术开发。在各种机载终端、空间站、地面站和卫星之间已经建立了具有高数据率、高可靠性及100%可行性的全双工FSO链路演示系统。除了FSO上行链路和下行链路之外，FSO地面链路(两个建筑物之间建立局域网段的链路)也进行了广泛的研究，这将为用户提供最后一公里的连接性应用(图1.3)。

FSO通信系统非常适合人口密集的城市地区，因为在这些地区挖掘道路很麻烦。地面FSO链路可用于短距离(几米)或长距离(几十千米)通信。短距离链路通过将位于校园内或公司不同大楼内的建筑物中的局域网段互相连接，为终端用户提供高速连接。远程FSO通信系统链路延伸到现有城域光纤环网或连接新网络。这些链接并未到达终端用户，但它们将服务扩展到核心的网络基

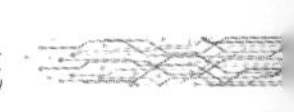

础设施。FSO 通信系统也可以部署在建筑物内，称为室内无线光通信（Wireless Optical Communication，WOC）系统。这种短距离室内 WOC 系统是一项面向未来的技术，随着便携式设备技术的兴起，如笔记本电脑、个人数字助理、便携式电话设备等，这一技术正在引起人们的关注。

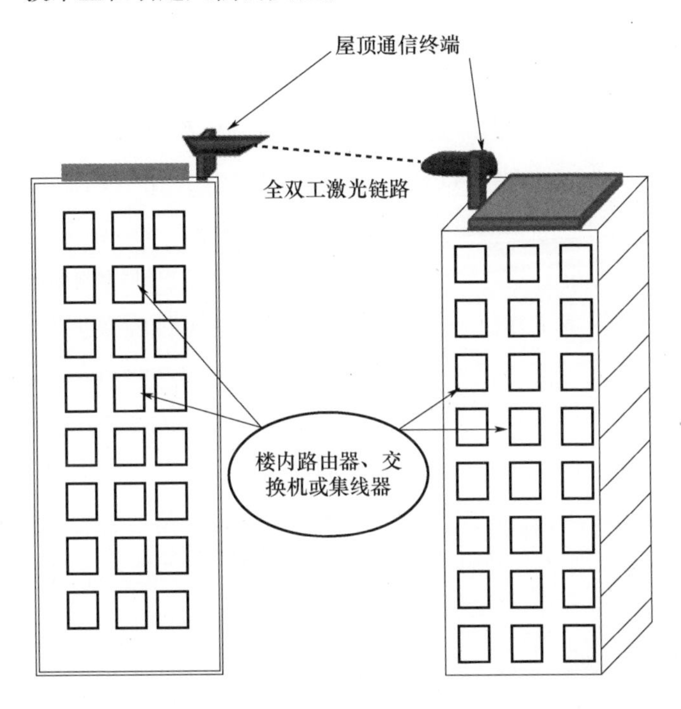

图 1.3　FSO 地面链路

1.1.2　室内无线光通信

室内环境建立物理有线连接相对繁琐，与之相比的无线光通信链路在建筑物内能提供灵活的网络互联。它由激光器或发光二极管作为发射机，光电探测器作为接收机。与射频（RF）设备或现有的铜电缆相比，这些设备及其驱动电路要便宜得多。此外，WOC 本质上是安全技术，因为光信号不会像电磁波那样穿透墙壁，电磁波通信极易引入干扰因此需要提高防窃听安全性。WOC 光波要么在可见光谱中，要么在能够提供非常大（太赫兹量级）带宽的红外（IR）光谱中，由于这些设备功耗非常低，所以它们也适用于移动终端系统。另外，WOC 系统将受到各种衰减的影响而降低系统性能。导致这些衰减的主要因素包括：①光电器件的速率限制；②较大的传播损耗；③由于白炽灯、荧光灯或阳光造成的室内杂光环境，将增大探测器中的噪声；④多路径色散；⑤人为噪声源造成的干扰。由于受到人眼安全规定的制约[14]，系统平均发射功率受限，将造成系统作用距离受限。

用于 WOC 最常用的光源是发光二极管（LED）和激光二极管（LD）。其中 LED 优于 LD，因为它更便宜且在工作频段内具有更宽的调制带宽和线性特性。由于 LED 是非定向光源，其输出功率不是很高。因此，为了补偿较低的功率水平，可以使用一组 LED 作为光源。但是，在 LED 体制下不能以超过 100Mb/s 的高数据率工作，而 LD 可以传输吉比特每秒的数据率。此外，根据人眼安全规定，LD 不能直接用于 WOC，因为它的高方向性可能导致人眼受到光学损伤。

室内光链路的分类取决于两个主要因素：①发射机（TX）波束角度，即方向性程度；②探测器的视场（FOV），即接收机（RX）的视角。在此基础上主要有 4 种类型的链路配置，即定向视距（LOS）、非定向 LOS、散射链路和多波束准散射链路。

1. 定向 LOS 链路

在这种类型的链路中，发射机的波束角度以及接收机的视场非常狭窄。发射机和接收机相互指向。这种配置适用于室内光通信的点对点链路建立。定向 LOS 链路的优、缺点如下。

1）优点

（1）由于路径损耗最小，因此提高了功效。

（2）减少多径失真。

（3）环境背景光的较大程度抑制。

（4）提高了链路预算余量。

2）缺点

（1）链接非常容易受到阻挡（或遮挡），因此无法在典型室内环境中提供移动性应用支持。

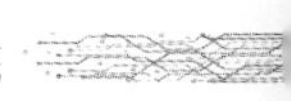

（2）由于它不支持点对多点广播链路，所以灵活性降低。

（3）发射机和接收机之间需要精密对准，因此对于某些应用来说是不方便的。

图1.4所示为定向LOS链路示意图。对于使用电视或音频设备等远程控制应用的电子设备，这种配置已经以低数据率使用了多年。它提供便携式电子设备（如笔记本电脑、移动设备和PDA等）之间的点对点连接。根据方向性的程度，还有另一种称为混合LOS的LOS链路类型。在这种情况下，发射机和接收机视场直接对视，但发射机的束散角远大于接收机的视角。该配置提供比定向LOS更大的覆盖区域，但是以降低的功率效率为代价，并且还存在阻塞问题。

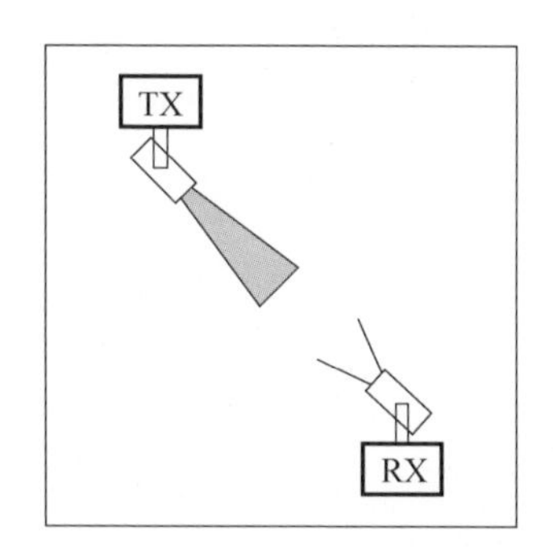

图1.4 定向LOS链路示意图[14]

2. 非定向LOS链路

在这种类型的链路中，发射机和探测器视场的束散角足够宽，以确保覆盖整个室内环境，与定向LOS相比，这样的链路不需要精密指向和对准。在这种情况下，对于给定的链路距离和发射功率，系统所接收的光功率辐照减小。该链路适用于点对多点广播应用，因为它提供了所需的高度移动性。在房间尺寸较大的情况下，整个房间可以分成多个光学单元，每个单元由具有受控光束发散的单独发射机控制。这种链接配置的优点和缺点如下。

1）优点

（1）允许用户的高移动性。

（2）增加对阴影的适应性。

(3) 降低定向指向需求。

(4) 非常适合点对多点广播应用。

2) 缺点

(1) 由于光束发散较宽,光束从房间内的墙壁或其他物体反射,所以接收到的信号会产生多路径失真。

(2) 低能效。

该链路可提供达数十米距离的连接,并支持高达 10Mb/s 的数据率,可在单元内操作的用户之间共享。图 1.5 描述了非定向 LOS 链路场景。

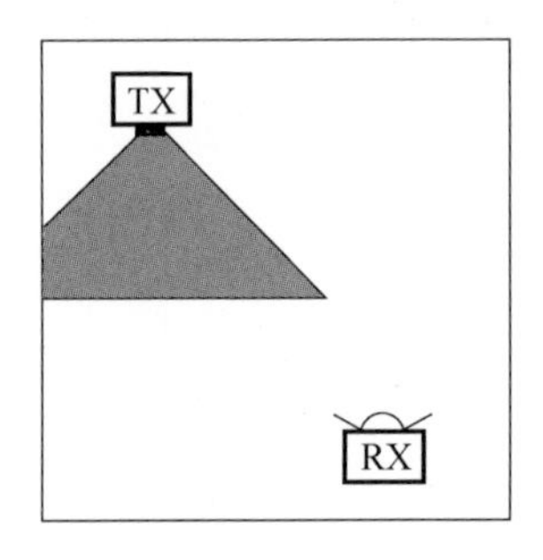

图 1.5　非定向 LOS 链路[14]

3. 散射链路

在这种类型的链路中,发射机面向屋顶或天花板,并朝天花板发射宽波束的红外能量。红外信号经过墙壁或房间物体的多次反射后,通过置于地面上的接收机实现更宽的接收视场。其优点和缺点如下。

1) 优点

(1) 发射机和接收机之间不需要对准,因为光信号利用墙壁和天花板的反射特性均匀地散布在房间内。

(2) 该链路是最健壮和灵活的,因为它不容易被阻挡和遮蔽。

2) 缺点

(1) 严重的多路径失真。

(2) 高光路损耗,对于 5m 的链路范围通常损耗为 50 ~ 70dB[15]。

散射链路是 IEEE 802.11 红外物理层标准的首选链路配置,它可以支持高达 50Mb/s 的数据率,如图 1.6 所示。

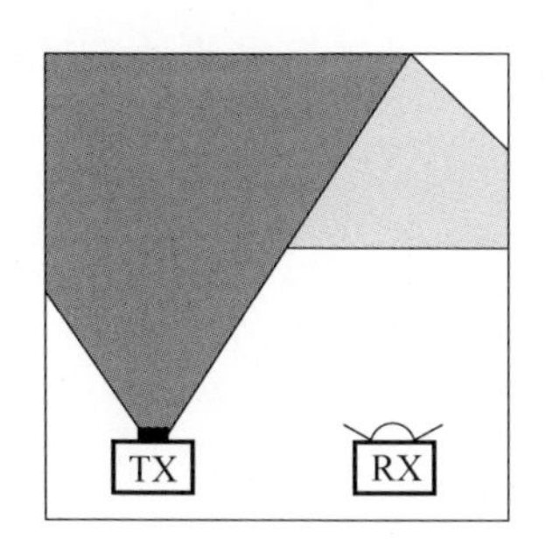

图1.6 散射链路[14]

4. 多波束准散射链路

在这种类型的链路中,单个宽波束散射发射机被多波束发射机(也称为准散射发射机)所取代。多个窄波束在不同的方向向外指向。这些光信号由放置在地面上的角分集接收机[16-17]收集。接收机的角分集接收可以通过两种方式实现:①采用多个定向于不同方向的非成像接收元件,并且每个元件具有透镜布置/集中器。透镜或者集中器的作用是通过将大面积入射的光线转换成较小面积的一组光线来提高收集效率,这允许以更小的成本和更高的灵敏度使用更小的光电探测器。但是,这种方法不是一个好的选择,因为它会使接收机配置非常庞大。②通过使用角度分集的改进版本,也称为"蝇眼接收机"[18]。它由成像光学集中器和分段光电探测器阵列组成,并放置在焦平面上。在这两种情况下,由单个接收机产生的光电流都被放大并使用各种组合技术进行处理。这种链接的优点和缺点如下[17]。

1)优点

(1) 在宽视场范围内提供高光学增益。

(2) 减少环境光源的影响。

(3) 减少多径失真和同频道干扰。

(4) 免受接收机附近阻塞的影响。

(5) 减少路径损失。

2)缺点

(1) 工程实施复杂。

(2) 造价昂贵。

在图 1.7 中描绘了多透镜或单透镜接收的准散射链路。实验研究表明,该链路可支持高达 100Mb/s 的数据率。

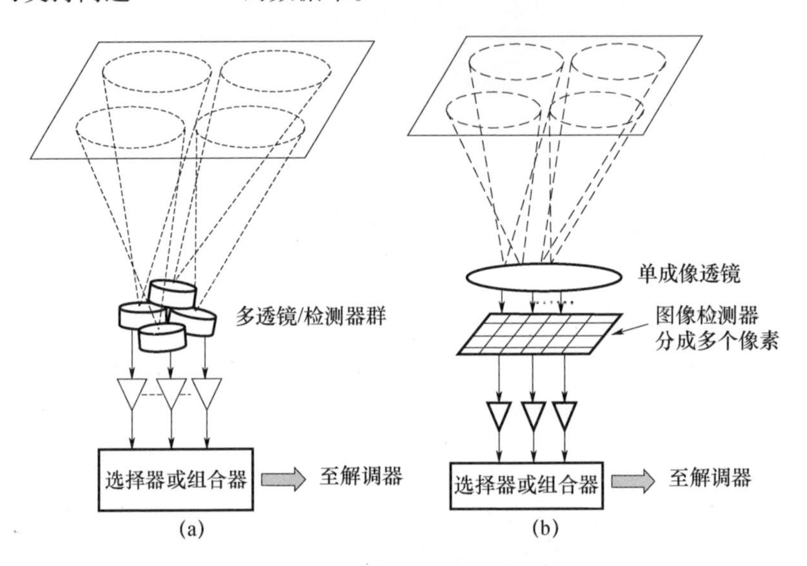

图 1.7　多透镜或单透镜接收的准散射链路

(a)多透镜接收机;(b)单透镜接收机。

多个研究组织已经开发并实施了室内 WOC 系统。表 1.1 给出了室内无线光通信研究的年表。

表 1.1　室内无线光通信研究年表[19]

日期/年	组织	配置	比特率	特点
1979/1981	IBM	散射	64 ~ 125kb/s	100mW,950nm,BPSK
1983	富士通	直射	19.2kb/s	15mW,880nm,FSK
1985	日立	混合	0.25 ~ 1Mb/s	300mW,FSK
1985	富士通	混合	48kb/s	880nm,BPSK
1987	贝尔实验室	定向直射	45Mb/s	1mW,800nm,OOK
1988	松下	混合	19.2kb/s	880nm,FSK
1992	MPR Teltech Ltd	非定向	230kb/s	DPSK,800/950nm
1994	伯克利	散射	50Mb/s	475mW,806nm,OOK

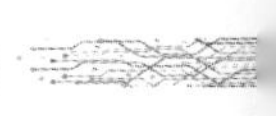

大多数室内无线光纤链路工作在780～950nm范围内。出于这个原因，室内无线系统也被称为IR系统。对于定向和非定向LOS，通常使用单个LED光源，其发射平均功率为几十毫瓦。在散射链路的情况下，使用朝向不同方向的LED阵列以提供覆盖区域的灵活性。这些LED发射功率范围为100～500mW。室内WOC和Wi－Fi系统的比较见表1.2。

表1.2　室内无线光通信和Wi－Fi系统的比较

序号	属性	Wi－Fi无线电	IR/VLC	IR / VLC的含义
1	频谱许可	是	否	不需要审批
				全球兼容性
2	穿透墙壁	是	否	固有安全
				承运人在相邻房间重复使用
3	多路径衰减	是	否	简单的链接设计
4	多路径分散	是	是	在高数据率下有问题
5	主导噪声	其他用户	背景光	短距离

1.1.3　室外/自由空间光通信

FSO需要发射机和接收机之间的视向连接，以便将信息从一个点传播到另一个点。来自光源的信息信号在光载波上被调制，然后该调制信号通过大气信道或自由空间（而不是光纤）传播到接收机。地对空间（光学上行链路）和卫星对地（光学下行链路）涉及光束通过大气和自由空间的传播。因此，这些链路是地面和空间链路的基本组成单元。图1.8说明了FSO链路的应用领域。

FSO链路框图如图1.9所示。像任何其他通信技术一样，FSO通信系统链路由3个基本子系统组成，即发射机、信道和接收机[20]。

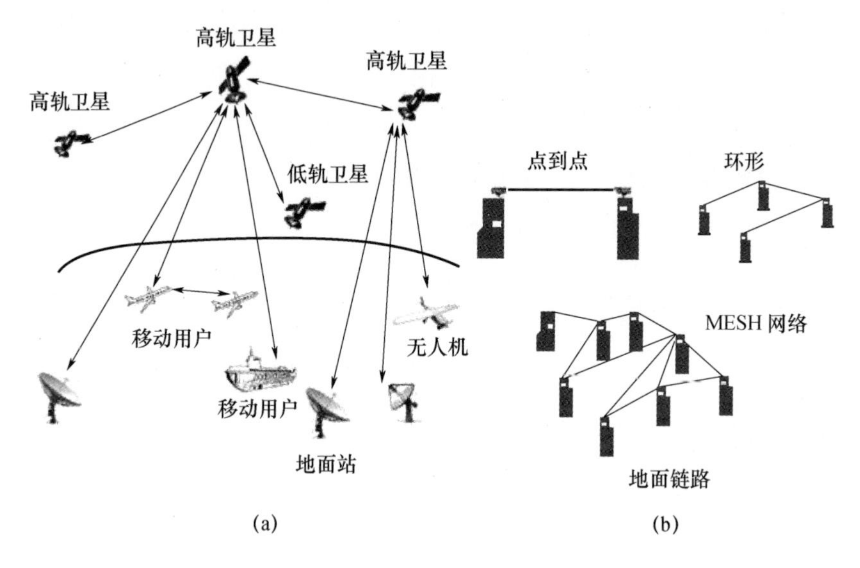

图 1.8　FSO 链路的应用

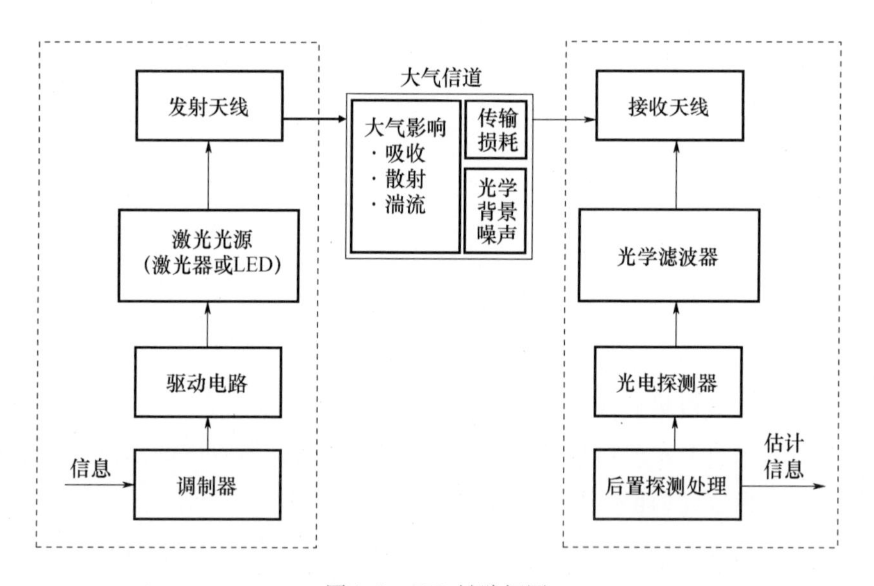

图 1.9　FSO 链路框图

(1) 发射机。其主要功能是首先将信息信号调制到光载波上;然后通过大气信道传播到接收机。调制器和光源驱动电路用于稳定光辐射以防止温度波动,准直器或望远镜用于收集、准直和引导光学器件向接收机发射。最广泛

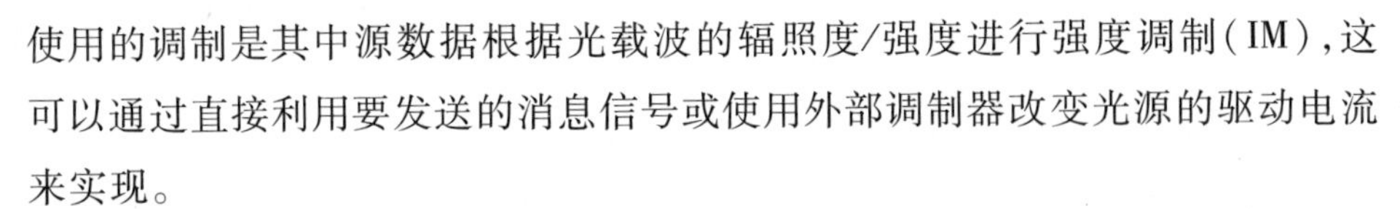

使用的调制是其中源数据根据光载波的辐照度/强度进行强度调制（IM），这可以通过直接利用要发送的消息信号或使用外部调制器改变光源的驱动电流来实现。

（2）信道。由于FSO信道以大气为传播介质，受到云、雪、雾和雨等不可预知的环境因素的影响。这些因素没有固定的特性，导致接收信号的衰减和恶化，信道因素是FSO通信系统性能的限制因素之一。

（3）接收机。它的主要功能是从入射光辐射中恢复传输的数据。它由接收望远镜、光学滤波器、光电探测器和解调器组成。接收望远镜收集入射光辐射，并将其聚焦到光电探测器上。滤光片降低背景辐射水平，并将信号导向光电探测器，使入射光信号转换为电信号。

1.2　FSO通信系统和射频通信系统的比较

与RF系统相比，FSO通信系统具有多种优势。FSO通信系统和RF通信的主要区别在于波长的巨大差异。在晴朗天气条件下（能见度大于10英里（mile，1mile≈1.61km）），大气透射窗口位于近红外区域，在700～1600nm之间。RF的传输窗口在30mm～3m之间。因此，RF波长比光波长大1000倍，这种高比率的波长导致了两个系统之间的一些有趣的差异，具体如下。

（1）巨大的调制带宽。众所周知，载波频率的增大会增强通信系统的信息承载能力。在射频和微波通信系统中，允许的带宽可以达到载频的20%。在光通信中即使带宽取载波频率的1%（约10^{16}Hz），允许带宽也可达到100 THz。这使得在光学频率下的可用带宽约是太赫兹量级，是典型RF载波带宽的10^5倍。

（2）窄光束发散角。光束发散角正比于λ/D_R，其中λ是载波波长，D_R是发射天线直径。因此，由光通信提供的光束扩展比RF通信窄。例如，$\lambda=1550$nm和光天线直径$D_R=10$ cm处的激光束发散角为0.34μrad。然而，在X波段的射频信号将产生非常大的波束发散度，如在10GHz处，即$\lambda=3$cm，并且孔径直径$D_R=1$m产生波束发散度为67.2mrad。对于给定的发射功率，在光通信中更小的光束发散令接收机处的信号强度增加。图1.10显示了从火星返回地球时激光链路和微波链路的光束发散比较[21]。

（3）较低的功率和质量要求。对于给定的发射机功率，由于光束发散度较窄，在接收机处接收功率更大。因此，较小的光载波的波长允许 FSO 设计者提出比 RF 系统更小的天线系统以获得相同的增益（因为天线增益与工作波长的平方成反比）。光学系统天线的典型尺寸为 0.3m，而一般微波天线需达到 1.5m[22]。

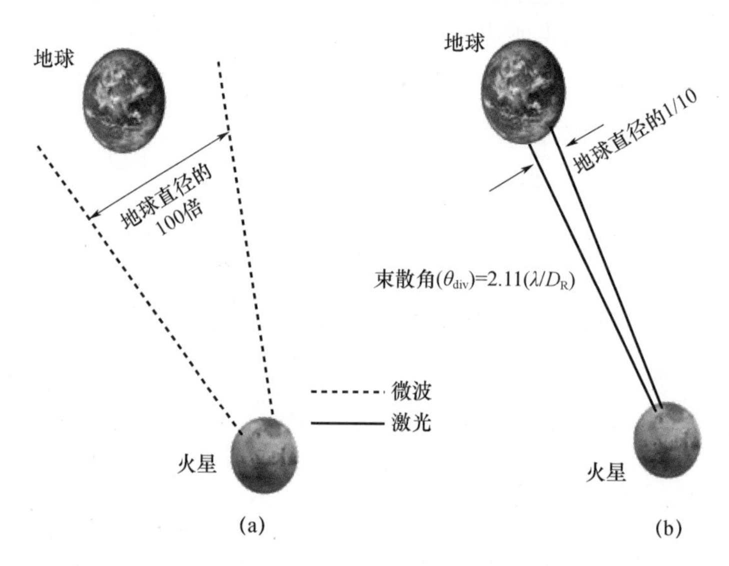

图 1.10　火星返回地球时激光链路与微波链路的光束发散比较

（4）高指向性。由于光波长非常小，因此用小尺寸天线可以获得非常高的指向性。天线的指向性与其增益密切相关。光载波相对于 RF 载波的优势可以从下面给出的天线方向性的增益中看出，即

$$\frac{\text{Gain}_{(\text{optical})}}{\text{Gain}_{(\text{RF})}}=\frac{\dfrac{4\pi}{\theta^2_{\text{div(optcial)}}}}{\dfrac{4\pi}{\theta^2_{\text{div(RF)}}}} \tag{1.1}$$

式中：$\theta_{\text{div(optcial)}}$、$\theta_{\text{div(RF)}}$ 分别为光束和 RF 束的发散度，并且与 λ/D_R 成正比。

使用光学天线直径 $D_R=10\text{cm}$ 和 1550nm 的光载波的系统可得出 40μrad。在 40μrad 的光束发散度下，天线增益 $\text{Gain}_{(\text{optical})}\approx 100\text{dB}$。为了在 $\lambda=3\text{cm}$ 处使用 X 波段的 RF 系统获得相同的增益，天线直径 D_R 将变得非常大且不实用。

(5)免授权频谱。在 RF 系统中,来自相邻载波的干扰是造成频谱拥塞的主要问题。因此,需要监管机构进行频谱许可。但是,光通信系统目前已不需要频谱许可,减少了相应的初始设置成本和开发时间。

(6)安全性。由于光束发散较窄,因此与 RF 信号相比,光通信难以探测到接收光束。为了检测到传输的光学信号,接收端必须非常接近光斑中心,不大于0.1mile(1mile = 1609.3m)。研究表明,在10mile 的距离内,光信号将从峰值发射功率下降140dB。但 RF 信号则具有更广泛的接收区域。在这种情况下,可以在40mile 的距离内轻松获取信号,在大约100mile 的距离内信号降低约40dB。

除了上述优点外,FSO 通信系统的优点还包括:可用于不方便使用光纤传输的场景;易于扩展和缩小网络段规模;重量轻、结构紧凑。

FSO 通信系统也存在一些缺点。由于光束发散很窄,它需要精密的对准和指向。由于光线不能穿透墙壁、山丘、建筑物等,发射机和接收机之间必须无遮挡。另外,与 RF 系统不同,FSO 通信系统非常容易受大气条件的影响,从而大大降低系统的性能。另一个限制因素是太阳相对于激光发射机和接收机的位置。在特定的路线中,太阳背景辐射会增加,导致了系统性能变差。

1.3 FSO 通信系统中的波长选择

FSO 通信系统中的波长选择是一个非常重要的设计参数,因为它会影响系统的链路性能和探测器灵敏度。由于天线增益与工作波长成反比,因此在较低波长下工作更为有利,但更高的波长提供更好的链路质量和更低的信号指向衰减[23]。在 FSO 链路设计中仔细优化工作波长有助于实现更好的性能。波长的选择强烈依赖于大气效应、衰减和背景噪声功率。此外,发射机和接收机组件的可用性、人眼安全规定以及实施成本也对 FSO 设计过程中波长选择有着深远影响。

国际照明委员会[24]将光辐射分为三类,即 IR - A(700 ~ 1400nm)、IR - B(1400 ~ 3000nm)和 IR - C(3000nm ~ 1mm)。它可以分为以下几种。

(1) 近红外(NIR),从750 ~ 1450nm,这是一个低衰减窗口,主要用于光纤通信。

(2) 短波红外(SIR),从 1400 ~ 3000nm,其中 1530 ~ 1560nm 是用于长距离通信的主要光谱范围。

(3)中红外(MIR),范围从 3000 ~ 8000nm,用于军事应用中导弹导引。

(4)长波红外(LIR),范围从 8000 ~ 15μm,用于热成像。

(5)远红外线(FIR),范围从 15μm ~ 1mm,用于激光医疗和生物工程领域。

几乎所有市售的 FSO 通信系统都使用 NIR 和 SIR 波长,因为这些波长也用于光纤通信,并且它们的组件在市场上很容易获得。

FSO 通信系统的波长选择必须是人眼和皮肤安全的,波长介于 400 ~ 1500nm 之间会导致潜在的人眼危害或视网膜损伤[25]。表 1.3 总结了用于空间应用的实际 FSO 通信系统中使用的各种波长。

表 1.3　实际的 FSO 通信系统中使用的各种波长

任务	激光器	波长/nm	其他参数	应用
SILEX 星间链路试验系统[26]	AlGaAs 二极管激光器	830	发射功率:60mW,望远镜大小 25cm,通信速率:50Mb/s,发散角 6μrad,直接探测	星间
GOLD 星地激光试验系统[27]	氩离子/砷化镓激光器	上行:514.5 下行:830	发射功率:13W,接收天线直径:0.6m,1.2m,通信速率:1.024Mb/s,发散角:20μrad	星地
ROSA 极光射频光学系统研究[28]	二极管泵浦 $Nd:YVO_4$ 激光器	1064	发射功率:6W,天线直径:0.135m,10m,通信速率:320kb/s	深空任务
DOLCE 深空光通信试验[29]	主振荡器功率放大器(MOPA)	1058	发射功率:1W,通信速率:10 ~ 20Mb/s	星间/深空任务
MOLA 火星轨道器激光测高计[30]	二极管泵浦调 Q Cr:Nd:YAG	1064	发射功率:32.4W,发散角:420μrad,脉冲宽度:10Hz,脉冲重复频率:618b/s,接收机视场:850μrad	测高

（续）

任务	激光器	波长/nm	其他参数	应用
GA-ASI 通用原子航空系统[31]	Nd:YAG	1064	通信速率:2.6Gb/s	遥控驾驶飞机(RPA)到 LEO
牵牛星无人机对地光通信试验系统[32]	激光二极管	1550	发射功率:200mW, 通信速率:2.5Gb/s, 抖动误差:19.5μrad, 天线直径:10cm 和 1m	无人机对地链路
火星极地着陆器[33]	AlGaAs 二极管激光器	880	能量:400nJ,脉冲宽度:100ns, 脉冲重复频率:2.5kHz, 通信速率:128kb/s	光谱
CALIPSO 云层烟雾激光雷达红外探路者卫星[34]	Nd:YAG	532/1064	单脉冲能量:5mJ, 脉冲重复频率:20Hz, 脉冲宽度:24ns	测高
KIODO 光学下行链路[35]	AlGaAs 二极管激光器	847/810	通信速率:50Mb/s, 天线直径:40cm 和 4m, 发散角:5μrad	卫星对地面下行链路
LOLA 机载激光链路系统[36]	Lumics 光纤激光二极管	800	发射功率:300mW, 通信速率:50Mb/s	飞机和 GEO 卫星链路
对流层发射光谱仪(TES)[37]	Nd:YAG	1064	发射功率:360W, 天线直径:5cm, 通信速率:6.2Mb/s	干涉测量
伽利略光学试验(GOPEX)[38]	Nd:YAG	532	单脉冲能量:250mJ, 脉冲宽度:12ns, 发散角:110μrad, 天线直径:初级 0.6m,二级 0.2m 二次发射望远镜尺寸, 12.19mm×12.19mm CCD 接收机阵列	深空任务

（续）

任务	激光器	波长/nm	其他参数	应用
工程测试卫星 VI（ETS - VI）[39]	AlGaAs 二极管激光器（下行） 氩激光器（上行）	上行链路：510 下行链路：830	发射功率：13.8mW， 通信速率：1.024Mb/s， 双向链路，直接探测， 卫星端天线直径：7.5cm， 地球站天线直径：1.5m	双向星地链路
光学轨道间通信工程测试卫星（OICETS）[40]	激光二极管	819	发射功率：200mW， 通信速率：2.048Mb/s， 直接探测， 天线直径：25cm	双向星间链路
固态激光空间通信（SOLACOS）[41]	二极管泵浦 Nd：YAG	1064	发射功率：1W， 返回通道通信速率：650Mb/s， 转发通道通信速率：10Mb/s， 天线直径：15cm，相干接收	GEO - GEO
短距离光学星际链路（SROIL）[42]	二极管泵浦 Nd：YAG	1064	发射功率：40W， 通信速率：1.2Gb/s， 天线直径：4cm， BPSK 零差检测	星间链路

1.4 FSO 链路的距离方程

链路性能分析从基本元器件参数和系统参数开始，这些参数假设是已知的并且是事先确定的。例如，具有固定输出功率和工作波长的激光器、发射机、接收机望远镜尺寸等，这些性能直接影响链路性能。因此，如果所有组件和操作参数都被精确指定，就可以进行链路性能分析。评估光链路性能的 3 个基本步骤如下。

（1）在考虑发射机、信道和接收机各种损耗的情况下，确定探测器处检测到的信号光子的数量。

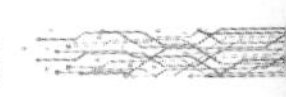

（2）确定探测器中检测到的背景噪声光子的数量。

（3）将检测到的信号光子数量与检测到的噪声光子数量进行比较。

在发射机端,光源发射具有不同聚焦程度的光束,通过其发射角来描述。由辐射亮度 B(W/(Sr · m^2))、表面积 A_s和发射角 Ω_s 表征的均匀光源发出的总功率(W)由文献[43]给出,即

$$P_T = BA_s\Omega_s \tag{1.2}$$

对于对称辐射源,立体发射角 Ω_s 与平面发射角 θ_s(图1.11(a))相关,有

$$\Omega_s = 2\pi\left[1 - \cos\left(\frac{\theta_s}{2}\right)\right] \tag{1.3}$$

对于正向发出均匀功率的任何朗伯源而言,$|\theta| \leqslant \pi/2$ 意味着 $\theta_s = \pi$,此时可得到 $\Omega_s = 2\pi$,进而得到传输功率 $P_T = 2\pi BA_s$,光波也可以通过波束赋形光学器件完成接收和重新聚焦,如图1.11(b)所示。

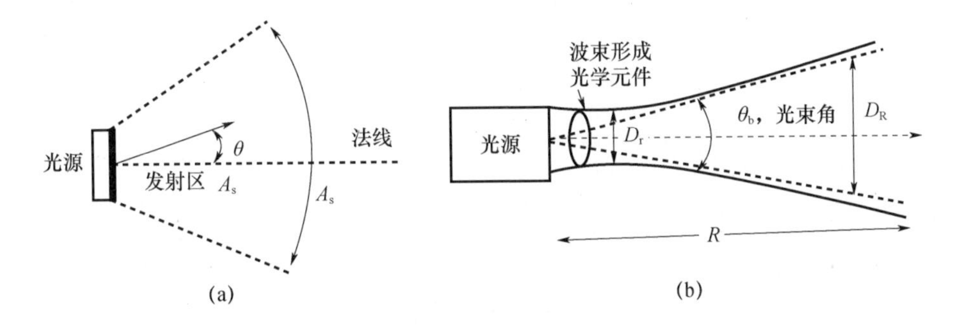

图1.11 不同光源的发射示意图[43]

(a)朗伯源光源发射图;(b)使用光束形成光学器件光源发射图。

借助会聚透镜将来自源光束的光聚焦到一个光斑上,再由发散透镜将光束扩展为平面光,则平面光束直径为

$$D_R = D_T\left[1 + \left(\frac{\lambda R}{D_T^2}\right)^2\right]^{1/2} \tag{1.4}$$

其中

$$\begin{cases} \dfrac{\lambda R}{D_T^2} < 1, D_R \approx D_T, \text{近场} \\ \dfrac{\lambda R}{D_T^2} > 1, D_R \approx \dfrac{\lambda R}{D_T}, \text{远场} \end{cases} \tag{1.5}$$

式中：λ 为工作波长；D_T 为发射机透镜直径；R 为距镜头的距离或称为链路距离。

式(1.5)中，第一个公式意味着出射光线的直径等于发射机透镜直径。第二个公式意味着出射光线随距光源的距离而发散。发散光源的平面光束角 θ_b 也称为衍射极限发射光束角，近似为[43]

$$\theta_b \approx \frac{D_R}{R} \tag{1.6}$$

用远场情况下的值替换 D_R，可得

$$\theta_b = \frac{\lambda}{D_T} \tag{1.7}$$

二维立体角近似于平面光束角，即

$$\Omega_b = 2\pi\left[1 - \cos\left(\frac{\theta_b}{2}\right)\right] \approx \left(\frac{\pi}{4}\right)\theta_b^2 \tag{1.8}$$

式(1.7)和式(1.8)中的发射增益 G_T 可由下式给出，即

$$G_T = \frac{4\pi}{\Omega_b} \approx \left(\frac{4D_T}{\lambda}\right)^2 \tag{1.9}$$

通过链路距离 R 传播后，光束的场强可表示为

$$I = \frac{G_T P_T}{4\pi R^2} \tag{1.10}$$

光束内的正常接收区域 A 内，光束接收功率为

$$P_R = \left(\frac{G_T P_T}{4\pi R^2}\right) A \tag{1.11}$$

以 A 定义接收增益 G_R，可得

$$G_R = \left(\frac{4\pi}{\lambda^2}\right) A \Rightarrow A = \frac{\lambda^2 G_R}{4\pi} \tag{1.12}$$

由式(1.11)和式(1.12)，可得

$$P_R = P_T G_T \left(\frac{\lambda}{4\pi R}\right)^2 G_R \tag{1.13}$$

当合并其他衰减因子时，式(1.13)变为

$$P_R = P_T G_T \eta_T \eta_{TP} \left(\frac{\lambda}{4\pi R}\right)^2 (G_R \eta_R \eta_\lambda) \tag{1.14}$$

式中：P_R 为光电探测器输入端的信号功率；P_T 为发射机功率；η_T/η_R 为发射机和

接收机光学透射率；G_T 为发射天线的增益，$G_T \approx (4D_T/\lambda)^2$；$G_R$ 为接收天线的增益，$G_R \approx (4D_R/\lambda)^2$；$\eta_{TP}$为发射机指向损耗因数；$\lambda/(4\pi R)$为空间损失因子，$R$ 为链路距离；η_λ 为窄带滤波器传输因子。

从式(1.14)可以看出，接收信号功率可以通过以下的一个或多个选项增加。

(1) 增加发射功率。提高接收信号功率的最简单方法是增加发射功率，因为接收功率与发射功率成线性关系。但是，增加发射功率意味着整个系统功耗的增加，又会出现安全性和热管理等问题。

(2) 增加发射孔径。发射孔径大小和波束宽度成反比。因此，增加发射孔径大小将有效减小发射机波束宽度，从而以更高的强度发射信号。但是，这将导致系统瞄准、捕获、跟踪的难度增加。此外，发射孔径不能无限增加，因为它会增加终端的质量和成本。

(3) 增加接收孔径。接收信号的功率直接与接收孔径区域成正比。但是，背景噪声也会随着接收机孔径面积的增加而增加。这意味着有效的性能改善并不总是与接收机孔径面积成线性关系。

(4) 减少指向损耗。减少发射机和接收机指向损耗将提高总体信号功率水平，并且还会减少指向引起的信号功率波动。

(5) 提高整体效率。通过适当的调整光学和滤波器设计改善 η_T/η_R 和 η_λ，可以提高整体效率。

1.5　FSO 相关技术

FSO 通信系统中使用的技术与传统的 RF 系统类似，大多数技术都是直接从 RF 系统改进而来。下面讨论 FSO 通信系统中使用的各种探测和调制方案。光载波的调制与 RF 载波的调制不同，这是两者调制器在特性和应用限制方面的区别所决定的。光调制可以通过内调制或外调制两种方式进行，如图 1.12 所示。

内调制器是根据信息信号直接改变信号源特性以产生调制光信号的调制器。强度调制可以通过改变偏置电流来完成。频率或相位调制可以通过改变激光器的腔长来获得。脉冲调制可以通过改变驱动电流高于或低于阈值来实现。

这些调制限于泵浦源的功率特性的线性范围。在外调制器的情况下,使用根据调制信号改变载波特性的外部设备。这些系统能够利用泵浦源的全部功率。然而,外调制器限制了调制范围,并需要相对较高的驱动电流。

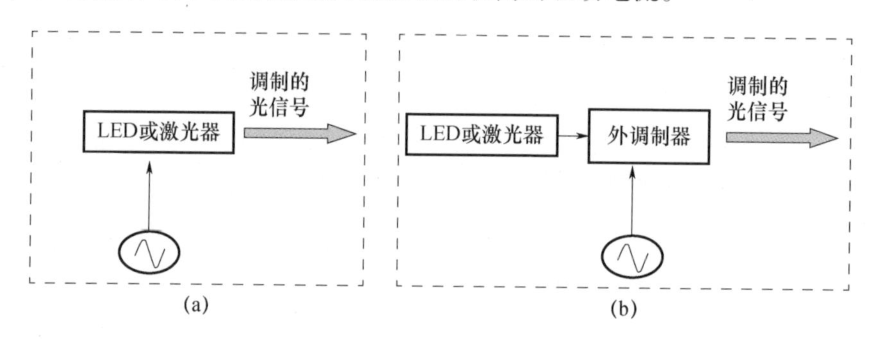

图 1.12　光调制器

(a)内调制器;(b)外调制器。

在光频率下,这些调制器直接根据载波强度(电场的幅度平方)而不是载波的幅度进行操作。其他调制光载波的方法是使用相位或极化。然而在 FSO 通信系统中最常见的调制方式是强度调制,包括基带或副载波。调制方案可以分为基带强度调制和副载波强度调制两类。用于探测光信号的最常用方法是直接检测。当采用直接检测接收机检测强度调制信号时,称为强度调制/直接检测(IM / DD)体制,该体制常用于 FSO 通信系统。检测调制光信号的另一种方法是相干检测。它利用本振将光载波下变频到基带(零差探测)或 RF 中频(外差探测),然后通过传统的 RF 解调过程将 RF 信号解调到基带。

1.5.1　直接检测系统

在直接检测技术中,接收到的光信号通过光学带通滤波器来限制背景辐射,随后光信号到达光电探测器,光电探测器产生与接收的光信号的瞬时强度成比例的电信号输出。它可以看作线性强度的光电转换器或光电场的二次(平方)转换器,将光信号强度转化为探测器电流输出。光电探测器之后是低通滤波器(LPF),带宽需要满足传递信息信号需求。

直接检测接收机的信噪比(SNR)可以通过使用特定探测器的噪声模型

(PIN 或雪崩光电二极管(APD))来获得。利用式(1.14)给出的接收功率和探测器噪声源可得到 SNR 表达式。PIN 光电探测器的 SNR 可表示为

$$\mathrm{SNR}=\frac{(R_0P_{\mathrm{R}})^2}{2qB(R_0P_{\mathrm{R}}+R_0P_{\mathrm{B}}+I_{\mathrm{d}})+\dfrac{4K_{\mathrm{B}}TB}{R_{\mathrm{L}}}} \tag{1.15}$$

其中

$$R_0=\frac{\eta q}{h\nu}$$

式中：R_0 为探测器的响应度；η 为探测器的量子效率；q 为电子电荷，$q=1.602\times10^{-19}\mathrm{J}$；$h$ 为普朗克常数，$h=6.623\times10^{-34}\mathrm{Js}$；$\nu$ 为工作频率；B 为接收机带宽；I_{d} 为暗电流；K_{B} 为玻耳兹曼常数；T 为热力学温度；R_{L} 为等效负载电阻；P_{B} 为背景噪声功率。

当使用 APD 时，放大过程会增加暗电流和散粒噪声，但热噪声不受影响。因此，如果光电流增加了 M 倍(雪崩倍增系数)，那么总的散粒噪声也增加相同倍数。APD 的直接检测 SNR 由下式给出，即

$$\mathrm{SNR}=\frac{(MR_0P_{\mathrm{R}})^2}{[2qB(R_0P_{\mathrm{R}}+R_0P_{\mathrm{B}}+I_{\mathrm{db}})M^2F+I_{\mathrm{ds}}]+\dfrac{4K_{\mathrm{B}}TB}{R_{\mathrm{L}}}} \tag{1.16}$$

式中：F 为由于倍增因子的随机性引起的过量噪声因子；I_{db} 为体暗电流；I_{ds} 为表面暗电流。

直接检测接收机框图如图 1.13 所示。光电探测器响应对载波的频率，而对相位或极化不敏感，因此这种类型的接收机仅用于强度调制信号。

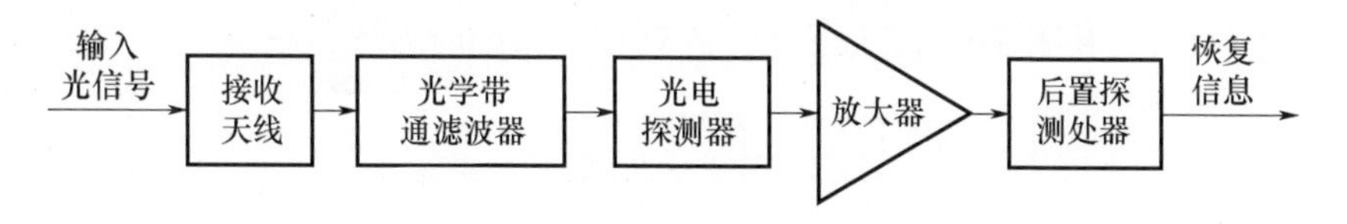

图 1.13　直接检测接收机框图

1. 基带调制

在基带调制中，信息信号直接调制 LED 或激光器的驱动电流，实现光载波调制。该信号通常称为基带调制信号，然后通过大气信道传输。在接收端，使用直接检测技术从基带调制信号中恢复信息。该类别下的调制方案包括开关键控

（OOK）和数字脉冲位置调制（PPM）。例如，数字脉冲间隔调制（DPIM）、脉冲幅度和位置调制（PAPM）以及差分幅度脉冲间隔调制（DAPIM）等其他脉冲调制方案是具有应用前景的调制方案，但是与 OOK 和 PPM 相比尚未实现足够的普及。大多数 FSO 通信系统的工作都是使用 OOK 调制方案进行的，因为它简单易行[44]。

在 OOK 中，二进制数据的传输由光脉冲的存在或不存在来表示，即如果信息位是“1”，则在持续时间 T_b 中打开激光，如果是“0”，则不传输任何信息。OOK 系统需要自适应阈值以应对大气波动衰减。在具有不归零（NRZ－OOK）信令的 OOK 中，位“1”仅由占据整个位持续时间的光脉冲表示，而位“0”由缺少光脉冲表示。在具有归零（RZ－OOK）信令的 OOK 中，1bit 表示存在占用比特持续时间一部分的光脉冲。

对于长距离通信，由于$\mathbb{M}$－PPM 较高的功率峰值－均值比可以提高其功率效率，因此$\mathbb{M}$－PPM 方案得到最广泛的应用。另外，与 OOK 不同，它不需要自适应的阈值。在$\mathbb{M}$－PPM 方案中，每个符号周期分成持续时间为 T_s 的$\mathbb{M}$个时隙，并且该信息被放置在$\mathbb{M}$个时隙中的一个中以表示数据位。这里，$M = 2^n$，其中 n 是具有信息的比特数量。因此，每个 PPM 符号直接映射到 n 位序列，并允许每个 PPM 符号内有 $\log_2\mathbb{M}$ 个 bit。比特——符号映射可以视为对 n 个连续信息比特中的每一个符号的一对一分配。在不存在发射机功率受限于峰值功率或系统带宽受限的情况下，PPM 方案是长距离通信的首选方案。图 1.14 和图 1.15 分别显示了用于传输随机比特序列 110010 的 OOK 和 8－PPM 方案。很显然，由于严格的同步要求，PPM 方案比 OOK 方案（信号带宽为 $1/T_b$）需要更多带宽（信号带宽为 $1/T_s$，其中 $T_s = (T_b\log_2\mathbb{M})/\mathbb{M}$ 和更复杂的收发器设计。

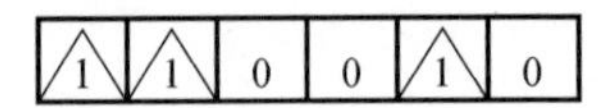

图 1.14　用于传输信息 110010 的 OOK 调制方案

7	6	5	4	3	2	1	0	7	6	5	4	3	2	1	0

图 1.15　具有 8 个时隙的 8－PPM 方案用于传输信息 110010

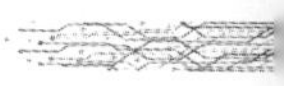

2. 直接检测的统计模型

在直接检测接收机的情况下,分析的目标是接收信号的能量而不是相位。对于每个传输的消息如 X,一些对应的光子落在探测器上。探测器吸收这些光子输出信号 Y,传递到解调器和解码器。下面讨论几个直接检测统计模型,它们定义给定 X 的输出 Y 的条件概率密度函数。

1）用于理想光电探测器的泊松信道模型

光子检测的泊松分布[43]可以表示为

$$\begin{cases} f_{Y/X}(k/0) = \dfrac{K_0^k \exp(-K_0)}{k!}, & k=0,1,2,\cdots \\ f_{Y/X}(k/1) = \dfrac{K_1^k \exp(-K_1)}{k!}, & k=0,1,2,\cdots \end{cases} \tag{1.17}$$

式中:K_0 和 K_1 为当 X 分别是 0 和 1 时检测到的平均光子数。

2）APD 探测器的 McIntyre - Conradi 模型

光功率 $P(t)$ 情况下,在 T 内 APD 的有效表面吸收的平均光子数可以表示为

$$K = \frac{\eta}{h\nu}\int_0^T P(t)\,\mathrm{d}t \tag{1.18}$$

式中:h 为普朗克常数;ν 为光载波频率;η 为光探测器的量子效率,是 APD 吸收的光子的平均数量(每吸收一个光子产生一个电子 - 空穴对)与入射光子的平均数量之比。

吸收光子的实际数量是均值为 K 的泊松分布随机变量(其中 $K=K_0=K_b$ 为位“0”,即背景光子计数;或 $K=K_1=K_s+K_b$ 代表位“1”,即实际光子计数和背景光子计数的总和)。在 APD 中,McIntyre - Conradi 分布[45]精确地模拟了输出电信号对吸收光子响应密度。吸收 n' 个光子获得 k' 个电子响应的条件概率密度由下式给出,即

$$f_{Y/X}(k'/n') = \frac{n'\Gamma\left(\dfrac{k'}{1-k_{\mathrm{eff}}}+1\right)}{k'(k'-n')!\ \Gamma\left(\dfrac{k'}{1-k_{\mathrm{eff}}}+n'+1\right)} \cdot \left[\frac{1+k_{\mathrm{eff}}(\mathcal{M}-1)}{\mathcal{M}}\right]^{(n'+k_{\mathrm{eff}}k')/(1-k_{\mathrm{eff}})} \cdot \left[\frac{(1-k_{\mathrm{eff}})(\mathcal{M}-1)}{\mathcal{M}}\right]^{k'-n'} \tag{1.19}$$

式中：$\mathcal{M}$ 为 APD 的平均增益；k_{eff}为电离比，范围为 $0<k_{\mathrm{eff}}<1$。

对式(1.19)中的吸收光子数量 n'取平均可以得到，即

$$f_Y(k') = \sum_{n=1}^{k'} f_{Y/N}(k'/n') \frac{K^{n'}}{n'!}\exp(-K), \quad k' \geqslant 1 \tag{1.20}$$

应该指出，由于吸收光子的数量永远不会超过释放的电子，所以求和的极限为 k'而不是无穷大。因此，对于自然数 k'，接收光子的条件概率密度函数由下式给出[45-46]，即

$$f_{Y/X}(k'/x) = \sum_{n'=1}^{k'} \frac{n'\Gamma\left(\frac{k'}{1-k_{\mathrm{eff}}}+1\right)\left[\frac{1+k_{\mathrm{eff}}(\mathcal{M}-1)}{\mathcal{M}}\right]^{(n'+k_{\mathrm{eff}}k')/(1-k_{\mathrm{eff}})} K_x^{n'}\exp(-K_x)}{k'(k'-n')!\Gamma\left(\frac{k_{\mathrm{eff}}k'}{1-k_{\mathrm{eff}}} \mid n' \mid\right)n'!} \cdot \left[\frac{(1-k_{\mathrm{eff}})(\mathcal{M}-1)}{\mathcal{M}}\right]^{k-n} \tag{1.21}$$

式中：$K_0=K_{\mathrm{b}}$为当 $x=0$ 时检测到的平均光子数；$K_1=K_{\mathrm{s}}+K_{\mathrm{b}}$是当 $x=1$ 时检测到的平均光子数。APD 中的大电流和表面暗电流都将增加背景噪声光子计数 K_{b}。

3)加性高斯白噪声近似

加性高斯白噪声模型通常用于直接检测接收机。在这种情况下，接收光子的条件概率密度函数由下式给出，即

$$f_{Y/X}(y/x) = \frac{1}{\sqrt{2\pi\sigma_x^2}}\exp\left[\frac{-(y-\mu_x)^2}{2\sigma_x^2}\right] \tag{1.22}$$

式中：$x\in\{0,1\}$；参数 μ_x 和 σ_x^2 分别是 $X=x$ 时的均值和方差。

该模型通常与 APD 一起使用，式(1.22)中的均值和方差可由下式给出[47]，即

$$\begin{cases} \mu_0 = \mathcal{M}K_{\mathrm{b}} + \dfrac{I_{\mathrm{s}}T_{\mathrm{s}}}{q} \\ \mu_1 = \mathcal{M}(K_{\mathrm{s}}+K_{\mathrm{b}}) + \dfrac{I_{\mathrm{s}}T_{\mathrm{s}}}{q} \\ \sigma_0^2 = \left[\mathcal{M}^2FK_{\mathrm{b}} + \dfrac{I_{\mathrm{s}}T_{\mathrm{s}}}{q} + \dfrac{2K_{\mathrm{B}}TT_{\mathrm{s}}}{q^2R_{\mathrm{L}}}\right]2BT_{\mathrm{s}} \\ \sigma_1^2 = \left[\mathcal{M}^2F(K_{\mathrm{s}}+K_{\mathrm{b}}) + \dfrac{I_{\mathrm{s}}T_{\mathrm{s}}}{q} + \dfrac{2K_{\mathrm{B}}TT_{\mathrm{s}}}{q^2R_{\mathrm{L}}}\right]2BT_{\mathrm{s}} \end{cases} \tag{1.23}$$

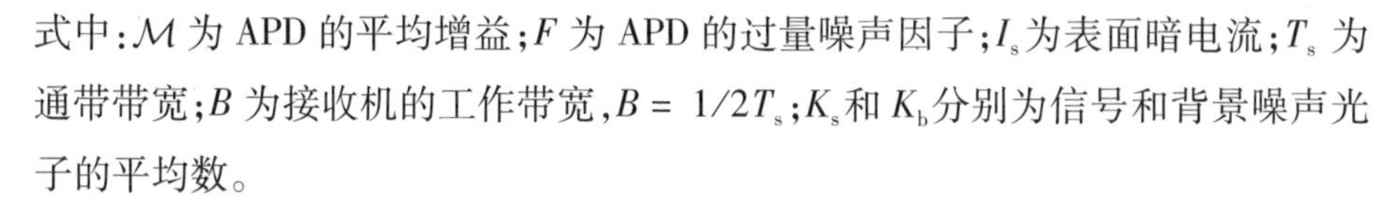

式中：$\mathcal{M}$ 为 APD 的平均增益；F 为 APD 的过量噪声因子；I_s 为表面暗电流；T_s 为通带带宽；B 为接收机的工作带宽，$B = 1/2T_s$；K_s 和 K_b 分别为信号和背景噪声光子的平均数。

3. 副载波调制

在副载波强度调制（SIM）方案中[48]，RF 副载波电子信号用信息信号预调制。可以使用如二进制相移键控（BPSK）、正交相移键控（QPSK）、正交幅度调制（QAM）、幅度调制（AM）和调频（FM）等任何调制方案来调制副载波。该预调制信号用于调制光载波的强度。在接收机中，信号通过 IM / DD 系统中的直接检测技术来恢复。与 OOK 方案不同，它不需要自适应阈值，并且比 PPM 方案具有更高的带宽效率。光学 SIM 继承了更成熟的 RF 系统的优势，实现过程更简单。SIM 技术允许通过光链路同时传输几个信息信号。子载波复用可以通过使用频分复用（FDM）组合不同的调制电子副载波信号来实现，随后用于调制光学载波强度。图 1.16 显示了 FSO 链路的 SIM 光学系统的原理。这种多路复用方案的缺点是对接收端的同步性和设计复杂性要求非常高。

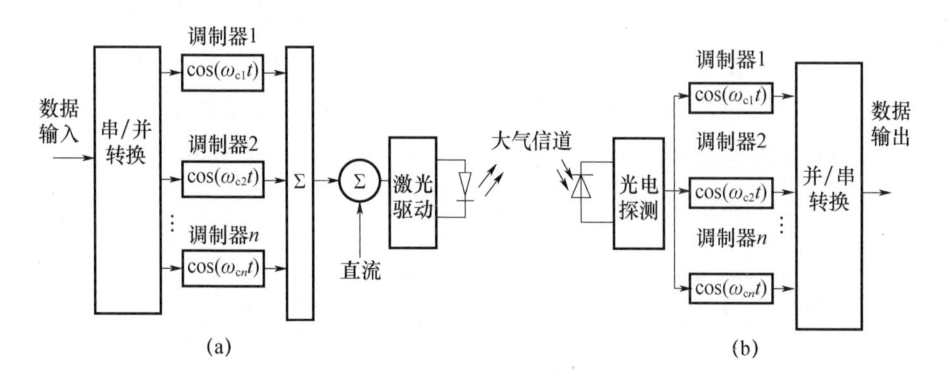

图 1.16　FSO 链路的 SIM 光学系统原理框图

基带和 SIM 信号都可以使用直接检测/非相干检测技术进行解调，这些检测技术成本低廉、复杂度低，并且广泛用于 FSO 通信系统。直接检测技术也可以用于光载波的模拟调制。然而它并未被广泛使用，因为相应的激光源和调制技术的线性限制以现有技术水平难以实现。图 1.17 显示了 FSO 通信系统中最常用的调制方案，选择合适的调制方案需要在功率效率、给定数据率的带宽要求和实现复杂度之间进行权衡。

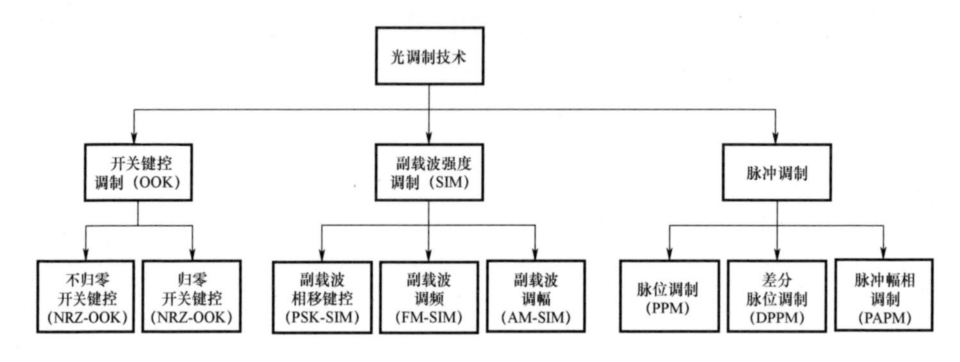

图 1.17　FSO 通信系统中的调制方案

1.5.2　相干检测

在相干接收机中，输入信号与来自本地振荡器(LO)的本振相干载波信号进行混频。输入弱光信号和强 LO 信号在光电探测器处的混频提供信号放大并将光信号转换为电信号。LO 的强度使信号电平远高于电子电路的噪声电平。因此，相干接收机的灵敏度受到 LO 信号的散粒噪声的限制。此外，由于空间混合过程，相干接收机仅对落在 LO 的相同空间时间模式内的信号和背景噪声敏感。这个条件使相干接收机可以在非常强的背景噪声下工作，而不会明显降低性能。相干接收机的基本框图如图 1.18 所示。

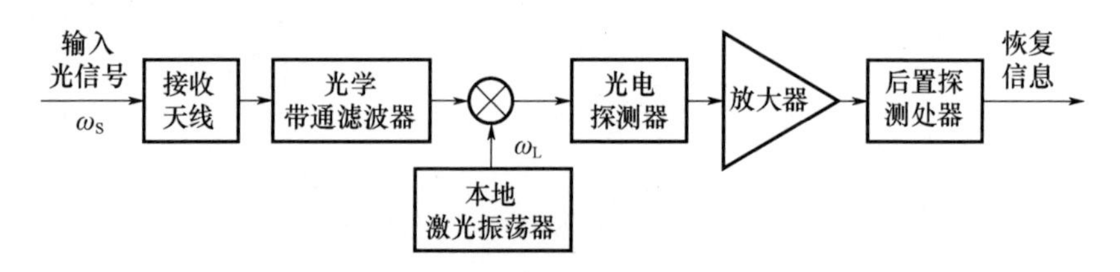

图 1.18　相干接收机的基本框图

根据 LO 的频率 ω_L 和输入信号的频率 ω_S，相干检测可分为外差检测或零差检测。如果 ω_L 通过中频 ω_{IF}从 ω_S 中获取，则称为外差检测，即 $\omega_L = \omega_S + \omega_{IF}$。在零差检测的情况下，$\omega_L$ 和 ω_S 之间没有偏移，即 $\omega_L = 0$，则表明 $\omega_S = \omega_{IF}$。在外差式和零差式接收机中，光电探测器电流 I_p与光强度成正比，即

$$I_{\mathrm{p}} \propto (e_{\mathrm{R}} + e_{\mathrm{L}})^2 \tag{1.24}$$

式中：e_{R}和e_{L}分别为接收信号和LO的电场强度。

因此，式(1.24)可以写为

$$I_{\mathrm{p}} \propto [E_{\mathrm{R}}\cos(\omega_{\mathrm{S}}t + \phi_{\mathrm{S}}) + E_{\mathrm{L}}\cos(\omega_{\mathrm{L}}t + \phi_{\mathrm{L}})]^2 \tag{1.25}$$

式中：E_{R}和E_{L}分别为接收到的输入峰值信号和LO信号；ϕ_{S}和ϕ_{L}分别是发送信号和LO信号的相位。

除去超出探测器响应带宽的更高频率项并求解式(1.25)，可得

$$I_{\mathrm{p}} \propto \frac{1}{2}E_{\mathrm{R}}^2 + \frac{1}{2}E_{\mathrm{L}}^2 + 2E_{\mathrm{R}}E_{\mathrm{L}}\cos(\omega_{\mathrm{L}}t - \omega_{\mathrm{S}}t + \phi) \tag{1.26}$$

式中：$\phi = \phi_{\mathrm{S}} - \phi_{\mathrm{L}}$。

由于信号功率与电场的平方成正比，所以式(1.26)可以写为

$$I_{\mathrm{p}} \propto P_{\mathrm{R}} + P_{\mathrm{L}} + 2\sqrt{P_{\mathrm{R}}P_{\mathrm{L}}}\cos(\omega_{\mathrm{L}}t - \omega_{\mathrm{S}}t + \phi) \tag{1.27}$$

式中：P_{R}和P_{L}分别为输入信号和LO信号的光功率电平。

与入射功率P_{R}相关的光电流可通过$I_{\mathrm{p}} = \eta q P_{\mathrm{R}}/h\upsilon$计算。因此，式(1.27)可以写成

$$I_{\mathrm{p}} = \frac{\eta q}{h\nu}[P_{\mathrm{R}} + P_{\mathrm{L}} + 2\sqrt{P_{\mathrm{R}}P_{\mathrm{L}}}\cos(\omega_{\mathrm{L}}t - \omega_{\mathrm{S}}t + \phi)] \tag{1.28}$$

式中：η为光电探测器的量子效率；h为普朗克常数；υ为光载波频率。

通常，LO信号功率远高于输入信号功率，因此上述等式中的第一项可以忽略不计。则光电探测器电流的信号分量可表示为

$$I_{\mathrm{p}} = \frac{\eta q}{h\nu}[2\sqrt{P_{\mathrm{R}}P_{\mathrm{L}}}\cos(\omega_{\mathrm{L}}t - \omega_{\mathrm{S}}t + \phi)] \tag{1.29}$$

对于外差检测，由于有$\omega_{\mathrm{S}} \neq \omega_{\mathrm{L}}$，因此式(1.29)可以写成

$$I_{\mathrm{p}} = \frac{\eta q}{h\nu}[2\sqrt{P_{\mathrm{R}}P_{\mathrm{L}}}\cos(\omega_{\mathrm{IF}}t + \phi)] \tag{1.30}$$

从式(1.30)可以清楚地看出，光电探测器电流以IF为中心。该IF通过将LO激光器结合到频率控制环中而稳定。在零差检测的情况下，$\omega_{\mathrm{S}} = \omega_{\mathrm{L}}$，因此式(1.30)可简化为

$$I_{\mathrm{p}} = \frac{2\eta q}{h\nu}\sqrt{P_{\mathrm{R}}P_{\mathrm{L}}}\cos\phi = 2R_0\sqrt{P_{\mathrm{R}}P_{\mathrm{L}}}\cos\phi \tag{1.31}$$

在这种情况下，来自光电探测器的输出处于基带形式，并且 LO 激光器需要锁相到与输入光信号一致。可以明显看出，在零差和外差接收机中的信号光电流均存在放大因子 $2\sqrt{P_{\mathrm{R}}P_{\mathrm{L}}}$。这个放大因子可以在不影响前置放大器噪声或光电探测器暗电流噪声的情况下增加输入光信号电平，可使相干接收机达到更高的接收机灵敏度。

相干检测中的各种噪声源主要包括信号散粒噪声、背景散粒噪声、LO 散粒噪声、信号背景节拍噪声、LO 背景节拍噪声、背景－背景节拍噪声和热噪声。当 LO 信号功率远大于输入信号功率时，则噪声的主要来源是 LO 散粒噪声，其均方噪声功率由下式给出，即

$$\bar{I}_{\mathrm{L}}^{2}=\begin{cases}2qR_{0}P_{\mathrm{L}}B, & \mathrm{PIN}\\ 2qR_{0}P_{\mathrm{L}}B\mathcal{M}^{2}F, & \mathrm{APD}\end{cases}\tag{1.32}$$

这种情况下的 SNR（假设源和 LO 信号之间没有相位差，即 $\phi=0$）表示如下：

$$\mathrm{SNR}=\frac{I_{\mathrm{p}}^{2}}{2qR_{0}P_{\mathrm{L}}BF}=\frac{2R_{0}P_{\mathrm{R}}}{qBF}\tag{1.33}$$

在 PIN 光电探测器的情况下，F 的值是一致的。相干检测系统可提供比直接检测系统更大的链路余量（7～10dB）。相干系统可以采用任意的调制方案，如 OOK、FSK、PSK 和 PPM 等。由于相干接收机设计的复杂性和高成本，因此在 FSO 通信系统中很少使用。然而，它在高数据率下具有一定的成本效益，在未来将有可能得到应用。

1.5.3 光学正交频分复用

光学正交频分复用（OFDM）[49] 属于多载波调制（MCM）中利用多个较低速率的副载波携带数据信息的类别。当使用无线光学系统实施 OFDM 时，为改善其性能研发出了非常经济高效的解决方案。OFDM 可将高数据率分成多个低数据率，以并行形式传输。使用这种 MCM 方案的主要目标是降低符号速率，并对 FSO 通信系统性能的强衰减具有高容忍度。基于 OFDM 的 FSO 通信系统将利用 OFDM 和 FSO 的优势，成为宽带连接“最后一公里”解决方案的理想选择。这样的系统能够提供高频谱效率，并且增强鲁棒性以抵抗由大气湍流引起的强度

波动。基于 OFDM 的 FSO 通信系统也可用于某些编码技术。低密度奇偶校验(LDPC)编码的 OFDM 体制在编码增益和频谱效率方面能够在波动的大气环境下比 LDPC 编码的 OOK 体制提供更好的性能。然而,由于 OFDM 方案对相位噪声的敏感性和相对较大的峰值-均值功率比,FSO 通信系统的 OFDM 设计必须非常谨慎。图 1.19 显示了基于 OFDM 的 FSO 通信系统框图。

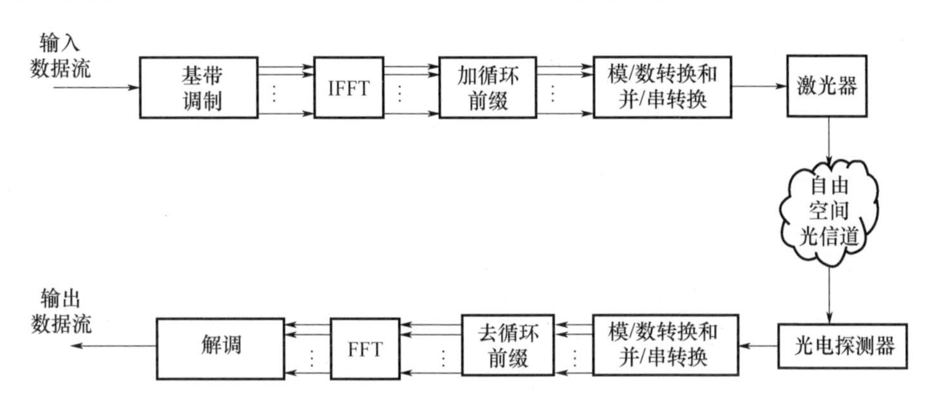

图 1.19　基于 OFDM 的 FSO 通信系统框图

在 OFDM 发射端,首先输入信号是使用 PSK、QAM 等调制方案的基带调制信号,也称为映射,并且映射信号从串行转换为并行形式,实现将高速数据流分成多个低速率的窄带子载波。这些窄带子载波与高速数据流相比,可产生更小的失真并且不需要均衡。随后,输入信号在低数据率窄带子载波上执行快速傅里叶逆变换(IFFT)和循环前缀(CP)操作可生成 OFDM 信号。其后信号经过数/模(D/A)转换器和并/串转换器。至此 OFDM 信号可对 LD 进行调制,最后通过 FSO 信道传播。在 OFDM 接收端,信号由光探测器捕获,并执行与上述步骤相反的处理恢复信息信号。由于 OFDM 使用 FFT 算法进行调制和解调,因此这种系统不需要均衡。OFDM 光通信系统与 RF-OFDM 系统相比有少许不同。表 1.4 给出了 RF 和光通信 OFDM 系统的比较。

表 1.4　RF 和光通信 OFDM 系统的比较

类型	数学模型	通信速率
微波 OFDM	时域多离散瑞利衰减	在移动环境较快
光通信 OFDM	连续的频域色散	中速

为了提高基于 OFDM 的 FSO 的功率效率,可使用以下 3 种改进的 OFDM 方案。

(1) 偏置 OFDM 单边带方案。该方案基于强度调制并且也称为"Biased - OFDM"(B - OFDM)方案。在这种情况下,发射信号由下式给出,即

$$S(t) = S_{\mathrm{OFDM}}(t) + D \tag{1.34}$$

式中:D 为偏置分量。

由于 IM / DD 不支持双极性信号,因此偏置分量 D 必须足够大,以便在将其添加到 $S_{\mathrm{OFDM}}(t)$时, 它会成为一个非负分量。B - OFDM 方案的主要缺点是效率低下。

(2) 削波 OFDM 单边带方案(C - OFDM)。该方案基于单边带传输和增加偏置后对 OFDM 负信号削波。可以用两种方式将 DSB 转换为 SSB:①使用同相信号的希尔伯特变换作为电域中的正交信号;②使用光学滤波器。与 B - OFDM 方案相比,通过选择最佳偏置点可以改善 C - OFDM 的功率效率。

(3) 非削波 OFDM 单边带方案(U - OFDM)。该方案采用材料为 $LiNb-O_3$ 的 Mach - Zehnder 调制器(MZM)来提高功率效率。为了避免由于削波造成的失真,通过调制电场传输信息信号,将 OFDM 的负分量送入光电探测器。由光电探测器引入的失真通过相应的滤波去除,并且恢复信号的失真可忽略。U - OFDM 的功率效率比 C - OFDM 低,但比 B - OFDM 高得多。

通过使用非相干或相干检测技术可以检测接收机处的 OFDM 信号。非相干和相干 OFDM 系统的主要特征如下。

(1) 非相干 OFDM。它在接收机处使用直接检测方式,可根据生成 OFDM 信号的方式将其进一步分为两类:①线性映射的直接检测光学 OFDM(DDO - OFDM 或 LMDDO - OFDM),其中光学 OFDM 频谱是基带 OFDM 频谱的复制;②非线性映射的 DDO - OFDM(或 NLM - DDO - OFDM),此时光学 OFDM 频谱并非是基带 OFDM 的复制。

(2) 相干 OFDM。通过重叠副载波频谱实现高频谱效率,同时通过相干检测和信号组正交特性以避免干扰。相干 OFDM 改善了接收机的灵敏度,并增强了抗偏振色散的稳健性。相干光通信和 OFDM 之间的协同作用是双重的。

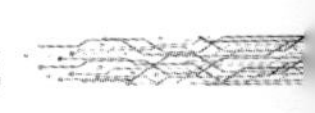

OFDM 带来了相干系统的计算效率以及信道和相位估算的简便性。此外,它可以使 RF 到光学(RTO)上变换和光学到 RF(OTR)下变换中呈现为线性,但这将增加系统的成本和设计复杂度。

1.6　人眼安全和法规

在设计 FSO 链路时,设计师必须确保选定的工作波长对人眼和皮肤是安全的。这意味着激光不应该对可能接触到通信波束的人造成任何危险。图 1.20 显示了不同波长的光被人眼吸收的区域。

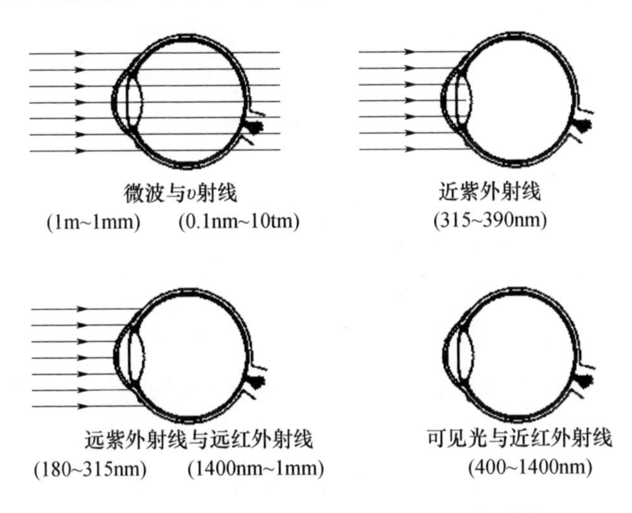

图 1.20　人眼对不同波长光吸收的区域[50]

微波和伽马(υ)射线被人眼吸收,可能对晶状体和视网膜造成高度损伤。近紫外(UV)波长被吸收到晶状体中,会使其变得混浊(白内障),从而导致视力昏暗或模糊。在远紫外线和远红外线区域,波长被吸收到角膜中会产生光角膜炎,可导致眼睛疼痛、流泪或眼角膜中的色素沉着。可见光和近红外区域(FSO 通信系统中使用的波长)有可能对视网膜造成最大程度的损伤,并可能导致永久性视力丧失,无法通过手术治愈,400 ~ 1400nm 之间的波长范围可导致潜在的人眼危害甚至皮肤损伤[25]。激光对人眼造成的损伤影响比皮肤更大,因为眼睛的外层(眼角膜)充当可见光波长的带通滤波器。因此,眼角膜对这些波长是透明的,并且由光源发出的能量会聚焦在视网膜上,可能由于光能强度的增加对眼睛造成伤害。如图1.21所示,波长较高(>1400nm)及波长较低(<400nm)的光大部分被眼角膜吸收,不会到达视网膜。

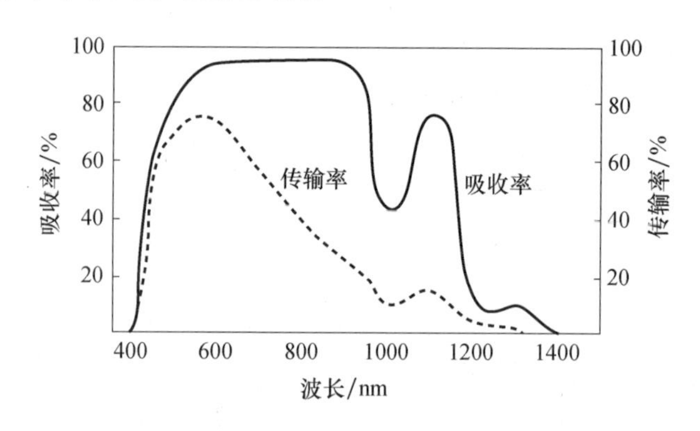

图1.21　光与波长的吸收

激光可引起热灼伤或光化学反应,从而对皮肤造成伤害。激光束在人体内的穿透取决于工作波长的选择。紫外线被皮肤外层吸收会引起皮肤癌或皮肤过早老化。长时间接触高强度光束会导致热灼伤或皮疹。红外辐射可以深入皮肤导致热灼伤。因此,调节激光功率以确保人眼和皮肤的安全非常重要。

各种国际标准机构如美国国家标准协会(ANSI)Z136、澳大利亚/新西兰(AS / NZ)2211标准和国际上的国际电工委员会(IEC)60825提供激光束取决于所需的波长和功率。美国激光研究所(LIA)是一个促进安全使用激光并提供激光安全信息的组织。这些标准是激光安全性的全球基准,各国制造商应遵从这些标准。每个组织都有自己的激光分类方法,因此必须采取安全预防措施和管理控制措施。激光器的分类基于最大允许发射量(MPE)与人类厌恶反应之间的比较。

MPE是一个标量,规定了未受保护的人眼可以暴露在激光束中,而对眼睛或皮肤没有任何危险的一个特定的水平。厌恶反应是欲远离明亮光源时的自主反应(在0.25s内)。另一个决定激光器分类的数量是可达发射极限(AEL),它是MPE极限和极限面积(LA)因子数学乘积,即AEL = MPE · LA。

根据MPE和AEL计算,激光大致分为4级。较低分类(1级和2级)具有

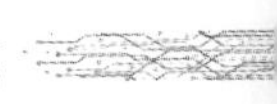

最小功率，因此不需要保护眼睛。本书扩展了 MPE 测量，因为光束可能伤害未受保护的眼睛之前，人眼就会远离明亮的光线。更高的分类（3R、3B 和 4 级）具有较高的功率。因此，在这类激光操作过程中必须采取适当的眼睛安全预防措施，这类 MPE 比厌恶反应短。表 1.5 给出了根据 IEC 和 ANSI 标准的激光分类比较。

表 1.5　根据 IEC 和 ANSI 标准的激光分类

分类	IEC 60825	ANSI - Z136.1
1 级	非常低功率的激光器，在合理、可预见条件下安全操作。本级别免除所有光束危害控制措施，包括在光束内观察光学仪器	
1M 级	低功率激光器，工作在 302.5 ~ 4000nm 波长，在合理、可预见的条件下安全，不包括与光学仪器如汇聚镜头、双筒望远镜或望远镜等一起使用时。这些激光器产生大光斑准直光束或高度发散的光束	N/A
2 级	低功率激光器，工作在 400 ~ 700nm（可见光范围）波长。这种激光类别可以是连续波（CW）或脉冲激光。如果发射能量低于 1 类 AEL 且发射持续时间小于 0.25s（即人眼厌恶反应时间段），则可以安全使用。它的平均辐射功率为低于 1mW	
2M 级	低功率激光器，工作在 400 ~ 700nm（可见光范围）内。使用光学仪器（如聚光透镜、望远镜等）观看时可能会导致光学危险。此波长区域以外的任何发射必须低于 1M 级 AEL（发射功率极限）	N/A
3R 级	平均功率激光器运行于 302.5 ~ 106nm 之间。对于可见光范围波长，可达到的发射限值不超过 2 级 AEL 的 5 倍，对于该区域以外的波长，可达到的发射限度不超过 1 级 AEL 的 5 倍。直接观察直径大于 7mm 光束是不安全的	N/A

（续）

分类	IEC 60825	ANSI - Z136.1
3A 级	N/A	平均功率激光器运行于 302.5 ~ 106nm 波长。对于可见光范围波长，可达到的发射限值不超过 2 级 AEL 的 5 倍，对于该区域以外的波长，可达到的发射限度不超过 1 级 AEL 的 5 倍。直接观察直径大于 7mm 光束是不安全的
3B 级	在曝光时间不小于 0.25s 时，平均功率激光器不能发射大于 0.5W 的平均辐射功率。直接查看光束是不安全的，观察漫反射时通常很安全	
4 级	高功率激光器，在束内观察和漫反射下都非常危险，会导致皮肤损伤，并有潜在的火灾危险	

表 1.6 给出了 FSO 通信系统中两种最常用波长的 AEL。从表 1.6 中可以看出，对于 1 级和 2 级，1550nm 的激光器功率几乎是短波长（850nm）下功率的 50 倍。此外，低衰减、高组件可用性和 1550nm 波长的人眼安全性使其成为 FSO 的首选。与铒掺杂光纤放大器（EDFA）技术一起使用时，工作在 1550nm 波长的激光器能够提供高数据率（大于 2.5Gb/s）和高功率。

表 1.6　根据 IEC 标准的 850nm 和 1550nm 可达到的发射限值

激光分类	平均输出光功率/mW	
	850nm	1550nm
1 级	<0.22	<10
2 级	仅用于波长为 400 ~ 700nm，与 1 级具有相同的 AEL	
3R 级	0.22 ~ 2.2	10 ~ 50
3B 级	2.2 ~ 500	50 ~ 500
4 级	>500	>500

1 级和 1M 级激光器优先用于地面 FSO 通信系统链路，因为它们的辐射在任何情况下都是安全的。IEC 60825 - 12[51] 涵盖了自由空间光通信链路的安全

 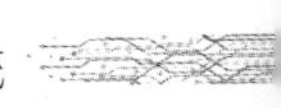

标准,表1.7给出了850nm和1550nm波长的功率、孔径大小、距离和功率密度等要求。用于长途通信或深空任务的FSO通信系统链路也使用更高等级的激光器。为了确保这些系统的安全,它们安装在高层平台上,如屋顶或塔楼,以防止任何人为伤害。

需要指出的是,高功率脉冲激光器比低功率连续激光器更危险。然而,低功率激光束在长期暴露时也可能是危险的。

表1.7　850nm和1550nm的1级和1M级激光器的各种要求[52]

分类	功率/mW	孔径/mm	距离/m	功率密度/(mW / cm^2)
850nm 波长				
1级	0.78	7	14	2.03
		50	2000	0.04
1M级	0.78	7	100	2.03
	500	7	14	1299.08
		50	2000	25.48
1550nm 波长				
1级	10	7	14	26
		25	2000	2.04
1M级	10	3.5	100	103.99
	500	7	14	1299.88
		25	2000	101.91

1.7　FSO通信系统的应用

FSO通信系统的应用范围从短距离(小于1km)到长距离乃至空间应用。它提供宽带解决方案(高数据率且无须布线),用于连接终端用户到骨干网。通过连接城市地区的各种塔楼、建筑物等,短程应用提供最后一公里的通道。

挖掘电缆是一项艰巨的任务,它包括点对点、点对多点链接或宽带链接。下面列出了FSO通信系统的各种应用。

(1)企业链接。可以轻松部署 FSO 链接,以连接各种塔楼、建筑物,从而实现局域网连接。它还可以扩展到连接城域光纤环网,连接新的网络,并提供高速网络扩展。

(2)光纤备份。如果出现光纤链路故障,可将 FSO 链路部署为备份链路,以确保系统可用性。

(3)点对点链路。它包括 LEO – LEO 和 LEO – GEO 链路,以及卫星到地面/地对空链路,这种类型的链接需要良好的指向和跟踪系统。这里,发射机的输出功率、功耗、尺寸、质量和部署成本随链路范围变化而变化。

(4)点对多点链接。多平台多静态传感,可互操作的卫星通信和共享星载处理是 FSO 通信系统独特的网络应用。

(5)混合无线连接/网络冗余。FSO 通信系统容易受到如雾、大雪等天气条件的影响。为了获得 100% 的网络可用性,FSO 链路可以与高频工作的微波链路(GHz 量级范围)并提供等量数据率。

(6)灾难恢复。FSO 通信系统在现有通信网络崩溃的情况下提供高容量可扩展链路。

(7)蜂窝网络的回程。随着 3G、4G 蜂窝通信的出现,增加了回程容量。

手机塔将应对宽带移动客户需求的增长。4G 网络的可行回程选择是部署光缆或在塔之间安装 FSO 链接,部署光缆是一项耗时且昂贵的工作。因此,FSO 通信系统在为蜂窝网络提供回程容量方面发挥着重要作用。

1.8 小结

本章首先讨论从室内 IR 到室外 FSO 通信系统中的各种类型的光无线通信。然而,本章主要关注室外地面 FSO 通信系统链路。它展示了传输速率可以超过 10Gb/s 的 RF 载波上的光载波优势,并且可以发现它在企业链接、视频监控、灾难恢复和蜂窝系统回程等方面的应用;在 FSO 通信系统中使用的各种技术,即直接检测、相干检测和 OFDM;还讨论了基于吸收损耗和市场上组件可用性的工作波长选择。

参考文献

1. R. F. Lucy, K. Lang, Optical communications experiments at 6328 Å and 10:61. Appl. Opt. 7 (10), 1965 – 1970 (1968)
2. M. S. Lipsett, C. McIntyre, R. Liu, Space instrumentation for laser communications. IEEE J. Quantum Electron. 5(6), 348 – 349 (1969)
3. I. Arruego, H. Guerrero, S. Rodriguez, J. Martinez – Oter et al., OWLS: a ten – year history in optical wireless links for intra – satellite communications. IEEE J. Sel. Areas Commun. 27(9), 1599 – 1611 (2009)
4. S. Kazemlou, S. Hranilovic, S. Kumar, All – optical multihop free – space optical communication systems. J. Lightwave Technol. 29(18), 2663 – 2669 (2011)
5. K. Hirabayashi, T. Yamamoto, S. Hino, Optical backplane with free – space optical interconnections using tunable beam deflectors and a mirror for bookshelf – assembled terabit per second class asynchronous transfer mode switch. Opt. Eng. 37, 1332 – 1342 (2004)
6. N. Savage, Linking with light. IEEE Spectr. (2002). [Weblink: http://spectrum. ieee. org/ semiconductors/optoelectronics/linking – with – light]
7. G. Forrester, Free space optics, in *Digital Air Wireless*. [Weblink: http://www. digitalairwireless. com/wireless – blog/2013 – 07/free – space – optics. html]
8. http://andy96877. blogspot. com/p/visible – light – communication – vlc – isdata. html. Visible light communication – VLC & Pure VLC*TM*. [Weblink: http://andy96877. blogspot. com/p/visible – light – communication – vlc – is – data. html]
9. Weblink: http://lasercommunications. weebly. com
10. Weblink: http://artolink. com
11. Weblink: http://www. fsona. com
12. L. C. Andrews, R. L. Phillips, *Laser Beam Propagation through Random Medium*, 2nd edn. (SPIE Optical Engineering Press, Bellinghan, 1988)
13. www. laserlink. co. uk. Technical report
14. A. M. Street, P. N. Stavrinou, D. C. O'Brien, D. J. Edward, Indoor optical wireless systems – a review. Opt. Quantum Electron. 29, 349 – 378 (1997)

15. Z. Ghassemlooy, A. Hayes, Indoor optical wireless communication systems – part I: review. Technical report (2003)

16. A. P. Tang, J. M. Kahn, K. P. Ho, Wireless infrared communication links using multi – beam transmitters and imaging receivers, in *Proceedings of IEEE International Conference on Communications, Dallas*, 1996, *pp.* 180 – 186

17. J. B. Carruthers, J. M. Kahn, Angle diversity for nondirected wireless infrared communication. IEEE Trans. Commun. 48(6), 960 – 969 (2000)

18. G. Yun, M. Kavehrad, Spot diffusing and fly – eye receivers for indoor infrared wireless communications, in *Proceedings of the* 1992 *IEEE Conference on Selected Topics in Wireless Communications, Vancouver*, 1992, *pp.* 286 – 292

19. R. Ramirez – Iniguez, R. J. Green, Indoor optical wireless communications, in *IEE Colloquium on Optical Wireless Communication, vol.* 128 (*IET*, 1999), *pp.* 14/1 – 14/7. [*Weblink: http://* ieeexplore. ieee. org/abstract/document/793885/]

20. J. Li, J. Q. Liu, D. P. Taylor, Optical communication using subcarrier PSK intensity modulation through atmospheric turbulence channels. IEEE Trans. Commun. 55(8), 1598 – 1606 (2007)

21. J. H. Franz, V. K. Jain, *Optical Communications: Components and Systems* (Narosa Publishing House, Boca Raton, 2000)

22. H. Hemmati, *Deep Space Optical Communications* (John Wiley & Sons, Hoboken, 2006)

23. A. Jurado – Navas, J. M. Garrido – Balsells, J. Francisco Paris, M. Castillo – Vázquez, A. Puerta – Notario, Impact of pointing errors on the performance of generalized atmospheric optical channels. Opt. Exp. 20(11), 12550 – 12562 (2012)

24. Weblink: http://www. cie. co. at/, 28 Feb 2012

25. O. Bader, C. Lui, Laser safety and the eye: hidden hazards and practical pearls. Technical report: American Academy of Dermatology, Lion Laser Skin Center, Vancouver and University of British Columbia, Vancouver, B. C. , 1996

26. G. D. Fletcher, T. R. Hicks, B. Laurent, The SILEX optical interorbit link experiment. IEEE J. Electr. Commun. Eng. 3(6), 273 – 279 (2002)

27. K. E. Wilson, An overview of the GOLD experiment between the ETS – VI satellite and the table mountain facility. TDA progress report 42 – 124, Communication Systems Research Section, pp. 8 – 19, 1996. [Weblink: https://ntrs. nasa. gov/search. jsp? R = 19960022219]

28. T. Dreischer, M. Tuechler, T. Weigel, G. Baister, P. Regnier, X. Sembely, R. Panzeca, Inte-

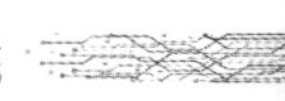

grated RF – optical TT & C for a deep space mission. Acta Astronaut. 65(11), 1772 – 1782 (2009)

29. G. Baister, K. Kudielka, T. Dreischer, M. Tüchler, Results from the DOLCE (deep space optical link communications experiment) project. Proc. SPIE Free – Space Laser Commun. Technol. XXI 7199, 71990B – 1 – 71990B – 9 (2009)
30. D. E. Smith, M. T. Zuber, H. V. Frey, J. B. Garvin, J. W. Head, D. O. Muhleman et al., Mars orbiter laser altimeter: experiment summary after first year of global mapping of Mars. J. Geophys. Res. 106(E10), 23689 – 23722 (2001)
31. General Atomics Aeronautical Systems, Inc., *GA – ASI and TESAT Partner to Develop RPA – to – spacecraft Lasercom Link*, 2012. [*Weblink: http://www.ga – asi.com/ga – asi – and – tesat – partner* – to – develop – rpa – to – spacecraft – lasercom – link]
32. G. G. Ortiz, S. Lee, S. P. Monacos, M. W. Wright, A. Biswas, Design and development of a robust ATP subsystem for the altair UAV – to – ground lasercomm 2.5 – Gbps demonstration. Proc. SPIE Free – Space Laser Commun. Technol. XV 4975, 1 – 12 (2003)
33. D. Isbel, F. O'Donnell, M. Hardin, H. Lebo, S. Wolpert, S. Lendroth, Mars polar lander/deep space 2. Technical report, National Aeronautics and Space Administration, 1999
34. Y. Hu, K. Powell, M. Vaughan, C. Tepte, C. Weimer et al., Elevation Information in Tail (EIT) technique for lidar altimetry. Opt. Exp. 15(22), 14504 – 14515 (2007)
35. N. Perlot, M. Knapek, D. Giggenbach, J. Horwath, M. Brechtelsbauer et al., Results of the optical downlink experiment KIODO from OICETS satellite to optical ground station oberpfaffenhofen (OGS – OP). Proc. SPIE, Free – Space Laser Commun. Technol. XIX Atmos. Prop. Electromag. Waves 6457, 645704 – 1 – 645704 – 8 (2007)
36. V. Cazaubiel, G. Planche, V. Chorvalli, L. Hors, B. Roy, E. Giraud, L. Vaillon, F. Carré, E. Decourbey, LOLA: a 40,000 km optical link between an aircraft and a geostationary satellite, *in Proceedings of 6th International Conference on Space Optics*, Noordwijk, June 2006
37. R. Beer, T. A. Glavich, D. M. Rider, Tropospheric emission spectrometer for the Earth observing system's Aura satellite. Appl. Opt. 40(15), 2356 – 2367 (2001)
38. K. E. Wilson, J. R. Lesh, An overview of Galileo optical experiment (GOPEX). Technical report: TDA progress report 42 – 114, Communication Systems Research Section, NASA, 1993
39. K. Nakamaru, K. Kondo, T. Katagi, H. Kitahara, M. Tanaka, An overview of Japan's Engineering Test Satellite VI (ETS – VI) project, *in Proceedings of IEEE, Communications, International*

Conference on World Prosperity Through Communications, *Boston*, *vol.* 3, 1989, pp. 1582 – 1586

40. Y. Fujiwara, M. Mokuno, T. Jono, T. Yamawaki, K. Arai, M. Toyoshima, H. Kunimori, Z. Sodnik, A. Bird, B. a. Demelenne, Optical inter – orbit communications engineering test satellite (OICETS). Acta Astronaut. 61(1 – 6), 163 – 175 (2007). Elsevier
41. K. Pribil, J. Flemmig, Solid state laser communications in space (solacos) high data rate satellite communication system verification program. Proc. SPIE, Space Instrum. Spacecr. Opt. 2210 (39), 39 – 49 (1994)
42. Z. Sodnik, H. Lutz, B. Furch, R. Meyer, Optical satellite communications in Europe. Proc. SPIE, Free – Space Laser Commun. Technol. XXII 7587, 758705 – 1 – 758705 – 9 (2010)
43. R. M. Gagliardi, S. Karp, *Optical Communications*, 2nd edn. (John Wiley & Sons, New York, 1995)
44. X. Zhu, J. M. Kahn, Free space optical communication through atmospheric turbulence channels. IEEE Trans. Commun. 50(8), 1293 – 1300 (2002)
45. R. J. McIntyre, The distribution of gains in uniformly multiplying avalanche photodiodes: theory. IEEE Trans. Electron Devices 19(6), 703 – 713 (1972)
46. P. P. Webb, R. J. McIntyre, J. Conradi, Properties of avalanche photodiodes. RCA Rev. 35, 234 – 278 (1974)
47. M. Srinivasan, V. Vilnrotter, Symbol – error probabilities for pulse position modulation signaling with an avalanche photodiode receiver and Gaussian thermal noise. TMO progress report 42 – 134, Jet Propulsion Laboratory, California Institute of Technology, Pasadena, Aug 1998
48. W. O. Popoola, Z. Ghassemlooy, BPSK subcarrier intensity modulated free – space optical communication in atmospheric turbulence. J. Lightwave Technol. 27(8), 967 – 973 (2009)
49. D. Barros, S. Wilson, J. Kahn, Comparison of orthogonal frequency – division multiplexing and pulse – amplitude modulation in indoor optical wireless links. IEEE Trans. Commun. 60 (1), 153 – 163 (2012)
50. Weblink: http://www. chem. wwu. edu/dept/dept/tutorial/
51. Safety of laser products – part 12: safety of free space optical communication systems used for transmission of information. Technical report: IEC 60825 – 12, 2004
52. Weblink: http://web. mst. edu/ ~ mobildat/Free%20Space%20Optics/

第2章 自由空间光信道模型

2.1 大气信道

围绕地球表面的同心大气层大致分为两个区域,即同质层和异质层。同质层覆盖0~90km的较低层,异质层位于90km以上的较高层。大气中的同质层区域由各种气体、水蒸气、污染物和其他化学物质组成。这些粒子最大浓度位于对流层地球表面附近,一直延伸至高20km。图2.1描绘了大气层的一般分类,每层的温度值如图2.2所示。

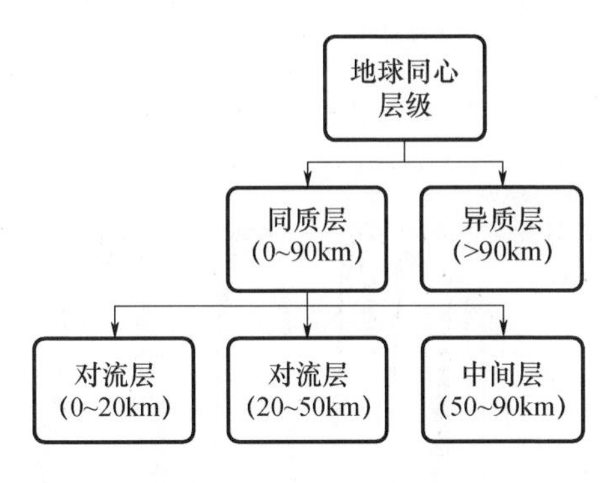

图2.1　大气层的一般分类

随着海拔高度向上穿过电离层(电离层为从约90km延伸至600km的大气区域,包含由太阳辐射引起的电离电子),颗粒密度减小,这些电离的电子在地球表面形成辐射带。通过辐射带传播的所有信号与大气颗粒相互作用,传播信号由于吸收和散射的作用导致接收信号的损失。吸收是指信号能量被大气中存在的粒子吸收,导致信号能量损失以及吸收粒子内部能量增益的现象。在散射中,并不像吸收那样产生信号能量损失,但将导致信号能量在任意方向上重新分布(或称为散射)。吸收和散射作用都会导致接收功率下降,其下降程度与信号波长密切相关。当传输信号的工作波长与大气颗粒的横截面尺寸相当时,这些效应变得更加明显。图 2.3 使用 MODTRAN 软件包描述了透过率(或衰减)与波长的关系。软件设置在晴朗天气条件下的输出波长范围为 0 ~ 3μm。从图 2.3可清楚地看出,在特定波长处的衰减峰值是由于大气颗粒的吸收造成的,因此 FSO 通信系统链路选择的波长必须处于低大气损耗频带内。

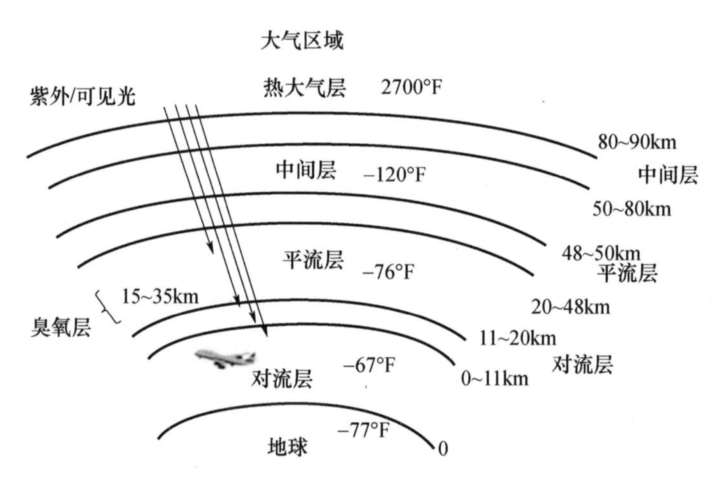

图 2.2　具有相应温度的各类大气层

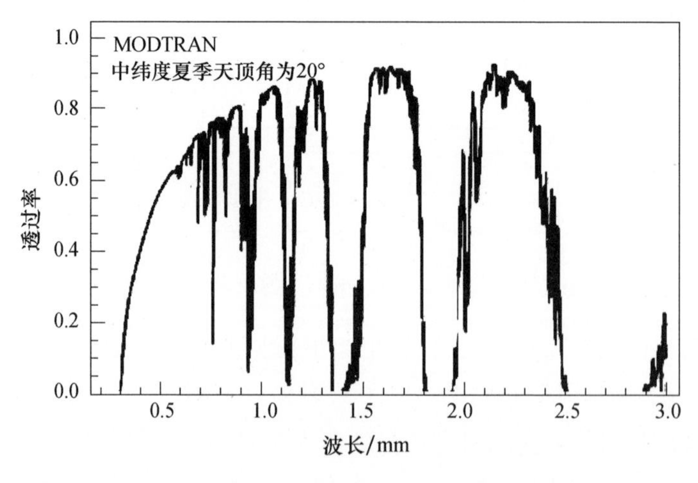

图 2.3　大气透过率(衰减)与波长的关系[1]

FSO 信道的大气条件可大致分为三类,即晴天、多云和降雨。晴朗天气状况的特点是能见度高,衰减相对较小。多云的天气条件从雾到浓云,具有能见度低、湿度高和衰减大的特点。降雨的特点是存在不同尺度的雨滴,并且会由于降雨率产生不同程度的影响。

各种大气条件可以由颗粒的尺寸(相对于工作波长的横截面尺寸)和颗粒密度(颗粒的体积浓度)表示。图 2.4 描述了各种多云和多雨条件下的平均液滴尺寸及其分布。可以看出,分布状态可从高密度和小粒径(如在轻雾和雾霾的情况下)一直变化到大雨期间的低密度和大粒径。应该指出,图 2.4 给出的结果仅代表平均参数,真实的大气条件下实测值会随时间发生一定的变化。

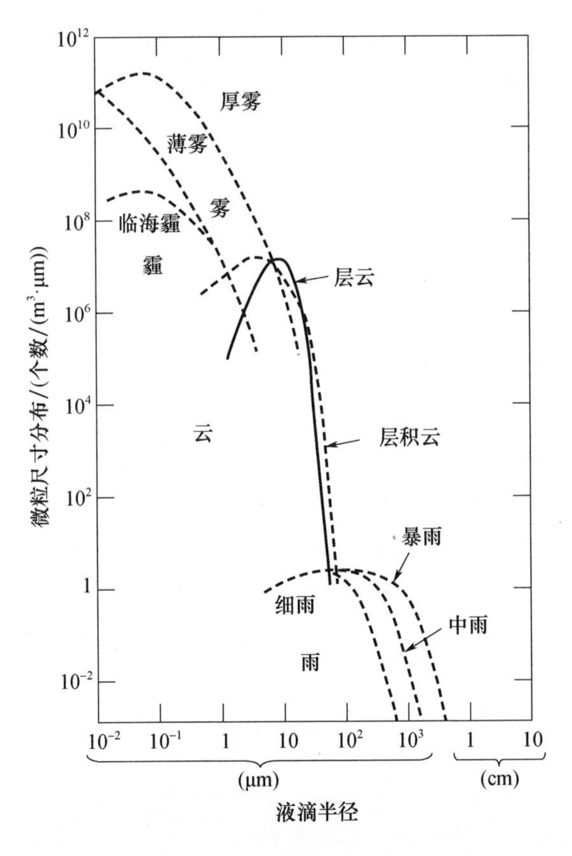

图 2.4 大气中的平均粒径和相应的粒子密度[2]

2.1.1 大气传输损失

大气信道中包含悬浮在大气中的各种气体和其他微小颗粒,如气溶胶、灰尘和烟雾等。此外,大气中还存在由于雨、霾、雪和雾造成的大量降水。这些大气成分中的每一种都将导致传输信号功率水平的降低,即由于若干因素(包括由气体分子对光的吸收、瑞利或米氏散射)导致光信号的衰减。光束在通过大气信道传播时遇到的各种损失将在本节中进行讨论。

在 FSO 通信系统中,当光信号在大气中传播时,由于以下因素会出现功率损耗。

1. 吸收与散射损失

大气信道造成的光功率损失主要由吸收和散射过程引起。在可见光和红外波段,主要的大气吸收体是水、二氧化碳和臭氧分子[3-4]。光信号通过大气时所经受的衰减可以根据与接收机 P_R 和发射功率 P_T[5] 的功率相关的光学深度 τ 来量化,即

$$P_R = P_T \exp(-\tau) \tag{2.1}$$

接收功率与传输功率的比值称为大气透过率 T_a($T_a = P_R/P_T$)。

当光信号以天顶角 θ 传播时,透射系数由 $T_\theta = T_a \sec\theta$ 给出。大气透过率 T_a 和光深 τ 与大气衰减系数 γ 和透射距离 R 的关系为

$$T_a = \exp\left(-\int_0^R \gamma(\rho)\,\mathrm{d}\rho\right) \tag{2.2}$$

其中,

$$\tau = \int_0^R \gamma(\rho)\,\mathrm{d}\rho \tag{2.3}$$

在这两种情况下,光束在大气传播过程中所经受的损失可以用下式计算,即

$$\mathrm{Loss}_{\mathrm{prop}} = -10\,\lg T_a \tag{2.4}$$

在第一种情况下,以 dB 换算的损失将是 4.34τ。因此,0.7 的光学深度会导致 3dB 的损失。

衰减系数是气溶胶和大气分子成分的吸收系数和散射系数之和[6],即

$$\gamma(\lambda) = \underbrace{\alpha_m(\lambda)}_{\text{分子吸收系数}} + \underbrace{\alpha_a(\lambda)}_{\text{微粒吸收系数}} + \underbrace{\beta_m(\lambda)}_{\text{分子散射系数}} + \underbrace{\beta_a(\lambda)}_{\text{微粒散射系数}} \tag{2.5}$$

式(2.5)中等号右边的前两项分别代表分子和气溶胶吸收系数,而后两项分别代表分子和气溶胶散射系数。大气吸收是一种波长依赖现象,对于晴朗的天气条件,表 2.1 列出了分子吸收系数的一些典型值。FSO 通信系统选择的波长范围具有最小的吸收系数,该范围称为大气传播窗口。在此窗口中,分子或气溶胶吸收造成的衰减小于 0.2dB/km。在 700 ~ 1600nm 范围内有几个传输窗口。大多数 FSO 通信系统设计用于 780 ~ 850nm 和 1520 ~ 1600nm 的窗口。

散射过程将导致光束能量的角分布变化,某些情况下波长也会改变。它取决于在传播过程中遇到的粒子半径 r:如果 $r<\lambda$,则散射过程为瑞利散射;如果 $r\approx\lambda$ 是米氏散射;对于 $r>\lambda$,可以使用衍射理论(几何光学)来解释散射过程。表 2.2 总结了大气通道中各种散射粒子的散射过程。在各种散射粒子中,如空气中分子、雾霾粒子、雾滴、雪、雨和冰雹等,雾粒子的波长与 FSO 通信系统的波长相当, 因此各种散射粒子在光信号的衰减中起主要作用。

表 2.1　典型的分子吸收系数[7]

序号	波长/nm	分子吸收/(dB/km)
1	550	0.13
2	690	0.01
3	850	0.41
4	1550	0.01

表 2.2　光通道中各种大气颗粒的大小和散射过程

类型	半径/μm	散射过程
空气分子	0.0001	瑞利
雾霾粒子	0.01 ~ 1	瑞利 - 米氏
雾滴	1 ~ 20	三重几何
雨	100 ~ 10000	几何
雪	1000 ~ 5000	几何
冰雹	5000 ~ 50000	几何

大气散射不仅会衰减大气中的信号光束,也是引起白天通信噪声中天空辐射的主要原因[8]。天空辐射是由于沿着大气传播路径的太阳光子的散射引起背景噪声,这种噪声降低了接收机处的信噪比。接收到的背景噪声取决于接收机的几何形状以及太阳和发射机的相对位置。图 2.5 显示了大气分层模型的散射机制。

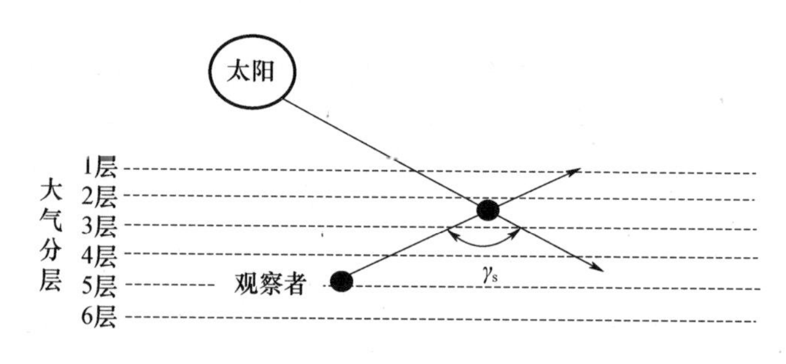

图 2.5　大气分层模型的散射机制

大气被模拟为多层结构,每层由气体和气溶胶的均匀混合物组成。散射角 γ_s 是太阳辐射的正向与观测点之间形成的角度。可以看出,散射体的浓度越高,天空的散射光就越多。随着观测方向和太阳之间的角度减小,天空辐射量增加。在距离太阳 30°以内,天空辐射主要来自气溶胶。随着与太阳的角度增大,背景辐射主要来自瑞利散射。

2. 自由空间传输衰减

在 FSO 通信系统中,最大的损失通常是由于“空间损耗”,即在通过自由空间传播时信号强度的损失。空间损失系数表达如下:

$$L_s = \left(\frac{\lambda}{4\pi R}\right)^2 \tag{2.6}$$

式中:R 为链路距离。

由于依赖于波长,光学系统引起的自由空间损耗比 RF 系统大得多(L_s 要小得多)。除了空间损失外,如果信号通过有损介质,如行星大气,则会有额外的传播损耗。许多深空光链路没有额外的空间损失,因为它们不涉及大气层。

3. 光束发散损失

当光束在大气中传播时,由于衍射而产生扩散,这将导致光束发散损失,即在接收天线范围内无法收集一部分发射光束的情况,如图 2.6 所示。典型的

FSO 通信系统在发射天线处光束直径一般为 5～8cm，该光束在传播 1km 距离后扩展到1～5m 直径。但是，FSO 接收天线的视场较窄，无法收集所有发射功率，导致能量损失。图 2.6 描述了接收天线只能收集一小部分发射光束情况下的光束发散损耗。

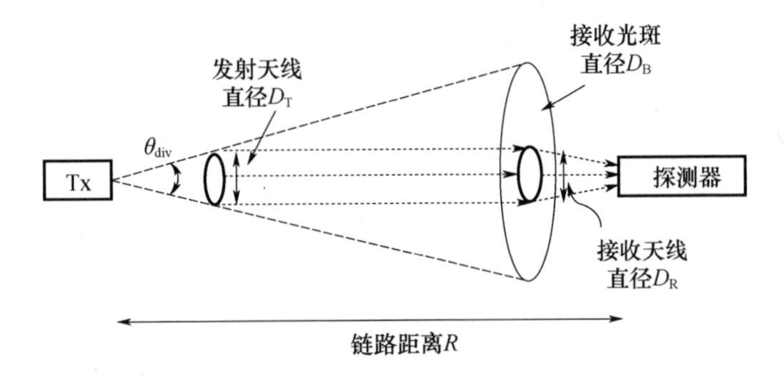

图 2.6　光束发散造成的能量损失

由接收天线收集的光功率由下式给出，即

$$P_R = P_T G_T G_R L_p \tag{2.7}$$

式中：P_T 为发射功率；L_p 为光束发散损失；G_T 为发射天线增益；G_R 为接收天线增益。

将 $L_p = \left(\dfrac{\lambda}{4\pi R}\right)^2$、$G_T \approx (4D_T/\lambda)^2$、$G_R \approx (\pi D_R/\lambda)^2$ 代入式(2.7)，可得

$$P_R \approx P_T \left(\frac{D_T D_R}{\lambda R}\right)^2 \approx P_T \left(\frac{4}{\pi}\right)^2 \left(\frac{A_T A_R}{\lambda^2 R^2}\right) \tag{2.8}$$

因此，用 dB 表示的衍射极限光束发散损耗/几何损耗为

$$L_G = -10\left[2\lg\left(\frac{4}{\pi}\right) + \lg\left(\frac{A_T A_R}{\lambda^2 R^2}\right)\right] \tag{2.9}$$

一般情况下应优先选用具有窄光束发散度的光源，但是如果收发天线之间存在轻微指向偏差，窄波束发散会导致链路失败。因此，必须适当选择光束发散角度，以降低对主动跟踪和指向系统的指标要求，同时减少光束发散损耗。很多时候，光束扩展器用于减少由于衍射限制的光束发散引起的损耗，因为光束发散度与透射孔径直径成反比（$\theta_{div} \approx \lambda/D_T$）。在这种情况下，需借助两个会聚透镜来增加衍射光直径，如图 2.7 所示。

对于非衍射限制的情况，发散角为 θ_{div}、直径为 D_{T} 的光源在链路距离为 R 处的光束尺寸为 $D_{\text{T}}+\theta_{\text{div}}R$，接收功率 P_{R} 与发射功率的比例 P_{T} 的关系由下式给出，即

$$\frac{P_{\text{R}}}{P_{\text{T}}}=\frac{D_{\text{R}}^{2}}{(D_{\text{T}}+\theta_{\text{div}}R)^{2}} \tag{2.10}$$

以 dB 为单位的光束发散或几何损耗可表示为

$$L_{\text{G}}=-20\lg\left[\frac{D_{\text{R}}}{D_{\text{T}}+\theta_{\text{div}}R}\right] \tag{2.11}$$

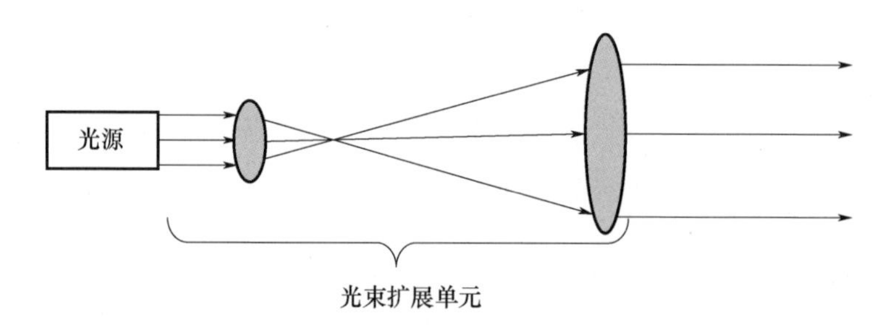

图 2.7　光束扩展单元增加衍射光斑尺寸

4. 天气环境影响

FSO 链路的性能受到雾、雪、雨等各种环境因素的影响，导致接收信号功率下降。在这些环境因素中，大气衰减通常由雾主导，因为雾的粒径与 FSO 通信系统常用的波长相当。它可以改变光信号的特性，或通过吸收、散射和反射而完全阻碍光的通过。大气能见度（简称为能见度）是预测大气环境条件的有效指标，大气能见度定义为平行光束在大气中传播直到强度下降到其原始值的 2% 时所穿过的距离。为了从统计数据上分析大气能见度造成的光学衰减对 FSO 通信系统的链路可行性产生的影响，必须知道大气能见度和光信号衰减之间的关系。描述大气能见度和光学衰减之间关系的几种模型已在文献[9－11]中给出。为了方便表征通过介质传播的光信号衰减，定义“特定衰减”变量，即介质中每经过单位长度，光信号衰减以 dB / km 表示，表达式为

$$\beta(\lambda)=\frac{1}{R}10\lg\left(\frac{P_0}{P_R}\right)=\frac{1}{R}10\lg\left(\mathrm{e}^{\gamma(\lambda)R}\right) \tag{2.12}$$

式中:R 为链路长度;P_0 为发射机发射的光功率;P_R 为距离 R 处的光功率;$\gamma(\lambda)$ 为大气衰减系数。

下面描述由于雾、雪和雨等气候条件导致的衰减。

(1)雾的影响。雾的衰减可以通过应用米(Mie)散射理论来预测,但是它涉及复杂的计算并需要雾参数的详细信息。另一种方法是基于大气能见度距离信息,其中使用通用的经验模型来预测由雾造成的衰减。通常将 550nm 的波长作为能见度距离参考波长。下式定义了通过 Mie 散射常用经验模型给出的雾的特定衰减,即

$$\beta_{\text{fog}}(\lambda)=\frac{3.91}{V}\left(\frac{\lambda}{550}\right)^{-p} \tag{2.13}$$

式中:V 为能见度距离(km);λ 为工作波长(nm);p 为散射的尺寸分布系数。

根据 Kim 模型,p 可表示为

$$p=\begin{cases}1.6, & V>50\\ 1.3, & 6<V<50\\ 0.16V+0.34, & 1<V<6\\ V-0.5, & 0.5<V<1\\ 0, & V<1\end{cases} \tag{2.14}$$

根据 Kruse 模型,p 可表示为

$$p=\begin{cases}1.6, & V>50\\ 1.3, & 6<V<50\\ 0.585V^{1/3}, & V<6\end{cases} \tag{2.15}$$

因此,可根据能见度距离值确定不同的天气状况,表 2.3 总结了不同天气条件下的大气能见度距离和光信号的衰减。

对于低能见度的天气条件,即在大雾和多云条件下,不同工作波长的特定衰减影响可以忽略不计。当能见度距离较高(6km)时,即轻雾和雾霾等条件下,1550nm 光信号的特定衰减远小于 850nm 和 950nm 的光信号。随着能见度进一步增加并超过 20km(晴朗天气),波长对特定衰减的依赖性再次下降,以上结论如图 2.8 中的数值所示。

表 2.3 大气能见度与天气条件对应关系[12]

天气条件	大气能见度距离/km	785nm 光信号的衰减/(dB/km)
厚雾	0.2	-89.6
中雾	0.5	-34
轻雾	0.77~1	-20~-14
薄雾/大雨(25mm/h)	1.9~2	-7.1~-6.7
霾/中雨(12.5mm/h)	2.8~4	-4.6~-3
轻霾/小雨(2.5mm/h)	5.9~10	-1.8~-1.1
晴/细雨(0.25mm/h)	18~20	-0.6~-0.53
非常晴朗	23~50	-0.46~-0.21

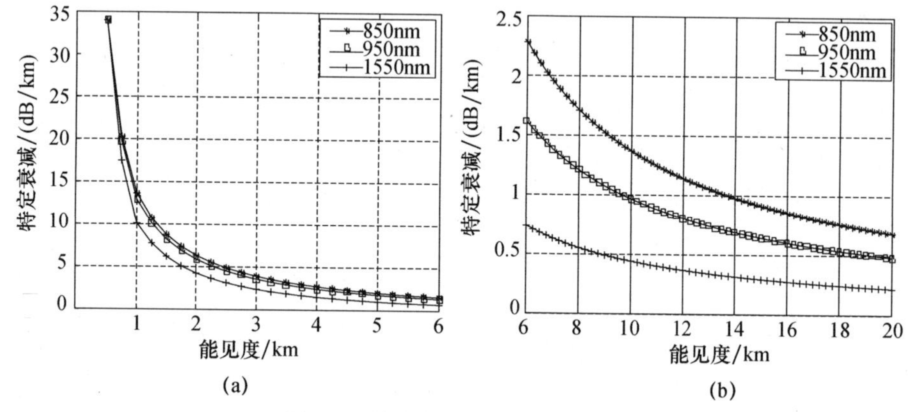

图 2.8 特定衰减与能见度的关系

(a)大雾和云;(b)轻雾和霾。

(2)雪的影响。雪引起的衰减随着雪花尺寸和降雪率的变化而变化。由于雪花的尺寸比雨滴大,因此与雨滴相比,它们会在信号中产生更大的衰减。雪花尺寸可以达到20mm,对于光信号的波束宽度来说可以完全阻挡光信号的路径。对于雪的影响,衰减可以分为干雪衰减和湿雪衰减。下面的公式给出降雪率为 S 的具体衰减(dB/km),即

$$\beta_{\text{snow}} = aS^{b} \tag{2.16}$$

式中:S 的单位为 mm/h。干雪和湿雪中的参数 a 和 b 的值如下。

$$\begin{cases} 对于干雪: a = 5.42 \times 10^{-5} + 5.4958776, b = 1.38 \\ 对于湿雪: a = 1.023 \times 10^{-4} + 3.7855466, b = 0.72 \end{cases} \tag{2.17}$$

基于能见度距离的雪衰减可以通过以下经验模型来近似，即

$$\alpha_{\text{snow}} = \frac{58}{V} \tag{2.18}$$

(3)降雨的影响。足够大的雨滴将会导致任意波长光信号的散射，降雨产生的衰减随降雨率线性增加。受降雨率 R 影响的衰减由下式给出，即

$$\beta_{\text{rain}} = 1.076R^{0.67} \tag{2.19}$$

FSO 链路的降雨衰减可以用经验公式近似，即

$$\alpha_{\text{rain}} = \frac{2.8}{V} \tag{2.20}$$

式中：V 为能见度距离(km)，其基于降雨率的对应值列于表 2.4 中。

表 2.4　降雨率及其能见度距离[13]

降雨类型	降雨率 R/(mm/h)	能见度距离 V/km
倾盆大雨	25	1.9 ~ 2
中雨	12.5	2.8 ~ 40
小雨/细雨	0.25	18 ~ 20

雪、雨、雾的能见度与特定衰减的关系如图 2.9 所示。从图 2.9 中可以清楚地看出，降雪情况对光信号的衰减影响最大，其次是降雨的影响，雾对光信号的衰减影响最小。在有雾的情况下，能见度距离小于 150m 时衰减会瞬间增加，能见度距离小于 150m 对应的是大雾和多云天气。

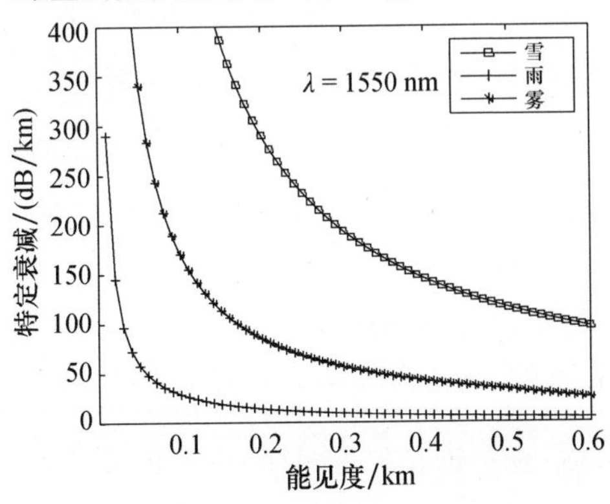

图 2.9　雪、雨、雾的能见度与特定衰减的关系

5. 指向损失

由于发射天线和接收天线之间的指向不准而发生的损失称为指向损失。指向损失增大到一定程度会导致灾难性的信号衰落,并明显降低系统性能。该现象的发生是由于随机的平台抖动通常远大于发射天线的波束宽度。因此,需要非常精密的扫描、捕获和跟踪(ATP)子系统来减少不完全对准造成的信号衰减。信标光束不用于通信,仅用来实现收/发天线对准。用来通信的窄激光束信号光对准偏差应尽可能小,以降低指向损失,使接收端能接收到足够的光功率实现通信功能。通过使用惯性传感器、焦平面阵列和偏转镜可实现亚微弧度量级的指向系统。链路预算分析中的发射天线指向损耗为

$$L_{\mathrm{p}} = \exp\left(\frac{-8\theta_{\mathrm{jitter}}^{2}}{\theta_{\mathrm{div}}^{2}}\right) \tag{2.21}$$

式中:θ_{jitter}为波束抖动角度;θ_{div}为发射天线波束发散角。

2.1.2 大气湍流

大气可以认为是具有两种不同运动状态的黏性流体,即层流和湍流。在层流中,速度流动特性是均匀的,或以某种规则的方式变化。在湍流的情况下,由于动态混合的原因使速度失去均匀特性,并产生被称为湍流漩涡的随机子流。从层流到湍流运动的过渡过程可由无量纲的雷诺数来描述。雷诺数定义为 $Re = vl_{\mathrm{f}}/\upsilon_{\mathrm{k}}$,其中 v 是特征速度(m/s),l_{f}为流量的尺寸(m),υ_{k}是运动黏度(m^2/s)。如果雷诺数超过"临界雷诺数",那么该流动本质上是湍流。在地表附近,特征尺度 $l_{\mathrm{f}} \approx 2\mathrm{m}$,风速为 1~5m/s,黏度为 $\upsilon_{\mathrm{k}} \approx 0.15\times10^{-4}\mathrm{m}^2/\mathrm{s}$,此时雷诺数 Re 值较大,可达到 10^5 量级。由此判断,在接近地平面时大气流动可认为是强湍流。

为了解大气湍流的形成和结构特征,可采用能量级联湍流理论[14-15]。根据这一理论,当风速增加时,雷诺数超过了临界值,导致局部不稳定的气团,称为湍流涡,其特征尺寸与母湍流涡相互独立,且略小于母流[16]。在惯性力的作用下,较大尺寸的涡旋分解成较小的涡旋,直到满足其内部尺度为 l_0。以外部尺度 L_0 及由内部尺度 l_0 界定的涡旋簇形成惯性子区域。外部尺度表示湍流性质独立于

母体流量的标度。通常，外部尺度为 10～100m，并且通常假设其与地面以上的高度成线性增长。内部尺度在地面附近为 1～10mm，但在对流层和平流层中可达到厘米量级。尺度小于内部尺度 l_0 的尺度属于黏性耗散区域。在这个范围内，湍流涡流消失，剩余的能量以热量形式消散。这种现象称为 Kolmogorov 湍流理论[17]，如图 2.10 所示。

大气湍流的数学模型及其对光束传播的影响，均假设大气参数的波动是具有统计均匀性和各向同性性质的平稳随机过程。在这个数学框架内，惯性区域内的结构函数满足 2/3 次幂定律，即遵循与 $r^{2/3}$ 具有相关性，其中 r 是指空间尺度，定义为

$$r = |\boldsymbol{r}_1 - \boldsymbol{r}_2| \quad l_0 \leqslant r \leqslant L_0 \tag{2.22}$$

式中：$\boldsymbol{r}_1$ 和 $\boldsymbol{r}_2$ 表示在空间中距离为 r 的两个点处的位置向量。

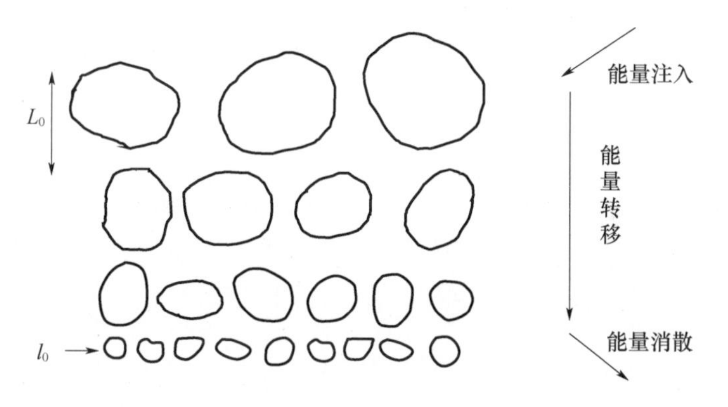

图 2.10　Kolmogorov 模型（L_0 和 l_0 分别是湍流外部和内部尺度）

随机变量 $x(r)$ 的结构函数表示为

$$D_x(r(\cdot)) = D_x(f(\boldsymbol{r}_1, \boldsymbol{r}_2)) = \langle |x(\boldsymbol{r}_1) - x(\boldsymbol{r}_2)|^2 \rangle \tag{2.23}$$

假设随机变量 $x(r)$ 由一个平均值和一个叠加的波动分量组成，可表示为

$$x(r) = \langle x(\boldsymbol{r}) \rangle + x'(\boldsymbol{r}) \tag{2.24}$$

在式(2.23)中，角括号〈〉中的第一项是缓慢变化的平均分量，第二项是随机波动。将式(2.24)代入式(2.23)，可得

$$D_x(r(\cdot)) = [\langle x(\boldsymbol{r}_1) \rangle - \langle x(\boldsymbol{r}_2) \rangle]^2 + \langle [\langle x'(\boldsymbol{r}_1) \rangle - \langle x'(\boldsymbol{r}_2) \rangle]^2 \rangle \tag{2.25}$$

式(2.25)中的第一项对于平稳的随机过程其值为零。这使得结构函数成为一个完全描述随机波动的函数。以大气作为传播介质,这些随机波动可以与大气参数中的任何一个相关联,包括速度、温度和折射率等。风速 $D_v(r_v)$ 的结构函数为[16]

$$D_v(r_v)=\langle(v_1-v_2)^2\rangle=C_v^2r^{2/3},\quad l_0\leqslant r\leqslant L_0 \tag{2.26}$$

式中:v_1 和 v_2 分别为距离是 r 的两点处的速度分量;C_v^2 为速度结构常数($\mathrm{m}^{4/3}/\mathrm{s}^2$),用于测量湍流的能量。

与式(2.26)类似,温度的结构函数为 $D_t(r_t)=C_t^2r^{2/3}$,其中 C_t^2 是温度结构常数($(°)^2/\mathrm{m}^{2/3}$)。大气中的湍流也是在沿着大气中的传播路径,由于温度和压力变化引起大气折射率 n 的随机波动造成的。通常情况下,空间中任意点 r 处的大气折射率可以表示为平均值和波动项之和,即

$$n(r)=n_0+n'(r) \tag{2.27}$$

式中:n_0 为折射率的平均值,$n_0=\langle n(r)\rangle\approx 1$;$n'(r)$ 为 $n(r)$ 与其平均值的随机偏差。

因此,式(2.27)可表示为

$$n(r)=1+n'(r) \tag{2.28}$$

大气折射率与大气的温度和压力有关,由下式给出,即

$$n(r)=1+7.66\times10^{-6}(1+7.52\times10^{-3}\lambda^{-2})\frac{P'(r)}{T'(r)}\approx 1+79\times10^{-6}\left(\frac{P'(r)}{T'(r)}\right) \tag{2.29}$$

式中:λ 为波长(μm);P'为大气压(mbar);T'为大气温度(K)。

此时不考虑由于分子或气溶胶的吸收或散射引起的光学信号变化。折射率结构函数可表示为 $D_n(r_n)=C_n^2r^{2/3}$,其中 C_n^2 为折射率结构常数[16],它同时是折射率波动强度的量度。C_n^2 与温度结构常数 C_t^2 有关,即

$$C_n^2=\left[79\times10^{-6}\left(\frac{P'}{T'^2}\right)\right]^2C_t^2 \tag{2.30}$$

式中:C_t^2 通过测量沿传播路径相隔固定距离的两点之间的均方温度来确定,其他参数如前所述。

从式(2.30)可以明显看出,折射率结构参数可通过测量沿着传播路径的温

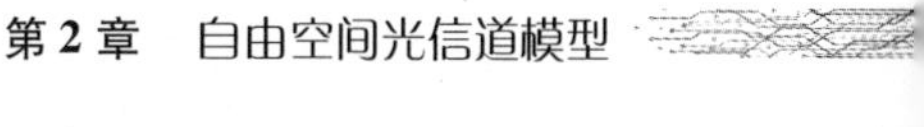

度、压力和温度的空间波动来获得。结构函数的所有表达式都是在惯性子区域定义的，即在 $l_0 \leqslant r \leqslant L_0$ 内。在上述所有结构常数中，折射率结构常数 C_n^2 是沿传播路径表征大气湍流效应的最关键参数。

根据湍流涡流和发射光束尺寸的大小，可观察到以下3种类型的大气湍流效应。

（1）光束漂移（或光束转向）。如果漩涡的尺度大于发射机光束的大小，它将以随机方式从原始路径整体偏转光束，这种现象称为光束漂移。可导致光束的指向误差位移，令光束错开接收机区域。

（2）光束闪烁。如果漩涡尺寸与光束尺寸相同，则漩涡将起到透镜作用，使入射光束聚焦并导致接收机处的光辐照度波动，该过程称为光束闪烁。光束闪烁会导致信噪比下降，同时伴有大幅度、随机的信号衰落。光束闪烁的影响可通过采用多发射/接收天线，孔径平均等技术来抑制。

（3）光束扩散。如果漩涡尺寸小于光束尺寸，那么光束的一小部分将被独立衍射和散射。这将导致接收功率密度降低，并且还会引起接收光束的波前发生扭曲。然而，如果发射光束直径保持小于大气相干长度[18]，或者接收机孔径直径保持大于第一菲涅耳区 $\sqrt{R/k}$ 的大小，则湍流引起的光束扩散的影响可以忽略不计[19]。在这种情况下，唯一的影响将是由于湍流引起的光束漂移效应和闪烁效应。

1. 光束漂移

光束漂移是指光束在大尺度不均匀性湍流大气中传播时产生的随机偏转。在从地面到卫星的FSO上行链路通信中，当卫星目标处于远场并且在发射机的近场中存在湍流时，光束直径通常小于湍流的外部尺度。在这种情况下，光束在传播通过湍流大气后高斯分布形态在短时间内变得极度偏斜。在这个过程中，最大光辐照度的瞬时点（称为“热点”）从轴上位置偏移。热点和短期光束质心的移动将长时间地产生光斑外部更大的光斑外圆，称为长期光斑尺寸。长期光斑尺寸是光束漂移、自由空间衍射扩散以及由小于光束尺寸的小尺度湍流涡旋而引起的附加扩散共同作用的结果。因此，长期光斑尺寸可表示为[20-22]

$$W_{\mathrm{LT}}^2(R) = \underbrace{W^2(R) + W^2(R)T_{\mathrm{ss}}}_{\text{光束发散}W_{\mathrm{ST}}^2} + \underbrace{\langle r_c^2 \rangle}_{\text{光束漂移}} \tag{2.31}$$

式中：$W(R)$ 为光束传播距离 R 之后的光斑尺寸；T_{ss} 为由于大气湍流引起的光束

短期扩散。

如图 2.11 所示,热点和短期光束的联合运动导致长时间内有较大的光斑外圆,称为长期光斑尺寸。因此,产生的长期斑点尺寸是到达接收机瞬时斑点的叠加。

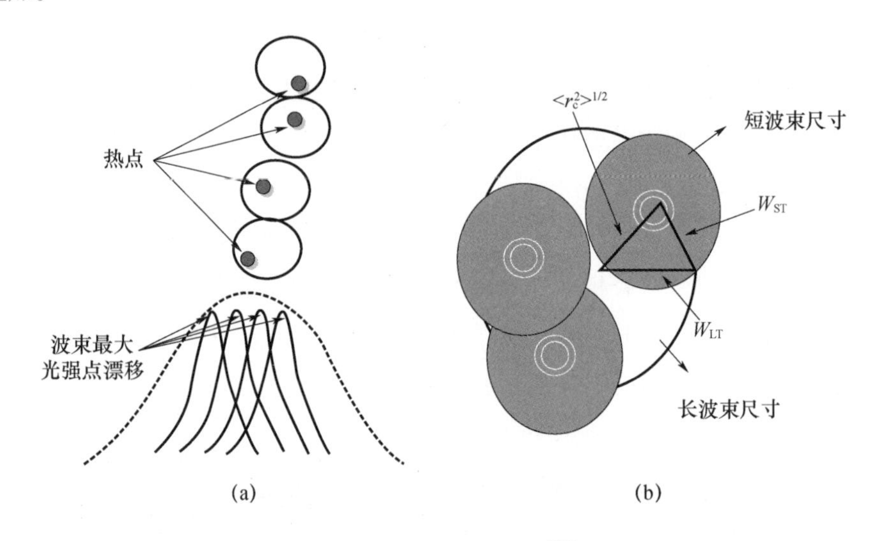

图 2.11　光束漂移效应[16]

(a)光束内的“热点”移动;(b)光束漂移方差、短期光束半径、长期波束半径。

(阴影圆圈表示接收机平面中短时波束的随机运动)

式(2.31)中的第一项是由自由空间衍射造成的;第二项是由尺寸小于光束尺寸的湍流涡旋产生的附加扩散;第三项是由大尺寸湍流涡旋引起的光束漂移位移变化。通过使用适当的滤波器,只保留大于光束尺寸的随机不均匀性,小尺寸扩散所产生的效应将被消除,且仅由光束漂移效应引起。应该注意的是,对于来自卫星的下行链路信号,波束漂移效应可以忽略不计。这是因为信号到达大气时的光束尺寸比湍流漩涡大得多,不会显著地改变光束质心。但是,由大气湍流产生的接收机处的波前倾斜将引起到达角波动。准直上行链路的光束漂移位移方差可表示为[22]

$$\langle r_c^2 \rangle = 7.25\,(H - h_0)^2 \sec^3\theta W_0^{-1/3}\int_{h_0}^{H} C_n^2(h)\left(1 - \frac{h - h_0}{H - h_0}\right)\mathrm{d}h \qquad (2.32)$$

式中:$C_n^2(h)$为折射率结构参数;θ为天顶角;W_0为发射机波束尺寸;H和h_0分别

为卫星和发射机的高度。

对于地面发射机，$h_0=0$，卫星高度 $H=h_0+R\cos\theta$。式(2.32)可以改写为[22]

$$\langle r_c^2 \rangle = 0.54\ (H-h_0)^2\ \sec^2\theta \left(\frac{\lambda}{2W_0}\right)^2 \left(\frac{2W_0}{r_0}\right)^{5/3} \tag{2.33}$$

式中：r_0 为大气相干长度(Fried 参数)，由下式给出，即

$$r_0 = \begin{cases} (1.46C_n^2k^2R)^{-3/5}, & \text{水平链路} \\ \left[0.423k^2\sec\theta \int_{h_0}^{H} C_n^2(h)\,\mathrm{d}h\right]^{-3/5}, & \text{垂直链路} \end{cases} \tag{2.34}$$

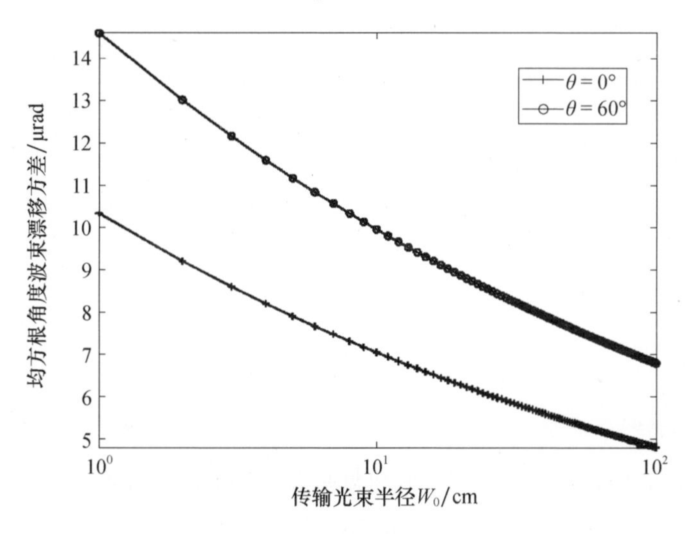

图 2.12　星地 FSO 链路均方根角度波束漂移方差与发射机波束半径函数关系

从式(2.33)和式(2.34)可以看出，波束漂移方差受到两个因素影响，即自由空间衍射角($\lambda/2W_0$)和接收机孔径处量级为$(2W_0/r_0)^{5/3}$的倾斜相位波动。图 2.12 描述了当天顶角 $\theta=0°$ 和 $\theta=60°$，通信距离 $R=40000$km 时，$\langle r_c^2\rangle$ 随 W_0 的变化趋势。从图 2.12 可以看出，对于小光束尺寸 W_0，角度光束漂移位移方差很大，随着 W_0 值的增加，角度光束漂移位移方差迅速减小。

如图 2.13 所示，光束漂移效应引起视轴附近的长期光束轮廓变宽，使光束顶部变平。平坦的光束轮廓导致光束 σ_{PE} 产生定向误差，并且使闪烁指数 σ_I^2 增加，对此问题将在下面讨论。换句话说，湍流引起的光束漂移效应明显促发了可对信道产生巨大影响的指向误差位移。

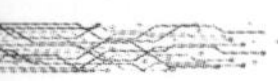

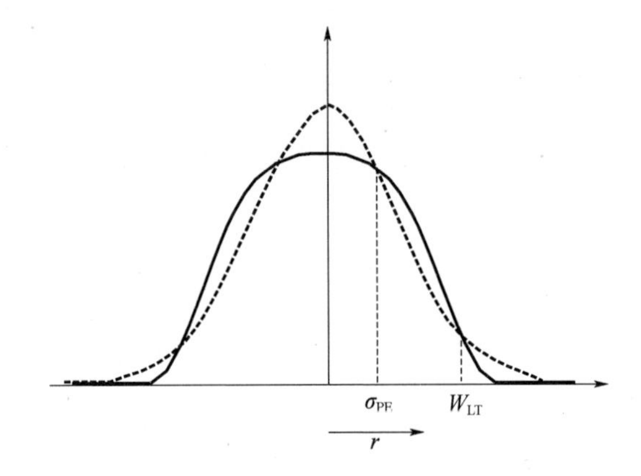

图 2.13　导致有效指向误差的径向位移的函数平坦光束轮廓

2. 光束闪烁

在通过湍流大气传播后，接收光束的横截面内的辐照度波动通常称为“闪烁”，该现象可根据闪烁指数（或者辐照度的归一化方差）σ_I^2来衡量，它将导致信噪比下降和大幅度的信号衰减，表达式为

$$\sigma_I^2=\frac{\langle I^2\rangle-\langle I\rangle^2}{\langle I\rangle^2}=\frac{\langle I^2\rangle}{\langle I\rangle^2}-1 \tag{2.35}$$

式中：I 为探测器平面某一点的辐照度（强度）；角括号表示整体平均值。

若发射光束的幅度为 X，则接收机处接收的辐照度 I 可表示为

$$I=I_0\exp(2X-2E[X]) \tag{2.36}$$

式中：I_0为没有湍流的辐照强度。

根据式（2.35）和式（2.36）可得，σ_I^2的对数幅度方差 σ_x^2可表示为

$$\sigma_I^2\approx 4\sigma_x^2,\quad \sigma_x^2\ll 1 \tag{2.37}$$

此外，对数辐照度（也称为 Rytov 方差）σ_R^2的变化与 σ_I^2有关，即

$$\sigma_I^2=\exp(\sigma_R^2)-1\approx\sigma_R^2,\quad \sigma_R^2\ll 1 \tag{2.38}$$

在弱湍流中，闪烁指数表示为

$$\sigma_I^2=\sigma_R^2=1.23C_n^2k^{7/6}R^{11/6},\quad \text{平面波} \tag{2.39}$$

和

$$\sigma_I^2=0.4\sigma_R^2=0.5C_n^2k^{7/6}R^{11/6},\quad \text{球面波} \tag{2.40}$$

式中：k 为波数，$k=2\pi/\lambda$。

从式(2.39)和式(2.40)可以看出,在弱湍流条件和相同的链路距离下,较长波长具有较小的辐照度波动。强湍流的闪烁指数由下式给出,即

$$\sigma_I^2 = \begin{cases} 1 + \dfrac{0.86}{\sigma_R^{4/5}}, \sigma_R^2 \gg 1, \text{平面波} \\ 1 + \dfrac{2.73}{\sigma_R^{4/5}}, \sigma_R^2 \gg 1, \text{球面波} \end{cases} \tag{2.41}$$

式(2.41)表明,强湍流条件下较小波长具有较小的辐照度波动。

为了得到随机衰落接收信号辐照度的概率密度函数(PDF)的数学模型,已经开展了大量的研究工作。这些研究已经得到了多种统计模型,可以描述多种大气条件下由湍流引起的闪烁。

对于弱湍流,$\sigma_I^2 < 1$,辐照度统计由对数正态模型给出。该模型由于在数学计算方面的简单性而被广泛使用。接收辐照度 I 的 PDF 可用下式给出,即

$$f(I) = \frac{1}{\sqrt{2\pi\sigma_I^2} I}\exp\left[-\frac{(\ln I - \mu)^2}{2\sigma_I^2}\right] \tag{2.42}$$

式中:μ 为 $\ln I$ 的均值。

由于有 $\sigma_I^2 = 4\sigma_x^2$,上述对数正态 PDF,式(2.42)可以改写为

$$f(I) = \frac{1}{2\sqrt{2\pi\sigma_x^2} I}\exp\left[-\frac{(\ln I - \mu)^2}{8\sigma_x^2}\right] \tag{2.43}$$

当湍流的强度增加时,与试验数据相比,对数正态 PDF 显示出较大的偏差。因此,在波动幅度较大的情况下,对数正态分布不适合作为分析模型。

对于强湍流,$\sigma_I^2 \geqslant 1$,场振幅为瑞利分布,接收光信号满足负指数统计分布[2],则它的 PDF 可表示为

$$f(I) = \frac{1}{I_0}\exp\left(-\frac{I}{I_0}\right), \quad I \geqslant 0 \tag{2.44}$$

式中:I_0为平均辐照度。在这种情况下,$\sigma_I^2 \approx 1$,这种情况仅发生在饱和状态。

除了这两个模型外,文献中还有一些其他统计模型[24]描述了强湍流体系(K模型)或所有体系(I-K 和 $\gamma-\gamma$[25]模型)中的闪烁统计量。对于 $3 < \sigma_I^2 < 4$,强度统计由 K 分布给出。因此,K 分布仅描述强湍流强度统计。该模型最初是针对非瑞利海面回波提出的,后来发现它是一种适合于表征强大气条件下幅度波动的合适模型,它的 PDF 可表示为

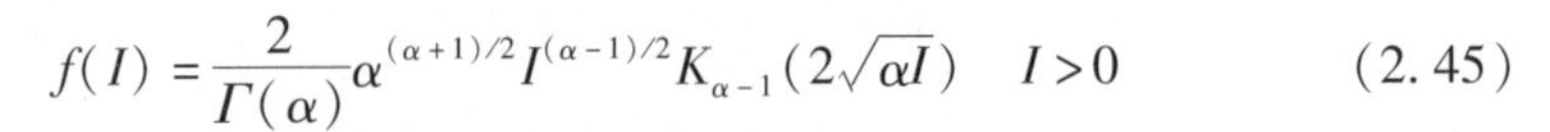

$$f(I)=\frac{2}{\Gamma(\alpha)}\alpha^{(\alpha+1)/2}I^{(\alpha-1)/2}K_{\alpha-1}(2\sqrt{\alpha I})\quad I>0 \tag{2.45}$$

式中：α 为与离散散射体有效值相关的信道参数；$\Gamma(\cdot)$ 为 γ 函数。当 $\alpha\to\infty$ 时，γ 函数分布接近 δ 函数；K 分布变为负指数分布。

但 K 分布不能进行封闭形式的数值计算。此外，它不能将数学参数与大气湍流的观测值简单地联系起来，因此限制了其适用性和应用范围。

适用于所有大气湍流条件的 K 分布的另一种广义形式是 I－K 分布，它可以覆盖理论上 K 分布不适用的弱湍流。在这种情况下，光波场建模为相干（确定性）分量和随机分量之和。假设辐射强度受广义 Nakagami 分布支配。I－K 分布的 PDF[26] 可表示为

$$f(I)=\begin{cases}2\alpha(1+\rho)\left(1+\dfrac{1}{\rho}\right)^{(\alpha-1)/2}I^{(\alpha-1)/2}K_{\alpha-1}(2\sqrt{\alpha\rho})I_{\alpha-1}(2\sqrt{\alpha(1+\rho)I}),0<I<\dfrac{\rho}{1+\rho}\\[2ex]2\alpha(1+\rho)\left(1+\dfrac{1}{\rho}\right)^{(\alpha-1)/2}I^{(\alpha-1)/2}I_{\alpha-1}(2\sqrt{\alpha\rho})K_{\alpha-1}(2\sqrt{\alpha(1+\rho)I}),I>\dfrac{\rho}{1+\rho}\end{cases} \tag{2.46}$$

式中：$I_a(\cdot)$ 为第一类 a 阶修正贝塞尔函数。

式(2.46)中归一化的分布涉及两个经验参数 ρ 和 α，它们的值通过匹配 I－K 分布的前 3 个归一化矩来选择。参数 ρ 是场的相干分量和随机分量的平均强度的功率比的度量值。对于非常弱的湍流，ρ 的值相对较大。通过适当选择 ρ 和 α 的值可以获得弱湍流和强湍流的模型。考虑到 I－K 分布贝塞尔函数形式的对称性，此分布称为 I－K 分布。I－K 分布在 $\rho\to 0$ 时转化为 K 分布。

但是，I－K 分布很难用解析形式表达。在这种情况下，γ 分布可成功描述从弱到强湍流的闪烁统计。在该模型中，归一化辐照度 I 被定义为两个独立随机变量的乘积，即 $I=I_X I_Y$，其中 I_X 和 I_Y 分别代表大尺度和小尺度动荡的湍流，且它们都遵循 γ 分布。因此，其 γ 分布的 PDF 可表示为

$$f_I(I)=\frac{2\,(\alpha\beta)^{(\alpha+\beta)/2}}{\Gamma(\alpha)\Gamma(\beta)}I^{((\alpha+\beta)/2)-1}K_{\alpha-\beta}(2\sqrt{\alpha\beta I}),I>0 \tag{2.47}$$

式中：$K_a(\cdot)$ 为第二类 a 阶修正贝塞尔函数；参数 α 和 β 为散射环境的小尺度和大尺度涡的有效值，并且与大气条件相关，即

$$\alpha=\left\{\exp\left[\frac{0.49\chi^2}{(1+0.18d^2+0.5\chi^{12/5})^{7/6}}\right]-1\right\}^{-1} \tag{2.48}$$

和

$$\beta=\left\{\exp\left[\frac{0.51\chi^2\left(1+0.69\chi^{12/5}\right)^{-5/6}}{\left(1+0.9d^2+0.62d^2\chi^{12/5}\right)^{7/6}}\right]-1\right\}^{-1} \tag{2.49}$$

式中:$\chi^2=0.5C_n^2k^{7/6}R^{11/6}$;$d=(kD_{\mathrm{R}}^2/4R)^{1/2}$;$k$ 为光学波数 $k=2\pi/\lambda$;D_{R} 为接收机聚光透镜(接收天线)孔径;R 为链接距离(m);C_n^2 为折射率结构参数,其值范围从强湍流的 $10^{-13}\mathrm{m}^{-2/3}$ 到弱湍流的 $10^{-17}\ \mathrm{m}^{-2/3}$。

由于该湍流模型的均值为 $E[I]=1$,方差为 $E[I^2]=(1+1/\alpha)(1+1/\beta)$,则用来描述大气衰减强度的闪烁指数 SI 可定义为

$$\mathrm{SI}=\frac{E[I^2]}{(E[I])^2}-1=\frac{1}{\alpha}+\frac{1}{\beta}+\frac{1}{\alpha\beta} \tag{2.50}$$

虽然 γ 分布在数学表达上仍然很复杂,但既可以用封闭形式表示,又与闪烁指数的各种值相关(与 I-K 分布不同)[2]。图 2.14 描述了用于模拟强度统计的各种分布的闪烁指数范围。

文献[27]中提出的另一个湍流模型是适用于所有湍流状态的双重广义 γ 分布,它几乎涵盖了所有现有的辐照波动统计模型。

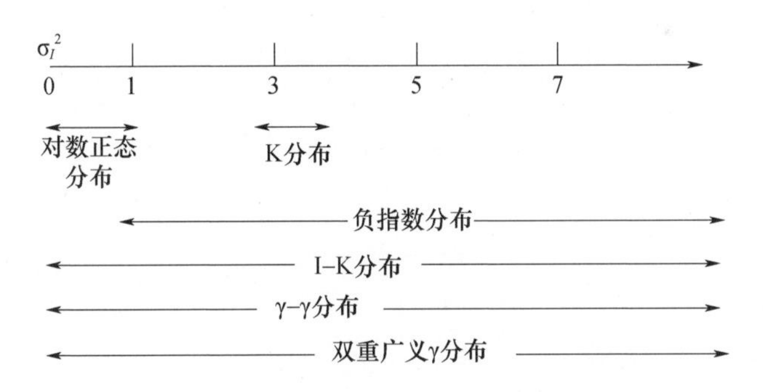

图 2.14 强度统计的各种分布下闪烁指数范围

2.1.3 大气湍流对高斯光束的影响

假设一个幅度为 A_0 的高斯光束在自由空间中传播并且发射机位于 $z=0$ 处。该平面中的幅度分布是高斯函数,其有效光束半径 W_0 被定义为强度下降到 $1/e$ 处的光束半径。在 $z=0$ 处的高斯光束可表示为

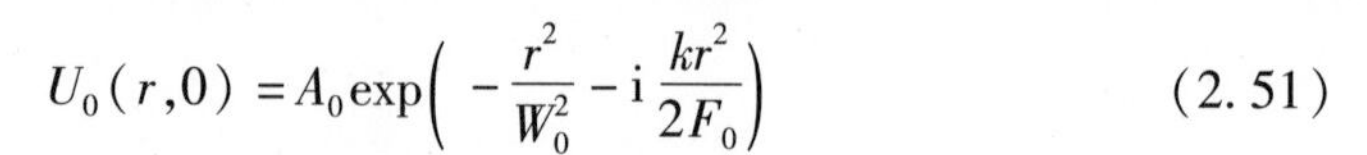

$$U_0(r,0)=A_0\exp\left(-\frac{r^2}{W_0^2}-\mathrm{i}\frac{kr^2}{2F_0}\right) \tag{2.51}$$

式中：r 为在传播方向上到光束中心线距离；k 为光波数；F_0 为波前曲率半径，可用来描述波形。

如图 2.15 所示，$F_0>0$、$F_0=\infty$ 和 $F_0<0$ 的情况分别对应会聚、准直和发散光束形式[28]。

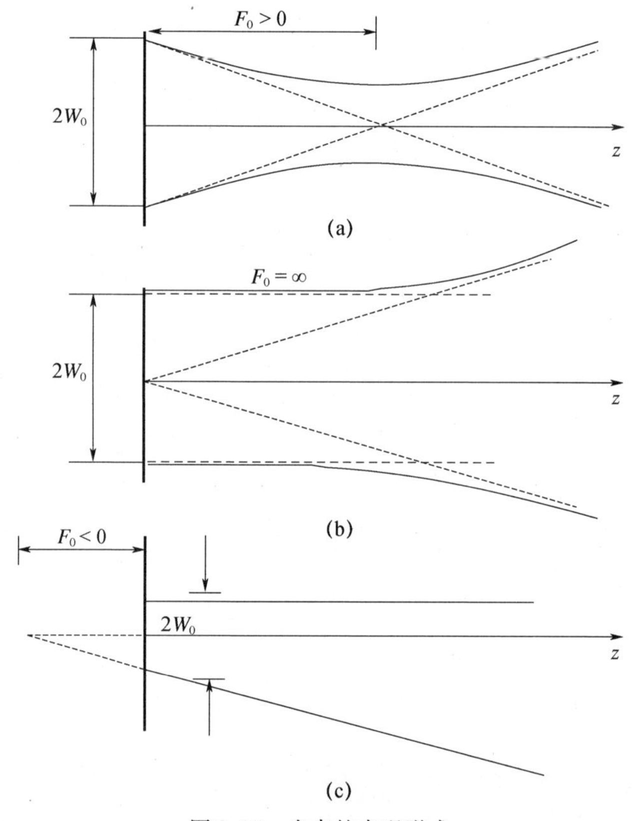

图 2.15　光束的表现形式

(a) 会聚光束；(b) 准直光束；(c) 发散光束。

对于沿正 z 轴的距离为 R 的传播路径，自由空间高斯光束波可描述为[22]

$$U_0(r,R)=\frac{A_0}{\Theta_0+\mathrm{i}\Lambda_0}\exp\left(\mathrm{i}kR-\frac{r^2}{W^2}-\mathrm{i}\frac{kr^2}{2F'}\right) \tag{2.52}$$

式中：Θ_0 和 Λ_0 为发射机波束参数。根据发射机的波束特性定义为

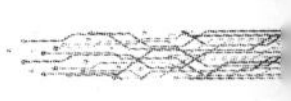

$$\begin{cases}\Theta_0 = 1 - \dfrac{R}{F_0} \\ \Lambda_0 = \dfrac{2R}{kW_0^2}\end{cases} \tag{2.53}$$

式中：Θ_0表示由于聚焦（折射）引起的波形幅度变化 Θ_0也称为曲率参数；Λ_0表示由于衍射引起的幅度变化，Λ_0也称为发射机平面处的菲涅耳比率。

式(2.52)中的参数 W 和 R 分别是在接收机平面上波束的有效波束半径和波前曲率半径。利用上述发射机波束参数，接收机波束参数由下式给出，即

$$\Theta = 1 - \frac{R}{F'} = \frac{\Theta_0}{\Theta_0^2 + \Lambda_0^2} \tag{2.54}$$

$$\Lambda = \frac{2R}{kW^2} = \frac{\Lambda_0}{\Theta_0^2 + \Lambda_0^2} \tag{2.55}$$

与 Θ_0和 Λ_0一样，接收机参数 Θ 描述了对光波振幅的聚焦或折射效应，Λ 描述了对振幅的衍射效应（波的衍射扩散）。参数 W 和 F'与光束参数有关[22]，有

$$W = W_0\,(\Theta_0 + \Lambda_0)^{1/2} = \frac{W_0}{(\Theta_0^2 + \Lambda_0^2)^{1/2}} \tag{2.56}$$

$$F' = \frac{F_0(\Theta^2 + \Lambda^2 - \Theta)}{(\Theta - 1)(\Theta^2 + \Lambda^2)} = \frac{F_0(\Theta_0^2 + \Lambda_0^2)(\Theta_0 - 1)}{\Theta_0^2 + \Lambda_0^2 - \Theta_0} \tag{2.57}$$

式(2.52)中在接收机平面上的自由空间辐照度分布函数（没有大气湍流）可表示为

$$I_0(r,R) = |U_0(r,R)|^2 \tag{2.58}$$

根据式(2.52)和式(2.58)，可得

$$I_0(r,R) = \left(\frac{A_0^2}{\Theta_0^2 + \Lambda_0^2}\right)\exp\left(-\frac{2r^2}{W^2}\right) \tag{2.59}$$

又因为 $\sqrt{\Theta^2 + \Lambda^2} = 1/\sqrt{\Theta_0^2 + \Lambda_0^2}$，式(2.59)可改写为

$$I_0(r,R) = A_0^2(\Theta^2 + \Lambda^2)\exp\left(-\frac{2r^2}{W^2}\right) \tag{2.60}$$

其中，轴上光强为 $I_0(0,R) = \left(\dfrac{A_0^2}{\Theta_0^2 + \Lambda_0^2}\right) = A_0^2(\Theta^2 + \Lambda^2)$。图 2.16 展示了上行链路高斯光束轮廓剖面图，其中 $W(R)$表示光斑尺寸，$I_0(r,0)$表示平均发射强

度(W/m^2),$I_0(r,R)$表示平均接收强度,α_r表示角度指向误差。

当高斯光束在湍流大气中传播时,会经历各种衰减或劣化效应,包括光束扩散、光束漂移和光束闪烁,它们会导致高斯光束参数的变化。对于弱大气波动,各种传播问题的波动方程的解可以通过常规的 Rytov 近似来分析。但是,这种近似仅限于弱波动条件,因为它不考虑波传播在横向空间中相干半径减小的情况。因此,提出了修正 Rytov 近似,是一种适用于弱到强湍流的高斯波束波的辐照度波动模型。修正 Rytov 近似可以用来描述整个传播路径附近的辐照度波动,且适用于从弱波动到中等或强波动范围。下面将讨论使用常规 Rytov 近似的高斯光束传播,随后讨论修正 Rytov 近似。

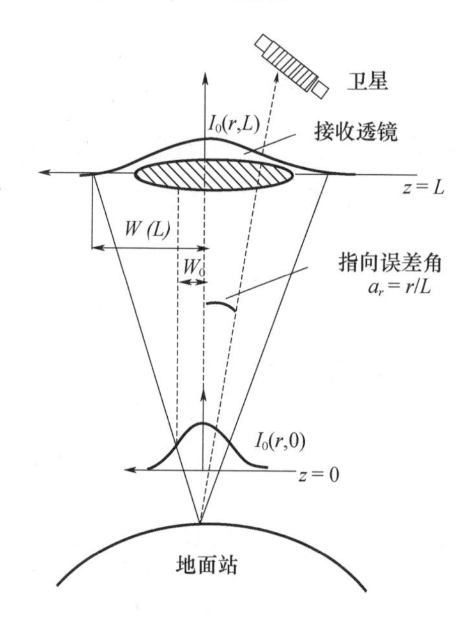

图 2.16　上行传播路径的高斯波束轮廓及参数

1. 常规 Rytov 近似

在常规 Rytov 近似中,假设来自发射机的链路距离 R 处的光场由下式给出,即

$$U(r,R)=U_0(r,R)\exp[\Psi(r,R)]=U_0(r,R)\exp[\Psi_1(r,R)+\Psi_2(r,R)+\cdots] \tag{2.61}$$

式中:$U_0(r,R)$为由式(2.52)给出的接收机处的自由空间衍射极限高斯光束;

$\Psi(r,R)$为沿着传播路径 R 的随机折射率不均匀性引起的场的复相位波动；$\Psi_1(r,R)$和 $\Psi_2(r,R)$分别为一阶和二阶扰动。

式(2.61)给出的光场统计矩包含一阶扰动和二阶扰动的整体平均值。一阶矩为

$$\langle U(r,R)\rangle = U_0(r,R)\langle \exp[\Psi(r,R)]\rangle \tag{2.62}$$

二阶矩也称为互相关函数[16](MCF),由下式给出,即

$$\begin{aligned}\Gamma_2(r_1,r_2,R) &= \langle U(r_1,R)U^*(r_2,R)\rangle \\ &= U_0(r_1,R)U_0^*(r_2,R)\langle \exp[\Psi(r_1,R)+\Psi^*(r_2,R)]\rangle\end{aligned} \tag{2.63}$$

式中:“ * ”表示复共轭;“〈〉”表示可以使用以下等式计算的总体平均值,即

$$\langle \exp(\Psi)\rangle = \exp\left[\langle\Psi\rangle + \frac{1}{2}(\langle\Psi^2\rangle - \langle\Psi\rangle^2)\right] \tag{2.64}$$

这些集合平均值可以表示为 $E_1(0,0)$、$E_2(r_1,r_2)$、$E_3(r_1,r_2)$等定积分的线性组合[16],则

$$\begin{aligned}\langle \exp[\Psi(r,R)]\rangle &= \langle \exp[\Psi_1(r,R)+\Psi_2(r,R)]\rangle \\ &= \exp[E_1(0,0)]\end{aligned} \tag{2.65}$$

$$\begin{aligned}&\langle \exp[\Psi(r_1,R)+\Psi^*(r_2,R)]\rangle \\ &= \langle \exp[\Psi_1(r_1,R)+\Psi_2(r_1,R)+\Psi_1^*(r_2,R)+\Psi_2^*(r_2,R)]\rangle \\ &= \exp[2E_1(0,0)+E_2(r_1,r_2)]\end{aligned} \tag{2.66}$$

和

$$\begin{aligned}&\langle \exp[\Psi(r_1,R)+\Psi^*(r_2,R)+\Psi(r_3,R)+\Psi^*(r_4,R)]\rangle \\ &= \langle \exp[\Psi_1(r_1,R)+\Psi_2(r_1,R)+\Psi_1^*(r_2,R)+\Psi_2^*(r_2,R) \\ &\quad +\Psi_1(r_3,R)+\Psi_2(r_3,R)+\Psi_1^*(r_4,R)+\Psi_2^*(r_4,R)\rangle \\ &= \exp[4E_1(0,0)+E_2(r_1,r_2)+E_2(r_1,r_4)+E_2(r_3,r_2) \\ &\quad +E_2(r_3,r_4)+E_3(r_1,r_3)+E_3^*(r_2,r_4)]\end{aligned} \tag{2.67}$$

假设式(2.65)、式(2.66)和式(2.67)中具有统计均匀性和各向同性的随机介质 $E_1(0,0)$、$E_2(r_1,r_2)$和 $E_3(r_1,r_2)$可表示为

$$E_1(0,0) = \langle \Psi_2(r,R)\rangle + \frac{1}{2}\langle \Psi_1^2(r,R)\rangle$$

$$= -2\pi^2 k^2 \sec\theta \int_{h_0}^{H}\int_0^{\infty} \mathcal{K}\Phi_n(h,\mathcal{K})\,\mathrm{d}\mathcal{K}\mathrm{d}h \tag{2.68}$$

$$\begin{aligned} E_2(r_1,r_2) &= \langle \Psi_1(r_1,R)\Psi_1^*(r_2,R)\rangle \\ &= 4\pi^2 k^2 \sec\theta \int_{h_0}^{H}\int_0^{\infty} \mathcal{K}\Phi_n(h,\mathcal{K})\exp\left(\frac{-\Lambda L\mathcal{K}^2\xi^2}{k}\right)\cdot \\ &\quad J_0[\mathcal{K}|(1-\overline{\Theta}\xi)\rho - 2\mathrm{i}\Lambda\xi r|]\,\mathrm{d}\mathcal{K}\mathrm{d}h \end{aligned} \tag{2.69}$$

$$\begin{aligned} E_3(r_1,r_2) &= \langle \Psi_1(r_1,R)\Psi_1(r_2,R)\rangle \\ &= -4\pi^2 k^2 \sec\theta \int_{h_0}^{H}\int_0^{\infty} \mathcal{K}\Phi_n(h,\mathcal{K})\exp\left(\frac{-\Lambda R\mathcal{K}^2\xi^2}{k}\right)\cdot \\ &\quad J_0[(1-\overline{\Theta}\xi-\mathrm{i}\Lambda\xi)\mathcal{K}\rho]\cdot\exp\left[-\frac{\mathrm{i}\mathcal{K}^2R}{k}\xi(1-\overline{\Theta}\xi)\right]\mathrm{d}\mathcal{K}\mathrm{d}h \end{aligned} \tag{2.70}$$

式中：$\mathrm{i}^2=-1$、$\rho=r_1-r_2$，$r=(r_1+r_2)/2$；$J_0(x)$为贝塞尔函数；$\Phi_n(h,\kappa)$是由经典 Kolmogorov 谱定义的折射率波动功率谱；ξ为归一化距离变量，对于上行链路有$\xi=1-(h-h_0)/(H-h_0)$，对于下行链路有$\xi=(h-h_0)/(H-h_0)$；$\overline{\Theta}$为互补光束参数，$\overline{\Theta}=1-\Theta$。

常规的 Rytov 近似用于计算接收机的平均强度，由下式给出，即

$$\langle I(r,R)\rangle = I_0(r,R)\exp[2E_1(0,0)+E_2(r,r)] \tag{2.71}$$

式中：I_0为式(2.58)中提及的没有大气湍流的接收机处的强度分布。

假设平均强度近似为高斯空间分布，式(2.71)可表示为[30]

$$\langle I(r,R)\rangle = \frac{W_0^2}{W_\mathrm{e}^2}\exp\left(\frac{-2r^2}{W_\mathrm{e}^2}\right)\quad \mathrm{W/m^2} \tag{2.72}$$

式中：W_e为存在光湍流时高斯光束的有效光斑尺寸。

上行地对空链路的有效光斑尺寸W_e由文献[16,21]给出，即

$$W_\mathrm{e} = W(1+T_\mathrm{ss})^{1/2} \tag{2.73}$$

其中

$$\begin{aligned} T_\mathrm{ss} &= -2E_1(0,0)-E_2(0,0) \\ &= 4\pi^2k^2\sec\theta\int_{h_0}^{H}\int_0^{\infty}\mathcal{K}\Phi_n(h,\mathcal{K})\left\{1-\exp\left[-\frac{\Lambda R\mathcal{K}^2}{k}\left(1-\frac{h-h_0}{H-h_0}\right)\right]\right\}\mathrm{d}\mathcal{K}\mathrm{d}h \end{aligned} \tag{2.74}$$

对于下行路径，T_ss由下式给出，即

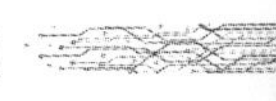

$$T_{ss}=4\pi^2k^2\sec\theta\int_{h_0}^{H}\int_0^{\infty}\mathcal{K}\Phi_n(h,\mathcal{K})\left\{1-\exp\left[-\frac{\Lambda R\mathcal{K}^2}{k}\left(\frac{h-h_0}{H-h_0}\right)\right]\right\}\mathrm{d}\mathcal{K}\mathrm{d}h \tag{2.75}$$

从式(2.74)和式(2.75)可以看出,对于上行链路和下行链路,湍流引起的平均辐照度完全由接收机处的光斑大小决定。

图 2.17 显示了接收机的有效波束半径(光斑大小)随卫星上行链路发射波束半径变化的函数曲线。显然,接收机处的有效光束尺寸迅速减小至约 4cm。对于较大的发射机光束尺寸,即 $W_0>4$cm 情况下,有效光束尺寸会进一步减小,但减小幅度不大。对于下行路径,存在湍流时的有效光斑尺寸与衍射光斑尺寸 W 基本相同,因为高海拔处的湍流水平低于地表湍流水平。

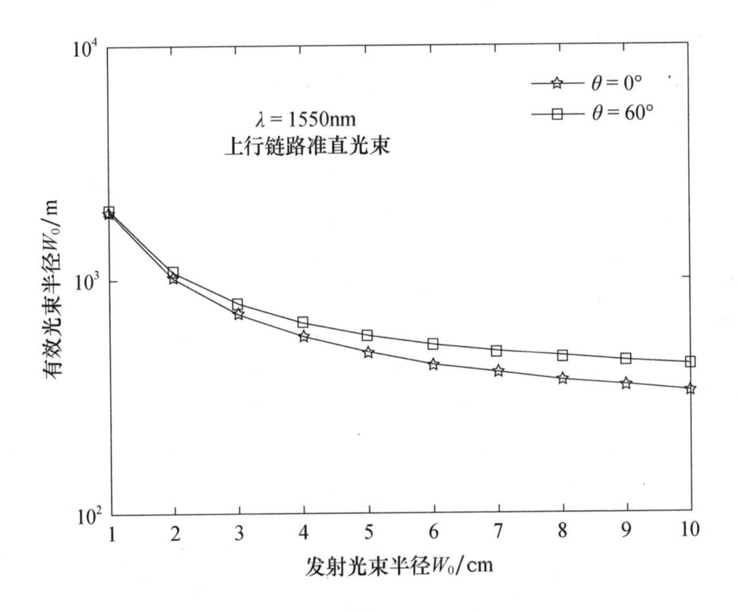

图 2.17　作为发射机波束半径的函数
(接收机的有效波束半径适用于各种天顶角)

2. 修正 Rytov 近似

上面讨论的常规 Rytov 方法受弱波动条件的限制,因此有学者提出了修正 Rytov 近似,适用于由弱到强的大气波动,必须作出以下基本假设。

① 接收到的辐照度波动可以模拟为一种调制过程,其中小尺度(衍射)和大

尺度(折射)波动是叠乘关系。

② 小尺度和大尺度的过程在统计上是独立的。

③ 即使在饱和状态下,通过使用空间频率滤波器来解释强波动条件下光波空间相干性的损耗,在光学闪烁中使用的 Rytov 方法也是有效的。

因此,归一化的辐照度可写为 $I = XY$,其中 X 和 Y 是由大尺度和小尺度湍流涡旋产生的统计独立随机量。假设 X 和 Y 具有归一化均值,即 $\langle X \rangle = \langle Y \rangle = 1$,则此时有 $\langle I \rangle = 1$ 且二阶矩 $\langle I^2 \rangle$ 可表示为

$$\langle I^2 \rangle - \langle X^2 \rangle \langle Y^2 \rangle = (1 + \sigma_x^2)(1 + \sigma_y^2) \tag{2.76}$$

式中:${\sigma_x}^2$ 和 ${\sigma_y}^2$ 分别为大尺度和小尺度辐照度的归一化方差。

此外,闪烁指数由下式给出,即

$$\begin{aligned}\sigma_I^2 &= \frac{\langle I^2 \rangle}{\langle I \rangle^2} - 1 \\ &= (1 + \sigma_x^2)(1 + \sigma_y^2) - 1 \\ &= \sigma_x^2 + \sigma_y^2 + \sigma_x^2 \sigma_y^2\end{aligned} \tag{2.77}$$

这样,标准化方差 ${\sigma_x}^2$ 和 ${\sigma_y}^2$ 可以用辐照度对数方差表示,即

$$\begin{cases}\sigma_x^2 = \exp(\sigma_{\ln x}^2) - 1 \\ \sigma_y^2 = \exp(\sigma_{\ln y}^2) - 1\end{cases} \tag{2.78}$$

式中:$\sigma_{\ln x}^2$ 和 $\sigma_{\ln y}^2$ 分别为大尺度和小尺度的辐照度对数方差,此时总闪烁指数为

$$\sigma_I^2 = \exp(\sigma_{\ln I}^2) - 1 = \exp(\sigma_{\ln x}^2 + \sigma_{\ln y}^2) - 1 \tag{2.79}$$

在波动较小的情况下,式(2.79)中的闪烁指数简化为限定形式[16,31],即

$$\sigma_I^2 \approx \sigma_{\ln I}^2 \approx \sigma_{\ln x}^2 + \sigma_{\ln y}^2 \tag{2.80}$$

2.2 大气湍流信道模型

大气中的光束传播可以用下面的波动方程描述[32-35],即

$$\nabla^2 U + k^2 n^2(r) U = 0 \tag{2.81}$$

式中:U 和 k 分别为电场和波数($2\pi/\lambda$);∇^2 为拉普拉斯算子,即 $\nabla^2 = \partial^2/\partial x^2 +$

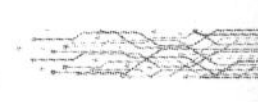

$\partial^2/\partial y^2 + \partial^2/\partial z^2$；$n$ 为介质的折射率，通常是空间的随机函数，由式(2.27)给出。

当光束在大气中传播时，空气温度和压力的随机波动会产生折射率不均匀性，从而影响波束的振幅和相位。由大气引入的波前扰动在物理上可以采用 Kolmogorov 模型进行描述。受折射率波动影响的功率谱密度可定义为

$$\Phi(\mathcal{K}) = 0.033 C_n^2 \mathcal{K}^{-11/3} \quad \frac{1}{L_0} \ll \mathcal{K} \ll \frac{1}{l_0} \tag{2.82}$$

式中：$\mathcal{K}$ 为标量，表示空间频率(rad/m)；C_n^2 的值在合理距离上的水平传播基本是固定的，其值从 $10^{-17}\,\mathrm{m}^{-2/3}$(对于弱湍流)到 $10^{-13}\,\mathrm{m}^{-2/3}$(对于强湍流)。但是，对于垂直或倾斜传播，$C_n^2$ 随地面高度的变化而变化，此时采用的是整个传播路径上的平均值。它随各种参数而变化，如温度、大气压力、海拔高度、湿度和风速等。因此，可利用一些经验闪烁数据来模拟大气湍流的强度。

由于 C_n^2 的测量数据距离地面的高度不同，可以分为边界层和自由空间两类。边界层是接近地表的区域，具有较大的温度和压力波动，会产生较大的对流不稳定性。该区域范围从几百米至地面以上约 2km。此外，由于地点、时间变化、风速和太阳能加热等原因，可观察到 C_n^2 值产生较大变化。边界层 C_n^2 测量的一个典型实例显示，在午后有高峰出现，日出和日落附近时段出现昼夜变化，夜间几乎保持恒定值。在日间用海拔高度对结构常数进行度量显示，结构常数 C_n^2 与海拔高度成 $-4/3$ 倍的线性关系。另外，自由大气层涉及对流层顶(15～17km)和更高海拔附近的海拔高度。C_n^2 在较高海拔处的值非常小。基于这些测量已经提出了关于 C_n^2 的各种经验模型[36-37]，所有这些模型都描述了大气湍流相对于海拔高度的强度。由于很难获取 C_n^2 的所有变化情况，因此没有任何模型能准确地描述湍流的特征。由 Fried 模型评估的结构常数 C_n^2 如图 2.18 所示。该模型是最早的模型之一，可表示为[2]

$$C_n^2(h) = K_0 h^{-1/3} \exp\left(-\frac{h}{h_0}\right) \tag{2.83}$$

式中：K_0 为湍流强度($\mathrm{m}^{-1/3}$)；h 为海拔高度(m)。K_0 在强、中强、中湍流的典型值为

$$K_0 = \begin{cases} 6.7 \times 10^{-14}, \text{强} \\ 8.5 \times 10^{-15}, \text{中强} \\ 1.6 \times 10^{-15}, \text{中} \end{cases} \tag{2.84}$$

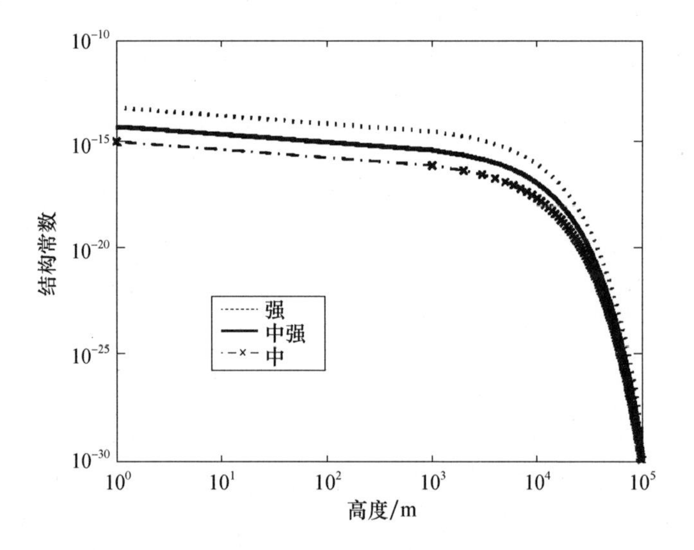

图 2.18 Fried 模型的大气结构常数随高度的变化

下面给出了基于各种大气经验闪烁数据的 Hufnagel - Valley Boundary (HVB)模型[20]，即

$$C_n^2(h) = 0.00594\left[\left(\frac{v}{27}\right)^2 (10^{-5}h)^{10}\exp\left(\frac{-h}{1000}\right) + 2.7 \times 10^{-16}\exp\left(\frac{-h}{1500}\right) + A\exp\left(-\frac{h}{100}\right)\right] m^{-2/3} \tag{2.85}$$

式中：v^2 为风速的均方值(m/s)；h 为海拔高度(m)；A 为可以调整为适应各种现场条件的参数，参数 A 可表示为

$$A = 1.29 \times 10^{-12} r_0^{-5/3}\lambda^2 - 1.61 \times 10^{-13}\theta_0^{-5/3}\lambda^2 - 3.89 \times 10^{-15} \tag{2.86}$$

式中：θ_0 为等平面角[38]（大气湍流基本不变的角距离）；r_0 为前面定义过的大气相干长度。

对于 $\lambda = 1550\text{nm}$、$\theta_0 = 7\mu\text{rad}$ 以及 $r_0 = 5\text{cm}$ 的情况，A 的计算值为 $3.1 \times 10^{-13}\text{m}^{-2/3}$。这些值符合 HVB 5/7 模型。在海平面以上 5 ~ 20km 之间的风速 v，其均方根由下式计算，即

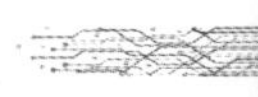

$$v = \left[\frac{1}{15}\int_5^{20} v^2(h)\,\mathrm{d}h\right]^{1/2} \tag{2.87}$$

Hufnagel 和 Stanley(HS)给出了另一个非常简单的模型[2],即

$$C_n^2(h) = \begin{cases} \dfrac{1.5\times10^{-13}}{h}, & h\leqslant 20\mathrm{km} \\ 0, & h>20\mathrm{km} \end{cases} \tag{2.88}$$

式中:h 为海拔高度,假设 $h<2500\mathrm{m}$。

基于经验和试验观察 $C_n^2(h)$ 值所提出的新模型是 CLEAR 1 模型[20]。该模型通常描述了海拔 $1.23\mathrm{km}<h<30\mathrm{km}$ 范围内的折射率结构常数的夜间变化。它通过对大量气象条件下获得的观测数据进行平均和统计插值获得结果，可表示为[39]

$$C_n^2(h) = \begin{cases} 10^{17.025-4.3507h+0.814h^2}, & 1.23\mathrm{km}<h\leqslant 2.13\mathrm{km} \\ 10^{16.2897+0.0335h-0.0134h^2}, & 2.13\mathrm{km}<h\leqslant 10.34\mathrm{km} \\ 10^{17.0577-0.0449h-0.6181\exp\left(\frac{-0.5(h-15.5617)}{12.0173}\right)}, & 10.34\mathrm{km}<h\leqslant 30\mathrm{km} \end{cases} \tag{2.89}$$

式中:h 为高度(km)。

折射率结构常数 $C_n^2(h)$ 在 30km 以上可认为始终为零,另一类 $C_n^2(h)$ 模型是在夏威夷毛伊岛开发的海底激光通信(SLC)模型[16]。白天条件下的 $C_n^2(h)$ 大气廓线可由下式给出,即

$$C_n^2(h) = \begin{cases} 8.4\times10^{-15}, & h\leqslant 18.5\mathrm{m} \\ \dfrac{3.13\times10^{-13}}{h}, & 18.5\mathrm{m}<h\leqslant 240\mathrm{m} \\ 1.3\times10^{-15}, & 10.34\mathrm{km}<h\leqslant 30\mathrm{km} \\ \dfrac{8.87\times10^{-7}}{h^3}, & 880\mathrm{m}<h\leqslant 7200\mathrm{m} \\ \dfrac{2\times10^{-16}}{\sqrt{h}}, & 7200\mathrm{km}<h\leqslant 20000\mathrm{km} \end{cases} \tag{2.90}$$

图 2.19 显示了折射率结构常数大气廓线的 4 个模型的比较,分别是 HVB、HS、CLEAR 1 和 SLC 模型。表 2.5 给出了 FSO 通信系统中使用的各种湍流剖面模型及注释。

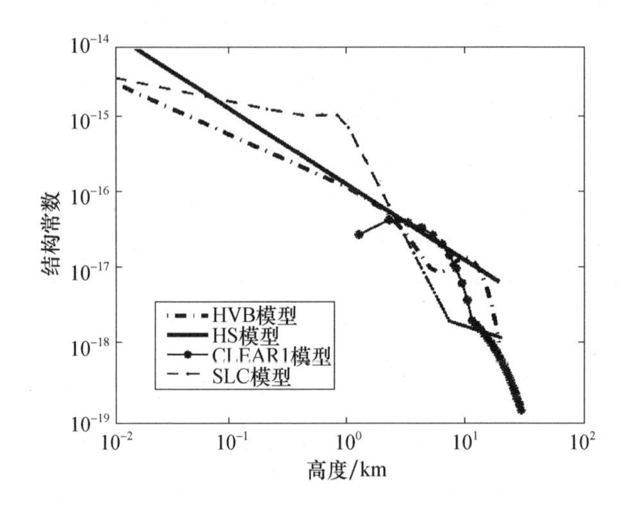

图 2.19　HVB、HS、CLEAR 1 和 SLC 模型大气结构参数常数比较

表 2.5　基于 C_n^2 的湍流剖面模型

模　型	距　离	注　释
PAMELA 模型[40]	长(几十千米)	①针对不同地形和天气类型的健壮模型; ②对风速敏感; ③海洋/海外环境表现不佳
NSLOT 模型[41]	长(几十千米)	①更精确的海洋传播模型; ②在这个模型中表面粗糙度是基本固定的; ③温度反转时($T_{air}-T_{sur}>0$)有问题
Fried 模型[42]	短(以 m 为单位)	支持弱、强和中湍流
Hufnagel 和 Stanley 模型[43]	长(几十千米)	①C_n^2 与 h^{-1} 成正比; ②不适合各种现场条件
Hufnagel valley 模型[44,45]	长(几十千米)	①最受欢迎的模型,因为它可以通过改变各种场地参数(如风速、等平面角度和高度)轻松改变白天和夜间的廓线; ②最适合地对卫星上行链路; ③HV 5/7 通常用于描述日间配置,HV5 / 7 在 0.5μm 波长处具有 5cm 的相干长度和 7μrad 的等倾角

（续）

模 型	距 离	注 释
Gurvich 模型[46]	长（几十千米）	①涵盖从弱到中的所有湍流状态； ② C_n^2 依赖于高度 h，服从功率定理，其中 n 可以是4/3、2/3或0，表示不稳定、中性或稳定状况
Von Karman - Tatarski 模型[47-48]	中等（几千米）	①利用激光束的相位扰动来估计湍流的内部和外部尺度； ②对温度变化敏感
Greenwood 模型[49]	长（几十千米）	夜间湍流模型，用于山顶站点进行天文成像
潜艇激光通信（SLC）模型[50]	长（几十千米）	①非常适合内陆场所的白天湍流情况； ②为夏威夷毛伊岛的AMOS天文台开发
Clear1 模型[20]	长（几十千米）	①非常适合夜间湍流应用； ②对从大量气象条件获得的无线电探空仪观测值进行平均和统计插值
Aeronomy 实验室模型（ALM）[51]	长（几十千米）	①与雷达测量具有良好的一致性； ②基于Tatarski提出的关系[48]，与无线电探空仪数据一致
AFRL 无线电探空仪模型[52]	长（几十千米）	①与ALM类似，但由于两个独立模型用于对流层和平流层，因此结构更简单、结果更准确； ②白天测量结果可能会由于热探针探测器的太阳辐射而导致错误的结果

从图2.18可以看出，Fried模型适用于短程传播路径下的各种大气湍流强度。HS、CLEAR 1和SLC模型适用于远距离传播，但无法适应多种不同天气条件。因此，为了准确地确定大气中湍流强度，必须非常谨慎地选择 $C_n^2(h)$。大气湍流的HVB模型最广泛用于地对空上行链路光通信，因为它与实际测量值非常吻合。该模型覆盖3～24km的高层大气，适用于日间和夜间测量。此外，通过调整模型中的相干长度 r_0 和等平面角 θ_0 这两个参数可以模拟各种现场应用

条件。

图 2.20 显示了 $C_n^2(h)$ 剖面以海拔高度为自变量，在各种有效风速值 v 下的函数曲线。从图 2.20 中可以看出，风速 v 在高度 1km 以下的情况下对 $C_n^2(h)$ 结果几乎没有影响。在高于 1km 高度且在不同风速影响下，HVB 模型 $C_n^2(h)$ 剖面在 10km 附近具有一个峰值。因此，对于长距离通信，风速可有力决定接收信号辐照度波动。

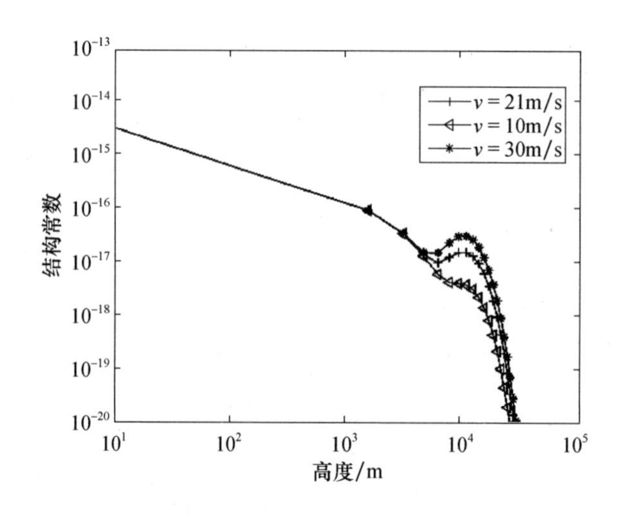

图 2.20　不同有效风速条件下的结构常数曲线

可知，在 $l_0 \leqslant r_0 \leqslant L_0$ 范围内，辐照度对数（或 Rytov 方差）的变化可以用折射率结构参数 C_n^2 来表示，即

$$\sigma_R^2 \approx 2.24k^{7/6}\ (\sec\theta)^{11/6}\int_{h_0}^{H} C_n^2(h)h^{5/6}\mathrm{d}h \tag{2.91}$$

从式(2.91)可以看出，对数辐照度方差随着 C_n^2、天顶角 θ 以及路径长度 H 值的增加而增加。将式(2.85)代入式(2.91)可得到对数辐照度的方差为

$$\sigma_R^2 \approx \left[7.41\times10^{-2}\left(\frac{v}{27}\right)^2 + 4.45\times10^{-3}\right]\lambda^{7/6}(\sec\theta)^{11/6} \tag{2.92}$$

图 2.21 显示了根据式(2.92)计算得到的不同 θ 值下 $\sigma_R{}^2$ 随风速均方值 v 的变化，其中 $\lambda=1064$nm。由图 2.21 可知，辐照度波动随着 v 的增加而增加，并且在 v 值相同的情况下 θ 值越小 $\sigma_R{}^2$ 越小。θ 的典型值在 0°～60°之间。

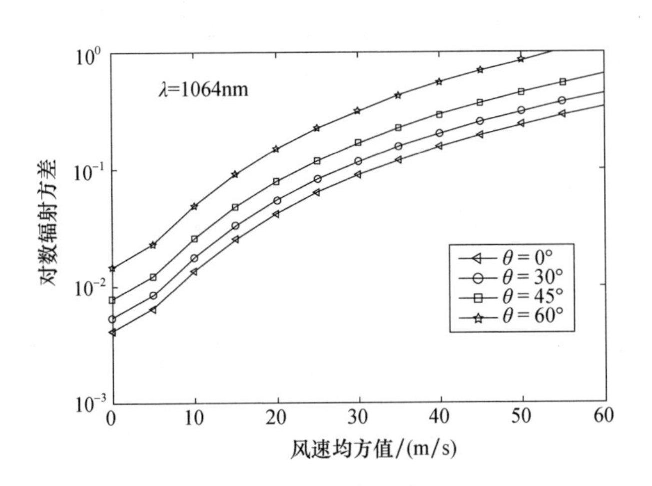

图2.21　不同天顶角对数辐射方差随风速均方值的变化

2.3　湍流补偿技术

在FSO通信系统中,大气中的湍流导致辐射波动或接收信号的波束漂移效应,使系统中的误码率(BER)增加。当光信号通过大气湍流传输时,辐照波动(或闪烁)和光束漂移效应引起大幅度的信号衰落。这种深度信号衰落可持续1~100μs[53]。如果链路数据率为1Gb/s,将会导致连续10^5位数据丢失。突发性错误的引入会显著降低FSO链路的性能,并降低系统实用性。因此,为了避免由于湍流引起的辐照度波动和光束漂移造成的巨大数据损失,必须采用一些保护或缓解的技术。下面将介绍可减轻湍流引起的信号衰落影响的各种技术。

2.3.1　孔径平均技术

如果接收机接收天线的孔径大小比光束直径小得多,那么基于大气中的湍流影响,所接收的光束将经历较多的强度波动。小面积探测器记录的典型功率波动如图2.22所示。

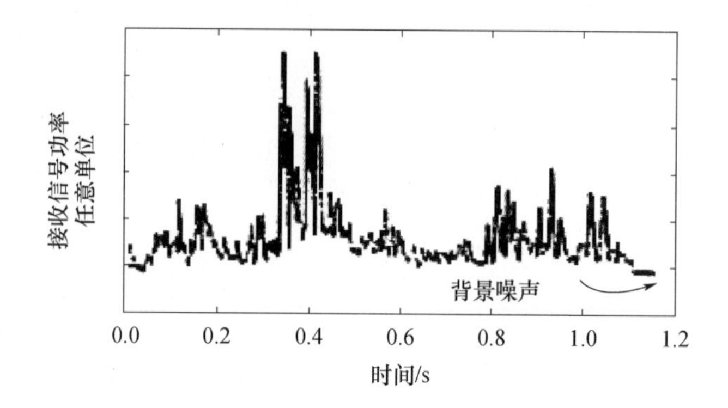

图 2.22　距离发射机 145km 处的小型探测器的功率波动[54]

接收功率的波动可以借助图 2.23 所示的说明来解释。假设接收机处的探测器是全向的,大气将为接收机提供接收角度。来自接收锥体角内的湍流单元的散射光信号将增加接收信号功率。这些湍流单元形成平均尺寸为 l 的衍射孔径,由接收锥体角形成的接收角度 $\theta \approx \lambda / l$。针对最小涡流尺寸 l_0(湍流涡流的内部尺度)的最大接收锥体角为

$$\theta_{\max} \approx \frac{\lambda}{l_0} \tag{2.93}$$

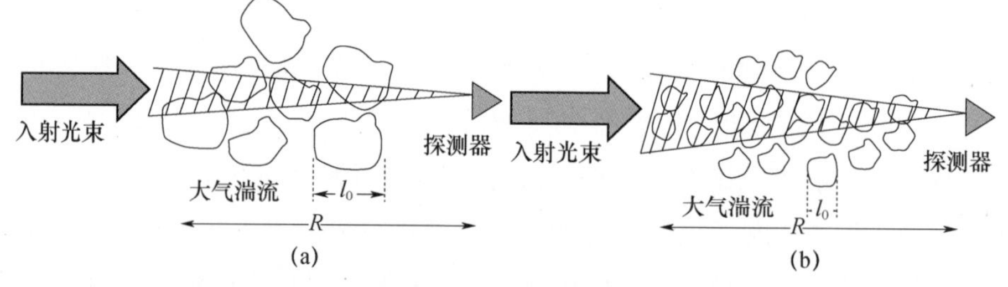

图 2.23　接收锥体角内的湍流细胞的散射光信号

(a)锥体宽度小于单元尺寸;(b)锥体宽度包括许多湍流单元。

接收光路圆锥体的最大宽度为 $R\theta_{\max}$,只要这个宽度小于湍流涡旋的内部尺度 l_0,就可以保证几何光路的接收效果良好。因此,接收几何光路有效范围为[55]

$$\theta_{\max} R = \frac{\lambda}{l_0} \cdot R < l_0 \tag{2.94}$$

或

$$\sqrt{\lambda R} < l_0 \tag{2.95}$$

一旦 $\sqrt{\lambda R} \leqslant l_0$ 成立,则接收锥角内将包含许多较小的小区,只要接收机孔径小于光束直径,接收功率就会经历更多的功率波动。如果接收机孔径的直径变大,接收机能够将孔径上的波动平均化,此时辐射波动将小于点接收机的波动。

通过图 2.24 可以更好地理解这种效果。图 2.24 显示接收机上大小为 $\sqrt{\lambda R}$的明暗光斑。如果是一个点接收机,系统将只收集到一个散斑,这时散斑的辐射随机波动将导致系统性能下降。如果接收机天线孔径增加,则接收功率电平升高,同时接收多个散斑使系统输出辐射波动被平均化,可增进系统 BER 性能。用来量化孔径平均功率波动降低的参数称为孔径平均因子 A_f[57],该因子定义为孔径直径 D_R的接收机与点孔径接收机接收到的辐射波动归一化方差的比值,即

$$A_f = \frac{\sigma_I^2(D_R)}{\sigma_I^2(0)} \tag{2.96}$$

式中:$\sigma_I^2(D_R)$和 $\sigma_I^2(0)$分别为直径 D_R的接收机和点接收机($D_R \approx 0$)的闪烁指数。

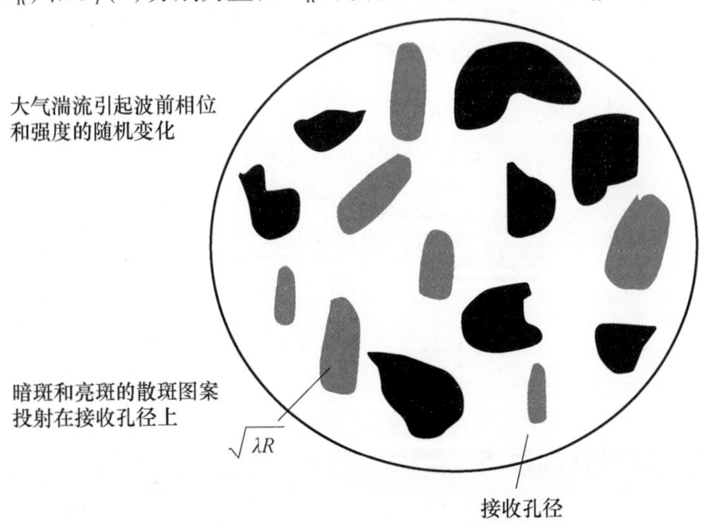

图 2.24 接收机平面上的斑点形成[56]

在文献[57]中,孔径平均因子 A_f是一个近似值,由下式给出,即

$$A_f \simeq \left[1 + A_0\left(\frac{D_R^2}{\lambda h_0 \sec\theta}\right)^{7/6}\right]^{-1} \tag{2.97}$$

式中:$A_0 \approx 1.1$;h_0为大气湍流孔径的平均尺度,可定义为[57]

$$h_0 = \left[\frac{\int_0^H C_n^2(h) h^2 \mathrm{d}h}{\int_0^H C_n^2(h) h^{5/6} \mathrm{d}h}\right]^{6/7} \tag{2.98}$$

这种关系考虑了通过大气的倾斜路径传播和大气折射率函数的模型。图 2.25 描述了风速为 $v = 21\text{m/s}$ 的 HVB 5/7 模型在不同孔径情况下孔径平均因子的变化。从图 2.25 中可以看出,孔径平均因子 A_f值随着接收机孔径直径 D_R的增加而减小,随着天顶角的增加而增加。

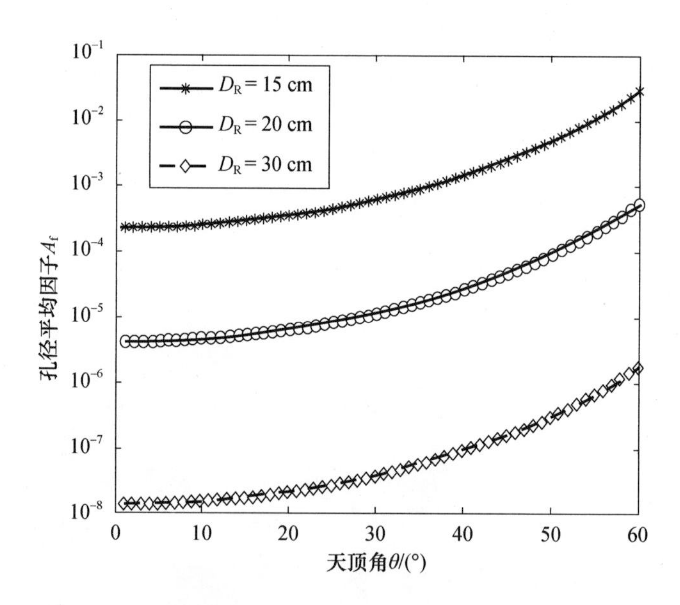

图 2.25　不同接收机孔径直径、天顶角的孔径平均因子变化

2.3.2　空间分集技术

接收机天线孔径直径不能无限增加,因为背景噪声也会随之不断增加。因

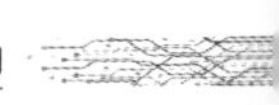

此，增加接收机天线直径可能不是最优方案。为了达到与孔径积分接收机相同的性能，单个大孔径可由相互完全分离的小孔阵列（在发射机或接收机处）取代。多个孔径之间的距离应该大于大气的相干长度 r_0，如此可以保证多个波束之间是独立的或不相关的。在发射机（也称为发射分集）或者接收机（也称为接收分集）甚至在收发两侧（也称为多输入多输出（MIMO））采用多个孔径来减轻湍流影响的技术，称为空间分集传输技术[58]。

如图2.26所示，单个激光束在大气中传输，大气中的湍流将导致光束分裂成各种小光束段。由于大气折射率的局部变化，这些区段将互相独立移动。在接收机处，各个部分将产生同相或异相组合。同相组合可使功率激增，而异相组合将导致严重的信号衰落，并且产生接收机功率的随机波动。如果使用多个独立、不相关的空间分集波束来代替单波束进行传输，那么波束在接收机处的重叠仅仅意味着来自不同波束功率的增加，大幅度的衰减或激增的可能性将大大降低。

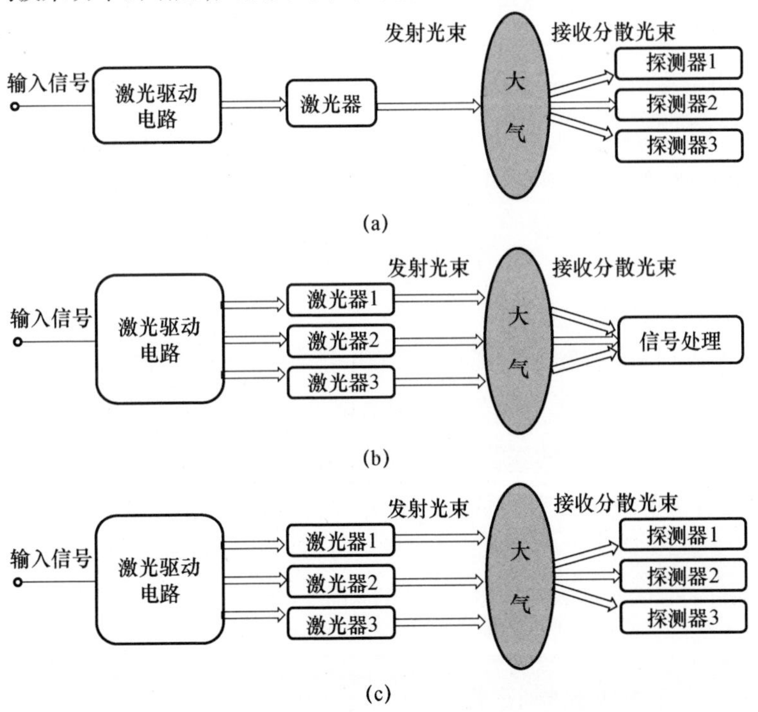

图2.26　接收分集、发射分集和多输入多输出技术的概念

(a)接收分集；(b)发射分集；(c)多发多收。

除了减轻由于湍流引起的辐照波动外,空间分集传输技术还可帮助 FSO 通信系统设计人员将发射机功率限制在安全激光功率范围内。为了确定多个孔径对于单个大孔径性能的改进程度,下面以 N 个统计独立探测器阵列为例来进行说明。在这种情况下,总和输出由下式给出,即

$$I_r = \eta \sum_{j=1}^{N} (I_{s,j} + I_{n,j}) \tag{2.99}$$

式中:η 为光电转换效率;$I_{s,j}$ 和 $I_{n,j}$ 分别为对应于第 j 个接收机的信号与噪声电流。

为了简单起见,假设所有接收机中的信号和噪声电流的均值和方差都相同,则总接收电流 I_r 的均值和方差可表示为

$$\langle I_r \rangle = N\langle I_{s,1} \rangle, \sigma_{Ir}^2 = N[\langle I_{s,1}^2 \rangle - \langle I_{s,1} \rangle^2 + \langle I_{n,1}^2 \rangle] = N(\sigma_{s,1}^2 + \sigma_{n,1}^2) \tag{2.100}$$

平均均方根 SNR 由下式给出,即

$$\langle \mathrm{SNR}_N \rangle = \frac{N[I_{s,1}]}{\sqrt{N(\sigma_{s,1}^2 + \sigma_{n,1}^2)}} = \sqrt{N}\langle \mathrm{SNR}_1 \rangle \tag{2.101}$$

式中:$\langle \mathrm{SNR}_1 \rangle$ 为单个探测器接收机的平均 SNR。

式(2.101)表明 N 个独立探测器可以改善系统输出信噪比 $\sqrt{N}$ 倍。以此类推,归一化辐照度方差(闪烁指数)减小 $1/N$[16],表示为

$$\sigma_{I,N}^2 = \frac{1}{N}\sigma_{I,1}^2 \tag{2.102}$$

式中:N 为接收机探测器的数量。

在多个发射机(或发射分集)的情况下也是如此,其中多个独立且不相关的波束被发射到接收机。多光束的使用显著降低了湍流引起的闪烁影响。

实现给定 BER 所需的探测器数量或发射波束数量取决于大气湍流的强度。原则上,随着发射或接收天线数量的增加,接收到的辐照度统计量将得到改善。然而系统复杂度、成本、传输激光功率效率以及调制时间精度和空间可用性等实际因素限制了空间分集天线的量级在 10 附近。

2.3.3 自适应光学技术

自适应光学(AO)技术可用于减轻大气湍流的影响,以及保证大气中传送光

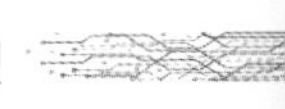

束不产生失真效应。AO 系统基本上是一种闭环控制系统，在光束进入大气之前，采用大气湍流共轭传输函数对传输信号进行预校正[59]，这样可以减少信号在时域和空间上的波动。AO 系统由测量闭环相位前端的波前传感器、补偿相位前端波动的校正器以及通过控制器驱动的可变形反射镜组成。图 2.27 显示了 AO 系统框图。这里，光信号的输出波前相位 φ_{out} 由波前传感器测量，并产生一个预估的波前相位 φ_{est}。这个相位信息反过来被控制器用来驱动校正器，并从输入相位 φ_{in} 中减去一个 φ_{corr} 来补偿它（图 2.27）。

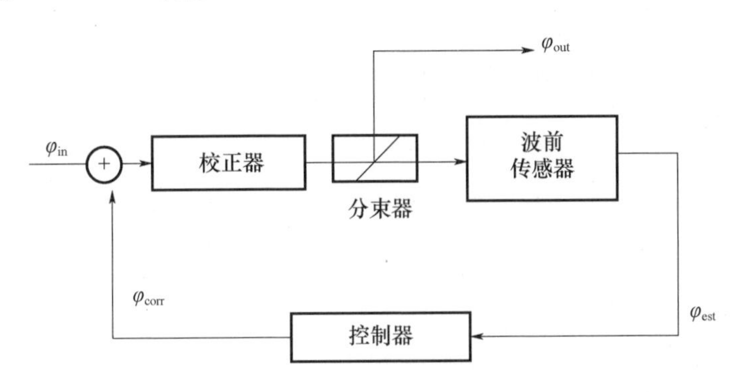

图 2.27　AO 系统框图

AO 器件主要应用于天文观测。但 AO 技术在光通信领域的总体目标与在天文观测领域是不同的。在天文学中，其目标是增加图像的清晰度，并且可以通过延长观察时间来弥补信号能量的损失。在光通信中数据比特的信号能量是固定的，并且为了有效通信必须保持恒定。因此，AO 系统必须实现最优化系统以最小化接收视场，即使背景光噪声最小化，同时使通信所需信号能量最大化。以上原因使得 AO 系统的设计复杂且增加了系统的成本。

2.3.4　编码技术

FSO 链路中可使用差错控制编码来降低湍流引起的闪烁影响。编码通常会在信息中增加额外的数位，这些信息可用于校正湍流大气传输期间引入的误码。因此，对于特定湍流强度和链路距离，选择合适的编码技术可以明显降低 FSO 通信系统的 BER，这样就可以降低 FSO 通信系统为保持链路所需的最小传输功率。当信道满载时,也可以使用交叉存取技术。信道编码不仅提高了信息承载能力,而且还降低了接收机所需的最小信号功率。最小信号功率降低的幅度称为编码增益,定义为未编码系统(以 dB 为单位)和编码系统(以 dB 为单位)达到相同 BER 水平时的功率之差,可表示为

$$\Gamma_{\text{code}} = 10\ \lg\left[\frac{P_{\text{req}}(\text{uncoded})}{P_{\text{req}}(\text{coded})}\right] \tag{2.103}$$

根据香农定理,对于具有容量 C 和信息传输速率 R_b 的给定噪声信道,如果 $R_b \leqslant C$,则通过合适的编码技术可以实现误码率任意小。这意味着,在理论上如果传输速率 R_b 低于信道容量 C,则可以无误码地传输信息。存在背景噪声时光信道的信道容量为[60]

$$C = (\log_2 e)\frac{\lambda_s}{\mathbb{P}}\left[\left(1+\frac{1}{\psi}\right)\ln(1+\psi) - \left(1+\frac{\mathbb{P}}{\psi}\right)\ln\left(1+\frac{\psi}{\mathbb{P}}\right)\right] \tag{2.104}$$

式中:λ_s 为信号光子到达的速率(光子/s);$\psi = \lambda_s/\lambda_B$ 为检测到的峰值信号与背景光子比率;$\mathbb{P}$ 为信号的峰值平均功率比。

图 2.28 给出了式(2.104)中信道容量 C 随峰均功率比 $\mathbb{P}$ 的变化。

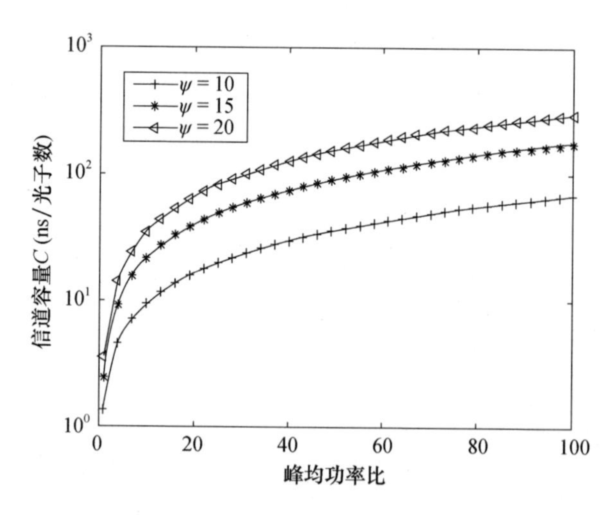

图 2.28　信道容量与信号及背景光子到达率不同比率的峰均功率比

改善 FSO 通信系统中信道容量的方法之一是增加信号的峰均功率比。这个比率与调制方案的选择密切相关。可以通过使用具有高峰均功率比的调制方案

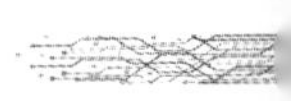

来改善信道容量。因此，M -PPM是FSO通信系统的合适调制方案之一。

2.3.5 射频/光通信混合技术

FSO通信系统的性能受天气条件和大气运动的影响很大，将可能导致链路故障或FSO通信系统的误码率性能下降。因此，为了提高可靠性并改善链路的可用性，将FSO通信系统与可靠性较高的RF系统结合使用是一种有效途径。这样的系统称为RF/FSO混合系统，该系统能够在不利的天气条件下也实现很高的链路性能[12]。RF传输中信号衰减的主要原因是由于下雨(因为载波波长与雨滴的大小相当)，而FSO通信系统则是由于雾。因此，当FSO链路断开时，通过使用低数据率RF链路作为备份，可以提高整个系统的可用性。在文献[61]中评估了空载RF/FSO混合链路的可用性。根据观察数据显示，由于云粒子的衰减和时间离散，FSO链路在低云条件下适用性较差。而当使用RF/FSO混合链路时，链路性能改进明显，因为RF信号不受云干扰的影响。传统的RF/FSO混合方法中信道带宽使用效率较低[62]，而RF与FSO通信系统之间的连续切换也会导致整个系统失效。因此，文献[63]给出一个新的方法，即符号速率自适应联合编码方案，其中RF和FSO子系统同时有效，并能节省信道带宽。混合信道编码还能够通过组合非均匀编码和速率自适应编码来利用两条链路，其编码率根据信道条件而变化[64]。

RF/FSO混合链路在移动自组织网络(MANET)中具有良好的应用[65]。无线传感器网络(WSN)技术与移动机器人技术相结合，可在MANET中形成可重构的网络环境。然而该网络的性能受到RF通信所带来的节点吞吐量限制。因此，RF和FSO的组合大幅增加了MANET的节点吞吐量。文献[66]研究了在100Mb/s光链路和IEEE 802.11g标准RF收/发器上实现实时视频数据路由的RF/FSO混合MANET。

由于通信技术的不断发展，射频无线网络在容量和吞吐量方面具有很大的应用限制[67]。随着用户数量的增加，来自相邻节点的干扰概率增加，限制了RF系统的性能。另外，FSO通信系统可高度定向且具有非常窄的光束发散度。这使得FSO通信系统可免受各种干扰。因此，FSO和RF的结合可以解决射频网络中的容量不足问题。文献[68-70]中给出了RF/FSO混合链路的通信容量。

2.4 小结

当光信号通过大气信道传播时，由于如雾、雨、雪等各种不可预知的环境因素，会产生信号强度的变化。导致 FSO 通信系统中光束质量降低的其他因素包括吸收散射、光束散度损失、自由空间损失和指向偏差损失等。此外，大气中的湍流会导致接收信号强度和相位产生随机波动。在本章中，通过常规 Rytov 近似和改进 Rytov 近似分析了大气湍流对高斯光束的影响。在基于大气的各种经验闪烁数据之上研究了大气湍流通道模型。讨论了由于随机变化的湍流大气通道引起的接收信号的对数正态、负指数、$\gamma-\gamma$ 等辐照度统计量和各种统计模型。介绍了各种可抑制或减轻大气湍流信道衰落的实用技术。

参考文献

1. R. N. Clark, *Spectroscopy of Rocks and Minerals, and Principles of Spectroscopy & in Manual of Remote Sensing* (*Chapter* 1), vol. 3. (Wiley, New York, 1999) (Disclaimer: This image is from a book chapter that was produced by personnel of the US Government therefore it cannot be copyrighted and is in the public domain)
2. R. M. Gagliardi, S. Karp, *Optical Communications*, 2nd edn. (Wiley, New York, 1995)
3. R. K. Long, Atmospheric attenuation of ruby lasers. Proc. IEEE 51(5), 859 – 860 (1963)
4. R. M. Langer, Effects of atmospheric water vapour on near infrared transmission at sea level, in *Report on Signals Corps Contract DA* – 36 – 039 – *SC* – 723351 (*J. R. M. Bege Co.*, *Arlington*, 1957)
5. A. S. Jursa, *Handbook of Geophysics and the Space Environment* (Scientific Editor, Air Force Geophysics Laboratory, Washington, DC, 1985)
6. H. Willebrand, B. S. Ghuman, *Free Space Optics: Enabling Optical Connectivity in Today's Networks* (SAMS publishing, Indianapolis, 2002)
7. M. Rouissat, A. R. Borsali, M. E. Chiak – Bled, Free space optical channel characterization and

modeling with focus on algeria weather conditions. Int. J. Comput. Netw. Inf. Secur. 3, 17 – 23 (2012)

8. H. C. Van de Hulst, *Light Scattering by Small Particles* (Dover publications, Inc., New York, 1981)
9. P. Kruse, L. McGlauchlin, R. McQuistan, *Elements of Infrared Technology: Generation, Transmission and Detection* (Wiley, New York, 1962)
10. I. I. Kim, B. McArthur, E. Korevaar, Comparison of laser beam propagation at 785nm and 1550nm in fog and haze for optical wireless communications. Proc. SPIE 4214, 26 – 37 (2001)
11. M. A. Naboulsi, H. Sizun, F. de Fornel, Fog attenuation prediction for optical and infrared waves. J. SPIE Opt. Eng. 43, 319 – 329 (2004)
12. I. I. Kim, E. Korevaar, Availability of free space optics (FSO) and hybrid FSO/RF systems. Lightpointe technical report. [Weblink: http://www.opticalaccess.com]
13. Z. Ghassemlooy, W. O. Popoola, Terrestrial free – space optical communications, in Mobile *and Wireless Communications Network Layer and Circuit Level Design, ed. by S. A. Fares*, F. Adachi (InTech, 2010), doi:10.5772/7698. [Weblink: http://www.intechopen.com/books/ mobile – and – wireless – communications – network – layer – and – circuit – level – design/terrestrial – free – space – optical – communications]
14. W. K. Hocking, Measurement of turbulent energy dissipation rates in the middle atmosphere by radar techniques: a review. Radio Sci. 20(6), 1403 – 1422 (1985)
15. R. Latteck, W. Singer, W. K. Hocking, Measurement of turbulent kinetic energy dissipation rates in the mesosphere by a 3MHz Doppler radar. Adv. Space Res. 35 (11), 1905 – 1910 (2005)
16. L. C. Andrews, R. L. Phillips, *Laser Beam Propagation Through Random Medium*, 2nd edn. (SPIE Optical Engineering Press, Bellinghan, 1988)
17. H. E. Nistazakis, T. A. Tsiftsis, G. S. Tombras, Performance analysis of free – space optical communication systems over atmospheric turbulence channels. IET Commun. 3 (8), 1402 – 1409 (2009)
18. P. J. Titterton, Power reduction and fluctuations caused by narrow laser beam motion in the far field. Appl. Opt. 12(2), 423 – 425 (1973)
19. J. H. Churnside, R. J. Lataitis, Wander of an optical beam in the turbulent atmosphere. Appl. Opt. 29(7), 926 – 930 (1990)

20. R. R. Beland, Propagation through atmospheric optical turbulence, in *The Infrared and Electro - Optical Systems Handbook*, *vol.* 2 (SPIE Optical Engineering Press, Bellinghan, 1993)

21. H. Hemmati, *Near - Earth Laser Communications* (CRC Press/Taylor & Francis Group, Boca Raton, 2009)

22. L. C. Andrews, R. L. Phillips, R. J. Sasiela, R. R. Parenti, Strehl ratio and scintillation theory for uplink Gaussian - beam waves: beam wander effects. Opt. Eng. 45(7), 076001 - 1 - 076001 - 12 (2006)

23. H. T. Yura, W. G. McKinley, Optical scintillation statistics for IR ground - to - space laser communication systems. Appl. Opt. 22(21), 3353 - 3358 (1983)

24. J. Parikh, V. K. Jain, Study on statistical models of atmospheric channel for FSO communication link, in *Nirma University International Conference on Engineering* - (NUiCONE), Ahmedabad (2011), pp. 1 - 7

25. H. G. Sandalidis, Performance analysis of a laser ground - station - to - satellite link with modulated gamma - distributed irradiance fluctuations. J. Opt. Commun. Netw. 2 (11), 938 - 943 (2010)

26. J. Park, E. Lee, G. Yoon, Average bit - error rate of the Alamouti scheme in gamma - gamma fading channels. IEEE Photonics Technol. Lett. 23(4), 269 - 271 (2011)

27. M. A. Kashani, M. Uysal, M. Kavehrad, *A Novel Statistical Channel Model for Turbulence - Induced Fading in Free - Space Optical Systems*. PhD thesis, Cornell University, 2015

28. A. K. Ghatak, K. Thyagarajan, *Optical Electronics* (Cambridge University Press, Cambridge, 2006)

29. L. C. Andrews, W. B. Miller, Single - pass and double - pass propagation through complex paraxial optical systems. J. Opt. Soc. Am. 12(1), 137 - 150 (1995)

30. L. C. Andrews, R. L. Phillips, P. T. Yu, Optical scintillation and fade statistics for a satellite - communication system. Appl. Opt. 34(33), 7742 - 7751 (1995)

31. H. Guo, B. Luo, Y. Ren, S. Zhao, A. Dang, Influence of beam wander on uplink of ground - to - satellite laser communication and optimization for transmitter beam radius. Opt. Lett. 35 (12), 1977 - 1979 (2010)

32. N. G. Van Kampen, Stochastic differential equations. Phys. Rep. (Sect. C Phys. Lett.) 24(3), 171 - 228 (1976)

33. B. J. Uscinski, *The Elements of Wave Propagation in Random Media* (McGraw - Hill, New

York, 1977)

34. H. T. Yura, S. G. Hanson, Second – order statistics for wave propagation through complex optical systems. J. Opt. Soc. Am. A 6(4), 564 – 575 (1989)
35. S. M. Rytov, Y. A. Kravtsov, V. I. Tatarskii, *Wave Propagation Through Random Media*, vol. 4 (Springer, Berlin, 1989)
36. N. S. Kopeika, A. Zilberman, Y. Sorani, Measured profiles of aerosols and turbulence for elevations of 2 – 20 km and consequences on widening of laser beams. Proc. SPIE Opt. Pulse Beam Propag. III 4271(43), 43 – 51 (2001)
37. A. Zilberman, N. S. Kopeika, Y. Sorani, Laser beam widening as a function of elevation in the atmosphere for horizontal propagation. Proc. SPIE Laser Weapons Tech. II 4376(177), 177 – 188 (2001)
38. G. C. Valley, Isoplanatic degradation of tilt correction and short – term imaging systems. Appl. Opt. 19(4), 574 – 577 (1980)
39. D. H. Tofsted, S. G. O'Brien, G. T. Vaucher, An atmospheric turbulence profile model for use in army wargaming applications I. Technical report ARL – TR – 3748, US Army Research Laboratory (2006)
40. E. Oh, J. Ricklin, F. Eaton, C. Gilbreath, S. Doss – Hammel, C. Moore, J. Murphy, Y. Han Oh, M. Stell, Estimating atmospheric turbulene using the PAMELA model. Proc. SPIE Free Space Laser Commun. IV 5550, 256 – 266 (2004)
41. S. Doss – Hammel, E. Oh, J. Ricklinc, F. Eatond, C. Gilbreath, D. Tsintikidis, A comparison of optical turbulence models. Proc. SPIE Free Space Laser Commun. IV 5550, 236 – 246 (2004)
42. S. Karp, R. M. Gagliardi, S. E. Moran, L. B. Stotts, *Optical Channels: Fibers, Clouds, Water, and the Atmosphere.* (Plenum Press, New York/London, 1988)
43. R. E. Hufnagel, N. R. Stanley, Modulation transfer function associated with image transmission through turbulence media. J. Opt. Soc. Am. 54(52), 52 – 62 (1964)
44. R. K. Tyson, Adaptive optics and ground to space laser communication. Appl. Opt. 35 (19), 3640 – 3646 (1996)
45. R. E. Hugnagel, Variation of atmospheric turbulence, in *Digest of Topical Meeting on Optical Propagation Through Turbulence* (Optical Society of America, Washington, DC, 1974), p. WA1
46. A. S. Gurvich, A. I. Kon, V. L. Mironov, S. S. Khmelevtsov, *Laser Radiation in Turbulent Atmosphere* (Nauka Press, Moscow, 1976)

47. M. R. Chatterjee, F. H. A. Mohamed, Modeling of power spectral density of modified von Karman atmospheric phase turbulence and acousto – optic chaos using scattered intensity profiles over discrete time intervals. Proc. SPIE Laser Commun. Prop. Atmosp. Oce. III 9224, 922404 – 1 – 922404 – 16 (2014)

48. V. I. Tatarskii, *The Effects of the Turbulent Atmosphere on Wave Propagation* (Israel Program for Scientific Translations, Jerusalem, 1971)

49. M. C. Roggermann, B. M. Welsh, *Imaging Through Turbulence* (CRC Press, Boca Raton, 1996)

50. H. Hemmati (ed.), *Near – Earth Laser Communications* (CRC Press, Boca Raton, 2009)

51. T. E. Van Zandt, K. S. Gage, J. M. Warnock, An improve model for the calculation of profiles of wind, temperature and humidity, in *Twentieth Conference on Radar Meteorology* (American Meteorological Society, Boston, 1981), pp. 129 – 135

52. E. M. Dewan, R. E. Good, R. Beland, J. Brown, A model for C_n^2 (optical turbulence) profiles using radiosonde data. Environmental Research Paper – PL – TR – 93 – 2043 1121, Phillips Laboratory, Hanscom, Airforce base (1993)

53. E. J. Lee, V. W. S. Chan, Optical communications over the clear turbulent atmospheric channel using diversity: part 1. IEEE J. Sel. Areas Commun. 22(9), 1896 – 1906 (2004)

54. A. L. Buck, Effects of the atmosphere on laser beam propagation. Appl. Opt. 6(4), 703 – 708 (1967)

55. H. Weichel, *Laser Beam Propagation in the Atmosphere* (SPIE Press, Washington, DC, 1990)

56. S. Bloom, The physics of free space optics. Technical report, AirFiber, Inc. (2002)

57. D. L. Fried, Aperture averaging of scintillation. J. Opt. Soc. Am. 57(2), 169 – 172 (1967)

58. T. A. Tsiftsis, H. G. Sandalidis, G. K. Karagiannidis, M. Uysal, Optical wireless links with spatial diversity over strong atmospheric turbulence channels. IEEE Trans. Wirel. Commun. 8(2), 951 – 957 (2009)

59. S. M. Navidpour, M. Uysal, M. Kavehrad, BER performance of free – space optical transmission with spatial diversity. IEEE Trans. Wirel. Commun. 6(8), 2813 – 2819 (2007)

60. A. D. Wyner, Capacity and error exponent for the direct detection photon channel – part 1. IEEE Trans. Inf. Theory 34(6), 1449 – 1461 (1988)

61. W. Haiping, M. Kavehrad, Availability evaluation of ground – to – air hybrid FSO/RF links. J. Wirel. Inf. Netw. (Springer) 14(1), 33 – 45 (2007)

62. H. Moradi, M. Falahpour, H. H. Refai, P. G. LoPresti, M. Atiquzzaman, On the capacity of hybrid FSO/RF links, in *Proceedings of IEEE*, *Globecom* (2010)

63. Y. Tang, M. Brandt – Pearce, S. Wilson, Adaptive coding and modulation for hybrid FSO/RF systems, in *Proceeding of IEEE*, 43*rd Asilomar Conference on Signal*, *System and Computers*, Pacific Grove (2009)

64. E. Ali, V. Sharma, P. Hossein, Hybrid channel codes for efficient FSO/RF communication systems. IEEE. Trans. Commun. 58(10), 2926 – 2938 (2010)

65. D. K. Kumar, Y. S. S. R. Murthy, G. V. Rao, Hybrid cluster based routing protocol for free – space optical mobile ad hoc networks (FSO/RF MANET), *in Proceedings of the International Conference on Frontiers of Intelligent Computing*, *vol.* 199 (Springer, Berlin/Heidelberg, 2013), pp. 613 – 620

66. J. Derenick, C. Thorne, J. Spletzer, Hybrid Free – space Optics/Radio Frequency (FSO/RF) networks for mobile robot teams, in *Multi – Robot Systems*: *From Swarms to Intelligent Automata*, ed. by A. C. Schultz, L. E. Parke (Springer, 2005)

67. S. Chia, M. Gasparroni, P. Brick, The next challenge for cellular networks: backhaul. Proc. IEEE Microw. Mag. 10(5), 54 – 66 (2009)

68. C. Milner, S. D. Davis, Hybrid free space optical/RF networks for tactical operations, in *Military Communications Conference* (*MILCOM*), *Monterey* (2004)

69. A. Kashyap, M. Shayman, Routing and traffic engineering in hybrid RF/FSO networks, in *IEEE International Conference on Communications* (2005)

70. B. Liu, Z. Liu, D. Towsley, On the capacity of hybrid wireless network, in *IEEE INFOCOM'*03 (2003)

第3章

空间光通信系统模块与设计

FSO 通信系统的基本功能部件包括:①光源,即发射机;②光的调制和编码,调制器和编码器;③扫描、捕获和跟踪(ATP)系统,精瞄镜和转向光学系统;④背景抑制,滤波器;⑤光发射和接收天线;⑥探测器,解调器和解码器,接收机。

图 3.1 描述了地面接收系统(地面站)、自由空间光信道和星载终端的组成。它由发射机、接收机、ATP 系统和大气信道组成。在传输信息/数据信号之前,将信标光信号从地面站发送到卫星,并通过 ATP 系统建立链路,该上行信标光信号首先由远程卫星接收机捕获。在信号捕获过程中,一个站点(如地面站)通过波束去准直或者发射天线波束扫描来询问其他站点(如卫星光通信终端)的不确定区域。一旦卫星端获取了地面站信标光信号,就开始从捕获过程转换到跟踪过程。对于窄波束系统,前端补偿器件可用于补偿链路范围内的传播延迟。为了获取最初的光信号,会在焦点像素阵列上捕获地面站及其发射机的图像,并且计算质心。根据计算出的质心确定地面位置矢量。卫星与地面站通信终端的工作差异主要是针对对方位置矢量的提前瞄准角不同(考虑地面终端与卫星终端之间光信号的双向传播),它用来驱动系统中的光束偏转镜。一旦链路建立,在两个站之间建立了光信号视线连接,就可以开始进行数据传输。数据传输可使用不同的调制和编码技实现。无论对于信标光还是信号光传输,光信号都必须通过大气光通道,因此除了引入背景噪声外,还会引入信号衰减和闪烁。系统必须具备足够的光功率、指向精度和指向能力才能为上行链路信标指向或数据通信提供满足链路预算的信号。下面详述了 FSO 通信系统中各功能子系统部分组成和功能。

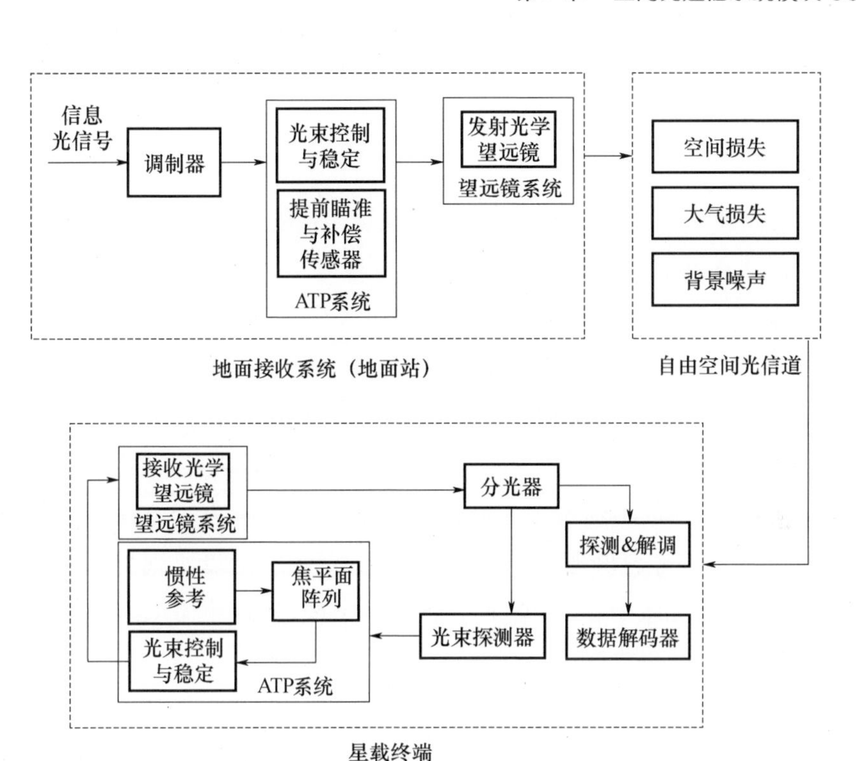

图3.1　星地激光链路系统组成框图

3.1　光发射机

本节讨论包括激光器选择、ATP系统概念以及FSO通信系统中使用的各种调制方案和编码技术的光发射机。此外，还讨论了FSO接收机中的信号光和信标光探测器的细节。发射机将源信息转换成光信号，通过大气传输到接收机。发射机的主要组成部分有：①调制器；②用于光源的驱动电路，以稳定光辐射及防止温度波动；③准直器，用于收集、准直并引导光信号通过大气通道到接收机光通道。FSO传输的光源波段位于700～10000nm波长的大气传输窗口中，780～1064nm波长范围常用作信标工作波长。而1550nm波长通常用作信号光工作波长的原因有以下几点。

(1)更小的背景噪声和瑞利散射。瑞利散射的吸收系数与波长 λ^{-4} 具有函数相关性,因此在较高的工作波长下,与可见光范围内的波长相比,衰减可以忽略不计。

(2)高发射功率。在1550nm处,可以获得比在较短波长下高得多的功率电平(接近50倍),并可以补偿由衰减引起的各种损耗。

(3)人眼安全波长。1550nm 波长处的人眼最大允许照射量(MPE)比850nm处的高得多。这是由于850nm处约50%的信号可以到达视网膜,而在1550nm处,信号几乎被眼角膜完全吸收。因此,视网膜接收到的1550nm光信号可以忽略不计。

光发射机元件成本随着工作波长的增加而增加。为了设计性能优良的光发射机,必须非常谨慎地选择激光发射功率和波长,以实现满足系统性能的光功率和发射天线增益,形成通信链路的闭环,但这不是大多数激光源的唯一限制。激光器的选择还受其他几个因素的影响,包括效率、使用寿命以及可达到的衍射极限输出功率和质量。一个好的光源应当是具有稳定窄带谱线宽度和接近衍射极限的单模激光输出品质。影响FSO激光器选择的关键因素如下。

(1)脉冲重复频率(PRF)。激光脉冲体制(如Q开关、腔倒空等)决定了激光的PRF。使用声光或电光调制器的Q开关激光器的PRF一般小于200 kHz,而腔倒空激光器的PRF在几十兆赫左右。激光器与多个放大器级联可以实现高达数千兆赫的PRF。

(2)平均输出功率。激光器应具有足够的平均功率,以获得可靠的通信链路,并具有足够的链路余量。任何性能优良的激光器都应保证脉冲之间功率稳定,并且在不同的数据率下都能保证稳定的平均功率。激光器的峰值功率由每个脉冲的能量和脉冲宽度的乘积给出。固体激光器在低PRF时可提供较大的峰值功率,但最大峰值功率受散热和激光安全规范的限制。

(3)脉冲宽度。激光脉冲宽度应该很小,因为在窄时隙条件下可有效减少背景噪声。

(4)脉冲消光比。开模激光功率与关模激光功率的比值称为脉冲消光比。消光比应尽可能大,如果激光发射没有切换到完全关闭模式,则可能降低

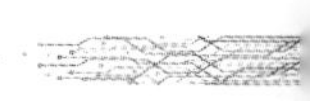

消光比,导致较低的链路余量。固态激光器具有40dB的调制消光比,而半导体激光器相对较差,消光比约10dB。光纤激光器和放大器的消光比约为30dB。

(5)输出光束质量。激光器的输出应该由单一空间模式组成,或者在远场模式的中心至少有一个零位。为了避免激光器内或透射光束内的不良振荡,需要激光器与反射光束之间具有反馈隔离。

(6)光束指向稳定性。基于FSO应用,指向精度应达到或优于微弧度量级。这种精确度要求通过在激光器内使用光机设计或空间谐振器来维持激光器的指向稳定性。

(7)总效率。为了最小化功耗需求,激光光源系统具有尽可能高的整体效率。

(8)质量和尺寸。对于任何基于空间的应用,应尽量减少所有组件的质量和尺寸,以降低发射成本。因此,它需要使用优化的激光谐振器的光机设计。

(9)使用寿命。有源激光器元件(如二极管激光器、调制器和驱动器等)的使用寿命预期应当超过系统的使用寿命预期。元件冗余设计或激光器模块冗余设计将有助于延长系统工作寿命。需要注意的是,泵浦功率越高,激光器的预期寿命越短。

(10)热控制和管理。需要高效的热控制来消散热量;否则会影响系统的光学校准性能,导致进一步信号损失。

3.1.1 激光器选择

激光器的选择基于FSO通信系统应用的基本要求,即高电光转换效率、高光束质量、可变的重复频率、稳定的工作寿命、快速启动操作性以及高可靠性。在激光领域发展早期,通常使用二氧化碳(CO_2)激光器等气体激光器,因为它们性能稳定且对大气效应不敏感。但是,气体激光器并不适合基于FSO的应用,因为它们体积庞大且可靠性低。随着激光技术的发展,固态激光器逐渐成为FSO应用的首选。最常见的是掺钕钇铝石榴石(Nd / YAG)。Nd / YAG激光器的基波激光波长为1064nm,使用非线性晶体可以将激光波长调至532nm。接近

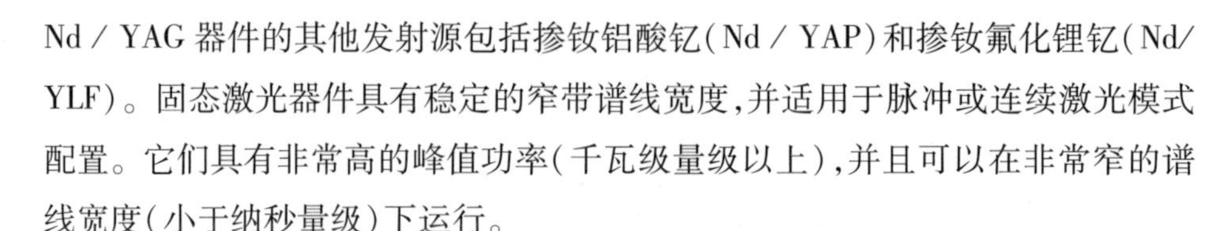

Nd / YAG 器件的其他发射源包括掺钕铝酸钇(Nd / YAP)和掺钕氟化锂钇(Nd/YLF)。固态激光器件具有稳定的窄带谱线宽度,并适用于脉冲或连续激光模式配置。它们具有非常高的峰值功率(千瓦级量级以上),并且可以在非常窄的谱线宽度(小于纳秒量级)下运行。

半导体激光二极管,如砷化镓(GaAs)、砷化镓铝(GaAlAs)、砷化铟镓(InGaAs)和磷砷化镓铟(InGaAsP)等可用于某些特定的 FSO 应用。另一类半导体激光器是垂直腔面发射激光器(VCSEL)、法珀激光器和分布反馈型激光器。VCSEL 中的阈值电流要求非常低,同时其固有高调制带宽。法珀激光器和分布反馈型激光器(DFB)具有更高的功率密度(约为 $100\mathrm{mW/cm^2}$),并与 EDFA 兼容。所以,这些激光器在 FSO 通信系统中有广泛的应用。半导体激光器呈现单一频率和单一空间模式。它们体积小巧、质量小、易于操作,但是输出功率很低,因此需要额外的放大器辅助完成长距离通信。这些二极管激光器对驱动电路单元的要求很高;否则会很容易损坏。由于可靠性问题,这种二极管需要冗余设计激光源才能使系统顺利运行。还有一类激光器是工作在 965 ~ 1550nm 范围内的掺铒光纤激光器和基于主振荡器功率放大器(MOPA)激光器。根据放大器架构的不同,这些激光器可以生成宽带或窄线宽输出光束。MOPA 激光器允许通过适当和有效的放大介质放大激光输出,激光器和放大器可以分别针对高速和更高功率进行单独定制。MOPA 激光器的弊端主要是高功率脉冲的非线性增益高以及低损伤阈值。基于光纤的放大器允许几十千瓦的峰值功率,易用性好,可以与光纤高效耦合,并具有低噪声功率的优点。然而,由于受到包括受刺激布里渊散射效应、受激拉曼散射效应、自相位调制、交叉相位调制和四波混频之类的非线性效应等影响,将导致光纤激光系统产生信号衰减、引入附加噪声,进而导致较低的 SNR。

在现有的激光器中,MOPA 和固态激光器满足天基应用的需求。其他如半导体激光器和 EDFA 等其他激光器可有效应用于近地激光通信的多吉比特(如 1 ~ 10Gb/s)链路中,但光纤放大器的峰值功率较小。选择激光器时,必须在激光功率、光谱宽度、输出波长、通信距离、光学背景噪声、数据率和调制方式之间进行折中和优化设计。表 3.1 总结了用于 FSO 应用的各种类型激光器。

表 3.1　FSO 中使用的激光器的属性[6]

激光类型	材料	波长/nm	数据率	峰值功率
固态脉冲	Nd/YAG	1064	<10Mb/s	很高
	Nd/YLF	1047 或 1053		10～100W
	ND/YAP	1080		
固态锁定模式	Nd/YAG	1064	1Gb/s	高
	Nd/YLF	1047 或 1053		大于 10W
	ND/YAP	1080		
固态 CW	Nd/YAG	1064	>1Gb/s	1～5W
	Nd/YLF	1047 或 1053		
	ND/YAP	1080		
半导体脉冲	GaAlAs	780～890	1～2Gb/s	200mW
	InGaAs	890～980	1～2Gb/s	1W(MOPA)
	InGaAsP	1300	1～10Gb/s	小于 50mW
	VCSEL	1550	10Gb/s	小于 30mW
	Fabry Perot	780～850	40Gb/s	200mW
	DFB	1300 和 1500		
掺杂光纤放大器	EDFA	1550	10Gb/s	大于 1000W

激光器工作波长的选择必须考虑器件的可用性、衰减、背景噪声功率以及该波长下的探测器灵敏度。出于对低信号衰减的考虑,大多数 FSO 通信系统设计为在 780～850nm 和 1520～1600nm 频谱窗口内工作。其中,考虑到包括人眼安全性、低太阳背景和散射等因素,1550nm 被广泛用于光通信数据传输。此外,在 1550nm 处可以传输更多的功率来克服由于雾、烟雾、云等造成的衰减。但是,该频段也面临一些挑战,如对准要求更加严格以及元件成本较高等。

3.1.2　调制器

调制器的功能是将低频的信息信号调制到光载波上进行长距离通信。表征光调制器的参数是带宽、插入损耗、调制深度、驱动功率和最大吞吐量光功率[4]。

调制可以应用于光载波的任何一个参数，如强度、相位、频率或光载波的偏振。最常用的调制是直接探测中的强度调制（IM），即将信息调制到光源的强度变化上。它可以通过改变光源的直流电流或通过使用外调制来实现。使用外调制可实现高数据速率传输。然而，外调制具有非线性响效应、更为复杂和成本更高等缺点。在相干探测条件下，常用的调制方案是强度调制和相位调制。

相位调制在连续波（CW）光束上产生频率边带。边带相对于载波的幅度由施加电压的幅度确定，并由贝塞尔函数计算得到。这里，信号通过作用在电光晶体顶部和底部放置的电极上的电压进行调制。这种情况下在晶体上会产生电场，此时通过晶体的偏振光将经历晶体内部折射率变化，导致与施加的电场成比例的光程长度的变化。因此，晶体发射出的光束相位将由于施加的电场而产生相位变化。图 3.2 显示了电光相位调制器的工作原理。这种调制器采用具有高电光系数的铌酸锂（$LiNbO_3$）和氧化镁掺杂的铌酸锂（$MgO / LiNbO_3$），可获得使驱动电压小的高品质晶体。而且，这种调制器具有 4.5dB 的低插入损耗和大于 500mW 的大吞吐量光功率。通过使用更先进的电极结构可以实现 2 ~ 3GHz 的调制带宽。

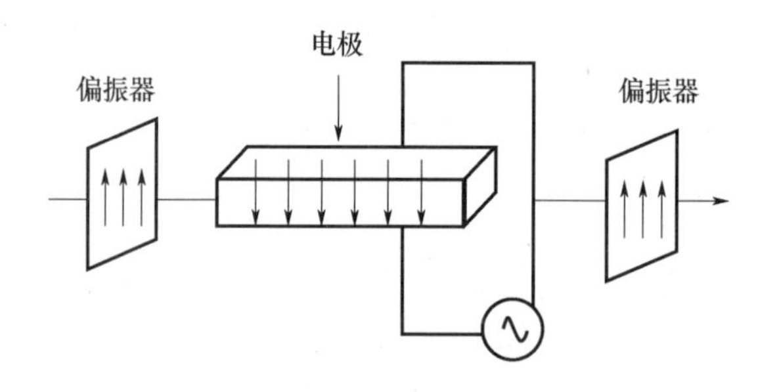

图 3.2　电光相位调制器原理

相位调制的电光调制器可有效地用作调幅器，马赫 – 曾德（Mach – Zehnder）调制器就是其中之一。它由 Y 形分离器组成，将入射光分成两个分支。其中一个分支备有相位调制器。来自两个分支的输出光使用另一个 Y 形加法器组合，入射光的相位根据调制信号而变化。来自两个分支的光以抵消或增强的方式组合，抵消或增强取决于在第一个 Y 形分支中引入的相移。通过控制输入光的幅度或强度，实现幅度调制的输出光信号。

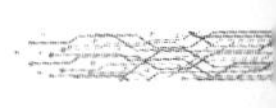

集成光调制器（IOM）也是FSO通信系统的理想选择，可用于各种波长范围。这些调制器由$LiNbO_3$制成，采用简单的电介质光波导结构。图3.3显示了集成光学相位调制器的原理，该装置由$LiNbO_3$码元和电极系统上的波导组成。在电场的作用下，光波的传播时间dt的变化可表示为

$$\mathrm{d}t = \mathrm{d}n \cdot \frac{\mathrm{L}}{\mathrm{c}} \tag{3.1}$$

式中：dn为施加电场引起的折射率的绝对值变化；L为相互作用长度；c为光在真空中的速度。

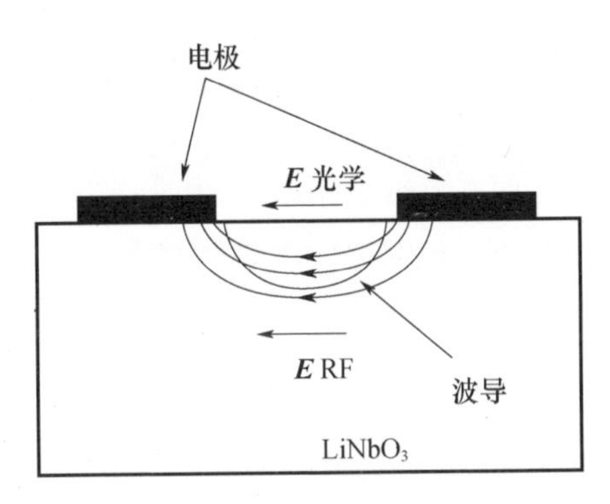

图3.3　集成光学$LiNbO_3$相位调制器[9]

这种传播延迟等于输出光信号的相位偏移，即

$$\mathrm{d}\phi = \omega \cdot \mathrm{d}t = \omega \cdot \mathrm{d}n \cdot \frac{L}{c} \tag{3.2}$$

式中：ω为光信号的角频率。

与之相类似地，通过在$LiNbO_3$衬底上布置马赫－曾德干涉仪可构建一个集成光振幅调制器（调幅器），如图3.4所示。对于理想的调幅器，调制器输出端的总光功率由下式给出，即

$$P_{\mathrm{o}} = \frac{1}{2} P_{\mathrm{i}} [1 + \cos(d\phi)] \tag{3.3}$$

式中：P_{i}为输入光功率；d为两路之间的相位差。

除了集成光相位和幅度调制器外，还有在相同码元上实现相位和幅度调制器组合的调制器。这些调制器的设计和构造比简单的IOM调制器复杂，但是操作原理与线性电光调制器的基本原理相同。

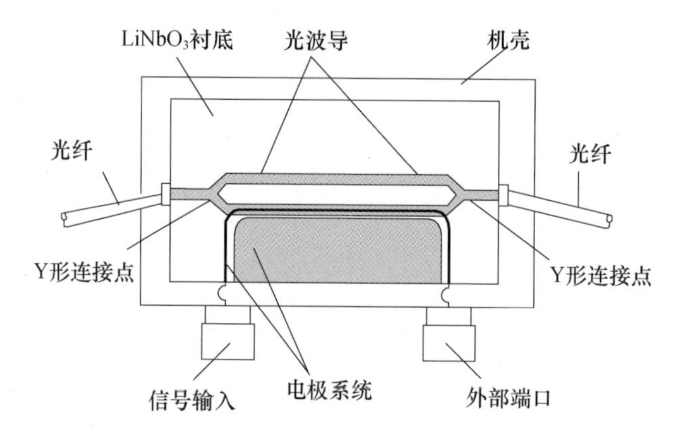

图 3.4　马赫－曾德调制器

有多种适用于 FSO 通信系统的调制方案,其中二进制和多级调制方案都可以用于传统的 FSO 通信系统。最普遍使用的调制方案基于二进制信号,其系统设计简单并且成本可控。在二进制方案中,通过在每个符号周期中利用信号强度变化(两个不同强度)传输信息。开关键控(OOK)和二进制脉冲位置调制(PPM)是 FSO 通信系统中最常用的二进制信号调制方案。这些调制方案已在第 1 章中阐述。

目前流行的 PPM 方案又发展为差分 PPM(DPPM)、差分幅度 PPM(DAPPM)、重叠 PPM(OPPM)[8]和组合 PPM(CPPM)[1]。所有这些调制方案都是通过改进 PPM 获得的,以实现改进的功率和带宽效率。在 DPPM 中,PPM 符号中脉冲之后的空位被删除,以此来减少平均符号长度并提高带宽效率。这对于长序列的零信号可能存在时隙同步问题。不过这个问题可以通过在脉冲被去除之后立即使用保护带/槽来克服[3]。DAPPM 是 DPPM 和脉冲幅度调制(PAM)的组合。因此它是一种多级调制方案,其符号长度为 1,2, …,$\mathbb{M}$,并且脉冲幅度可为 1,2,…,A 级。

在发送光调制信号前,必须提高其功率以抵消或补偿大气信道中的巨大损失。在此前提下,FSO 通信系统须采用光放大器设备,因为它们能够以最少的电子设备直接实现光放大。光后置放大器可以将发射机的输出功率提高 15 ~ 20dB。与此同时,在接收机的前端,接收到的光信号可能非常弱。因此,在光电探测器前端使用光前置放大器可以将接收机灵敏度提高约 10dB。后置放大器和前置光放大器将在第 3.3 节讨论。

3.2 光接收

接收机的功能是在光信号于湍流大气中传播后,恢复传输的数据。它由接收望远镜(光学天线)、滤波器、光电探测器、信号处理单元和解调器组成。接收望远镜包括将接收到的光信号聚焦到光电探测器上的透镜(组)。滤波器用于降低背景噪声。接收机处的噪声源包括背景噪声、探测器暗电流、前置放大器噪声、信号散粒噪声和热噪声等。光电探测器首先将接收到的光信号转换成电信号;然后电信号传送到处理单元;最后到解调器。在接收机中,PIN 和 APD 等光电探测器件都可以使用。在 FSO 上行链路中,由于存在较大的自由空间损耗,接收功率非常低。在此功率水平下,APD 接收机的性能比 PIN 接收机优越很多。

光接收机的选择取决于基本应用和硬件参数。下面列举了主要参数。

(1) 调制技术。接收机使用的探测技术取决于调制方式,并非每种探测技术都适用于任意的调制格式,如直接探测接收机对相位和极化信息不敏感。

(2) 硬件可用性、可靠性和成本。不同类型的接收机具有不同的硬件要求,这些要求将导致生产成本的巨大差异。例如,高增益 Si - APD 只能在低于 1000nm 的波长下有效工作。在更大的波长下,根据需要可以使用其他探测器,如 InGaAs / InGaAsP。

(3) 接收机灵敏度。这是在包括 FSO 通信系统在内的所有光通信系统中都至关重要的参数。它是根据每比特平均接收到的光子来衡量的,其表达式为

$$n_{av} = \frac{P_{av}}{h\upsilon R_b} \tag{3.4}$$

式中:$h\upsilon$ 是在发射工作波长 $\lambda(=c/\upsilon)$ 下的光子能量;R_b 为比特率(数据率)。

接收机灵敏度主要取决于光子探测技术、调制格式、光电探测器和背景噪声。阐述如下。

① 光子检测技术。如上所述,光接收机中使用的检测技术大致可分为两类,即相干检测和非相干直接检测。在相干接收机中,输入信号与本地振荡器(LO)的强信号混频。弱接收信号和强 LO 信号在接收机前端的混频实现线性放

大,并将光信号转换为电信号。LO 的强度使信号电平远高于电子电路的噪声电平。因此,相干接收机的灵敏度受到 LO 信号的散粒噪声的制约。此外,由于空间混频过程,相干接收机仅对与 LO 具有相同时空模式的接收信号和背景噪声敏感。因此,相干检测光接收机可在非常强的背景噪声下工作而不会明显降低性能。

② 调制格式。用于 FSO 链路的调制格式类型会影响接收机的灵敏度。相干接收机,特别是外差式相干接收机可用于多种调制方式。另外,零差接收机只能用于强度和相位调制方式。直接检测接收机仅可用于检测强度调制信号,如 OOK 或 PPM。对于长距离 FSO 链路,则需要关注在相对较低的数据率下保持较高的接收机灵敏度。采用 PPM 方案很容易实现上述功能,因为它可以实现高峰值与平均功率比,PPM 方案的缺点是带宽效率较低。因此,除非是发射机峰值功率受限或系统调制带宽受限,大多数 FSO 通信系统都基于 PPM 方案[11]。

③ 光电探测器和背景噪声。有各种类型的噪声源可在 FSO 接收机中产生噪声。这些噪声源包括背景噪声、探测器暗电流噪声、信号散粒噪声和热噪声等。这些噪声源在最终输出信号中的占比取决于光学系统设计、接收机配置、数据带宽和 FSO 链路的类型。下面将简要讨论这些噪声源。

1. 背景噪声

由光电探测器探测到的受周围环境影响而产生的噪声称为背景噪声。背景噪声的主要来源:①大气扩展背景噪声;②来自太阳和其他恒星(点)的背景噪声;③接收机接收到的散射光。图 3.5 显示了点噪声源和扩展噪声源相对于接收机的几何关系。接收机由于点扩散、恒星和散射噪声而接收到的背景功率由下式给出,即

$$P_B=\begin{cases}H_B\Omega_{FOV}L_RA_R\Delta\lambda_{filter}, & \text{散布或扩展光源}\\ N_BL_RA_R\Delta\lambda_{filter}, & \text{恒星或点光源}\\ \gamma I_\lambda\Omega_{FOV}L_RA_R\Delta\lambda_{filter}, & \text{分散的噪声源}\end{cases}\tag{3.5}$$

式中:H_B 和 N_B 分别为大型扩展角光源和点光源的背景辐射的辐照能量密度,H_B 以 W/m^2/sr/Å 为单位,N_B 以 W/m^2/Å 为单位;Ω_{FOV} 为接收视场(视场)的立体角;L_R 为接收机光学器件的传输损耗;A_R 为接收机的有效面积;$\Delta\lambda_{filter}$ 为接收机中的光学 BPF 带宽;在散射噪声源的情况下,γ 表示大气衰减系数,I_λ 是外大气[2]

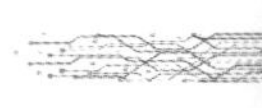

(地球大气层以外的空间区域)太阳常数(0.074W/cm^2)。

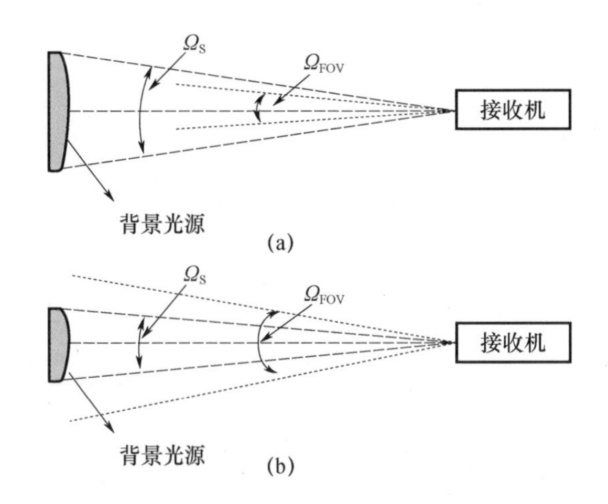

图 3.5　点噪声源和扩展噪声源相对于接收机的几何关系

(a)扩展光源时的几何图;(b)恒星或点光源几何图。

接收视场附近的强背景源会引发明显的散射。对于直接暴露在阳光下的带有光学元件的光学接收机,背景噪声源主要是由散射引起的。除非在深空光通信情况下;否则太阳、月亮、恒星等天体的噪声可以忽略不计。在背景噪声功率 P_{BG} 条件下,APD 中的背景噪声电流方差为

$$\sigma_{BG}^2 = 2qR_0P_{BG}\mathcal{M}^2FB \quad (\text{A}^2) \tag{3.6}$$

式中:B 为信号带宽;F 为取决于探测器材料和其他参数的过量噪声因子。

下面给出了利用 APD 增益 $\mathcal{M}$ 确定 F 取值的函数表达式

$$F(\mathcal{M}) = M^x \tag{3.7}$$

式中:x 取值为 $0 \leqslant x \leqslant 1$,取决于具体的材料,Si 的 x 值为 0.3,InGaAs 的 x 值为 0.7,锗光电探测器的 x 值为 1.0;PIN 光电探测器的 $\mathcal{M}$ 和 F 的值是一致的;其他参数已在前面定义。

2. 暗电流噪声

当没有光功率入射到光电探测器上时,微小的反向泄漏电流仍然流过器件,即为暗电流噪声,它也是总系统噪声的组成部分之一。APD 接收机中的探测器暗电流噪声方差由下式给出,即

$$\sigma_d^2 = 2q\mathcal{M}^2FI_{db}B + 2qI_{ds}B \quad (\text{A}^2) \tag{3.8}$$

式中：I_{db}和I_{ds}分别为体暗电流和表面暗电流。

暗电流噪声大小取决于光电探测器的工作温度及其物理尺寸。通过冷却探测器或减小探测器的物理尺寸，可以降低暗电流。需要注意，雪崩倍增现象是一种体效应，由于表面暗电流不受雪崩增益的影响，因此它可以被忽略。

在PIN光电探测器中，暗电流噪声方差由下式给出，即

$$\sigma_d^2 = 2qI_dB \quad (A^2) \tag{3.9}$$

表3.2给出最常用探测器的典型暗电流值。

表3.2　各种探测器暗电流的典型值

材料	暗电流/nA	
	PIN	APD
硅	1～10	0.1～1
锗	50～500	50～500
砷化铟镓	0.5～2.0	10～50

3. 信号散粒噪声

由于在单位时间内由光源发射的光子数量不是恒定的，所以光电探测器对光子的探测是一个离散过程（因为电子－空穴对是由于吸收光子而产生的），并且由光子到达的统计分布决定。到达探测器的光子数量统计与先前探测到的光子数无关，因此其分布服从离散概率分布－泊松分布。光电探测器中光子的波动导致量子或信号散粒噪声。APD中信号散粒噪声电流的方差用平均信号光电流I_p表示，有

$$\sigma_s^2 = 2q\mathcal{M}^2FI_pB \quad (A^2) \tag{3.10}$$

式中：$I_p = R_0P_R$。

4. 热噪声

热噪声是指在特定温度下，由电阻元件组成的接收机电路中的电子之间热相互作用引起的自发波动。由电阻R_L带来的接收机中的热噪声变化可表示为

$$\sigma_{Th}^2 = \frac{4K_BTB}{R_L} \quad (A^2) \tag{3.11}$$

式中：K_B为玻耳兹曼常数；T为热力学温度；R_L为电路的等效电阻。

3.2.1　接收探测器类型

基于不同应用的探测器特性是不同的，它们可以分为两类，即通信（信号光）探测器和信标（信标光）探测器。表3.3列出了FSO通信系统中用于通信和信标探测器。

表3.3　FSO链路中的通信和信标探测器

应用	探测器类型	使用的材料
通信	APD	Si,InGaAs,InGaAsP
	PIN	Si,InGaAs,InGaAsP
	CCD	Si
	PMT	固态硅光电阴极
信标（捕获和跟踪）	CCD	Si
	CID	Si
	QAPD	Si
	QPIN	Si,InGaAs

（1）通信探测器。在FSO通信系统中，常用的探测器是PIN和APD。APD提供适度的前端增益（50~200倍）、较低的噪声和良好的量子效率，具体性能与工作波长有关。Si-APD具有低噪声特点，但是在1000nm工作波长以上时量子效率较低。基于InGaAs和InGaAsP的APD在1000nm以上具有良好的量子效率，它们主要用于1300nm和1550nm工作波长范围。但是，这些器件的噪声性能非常差，使得Si器件在低量子效率情况下，应用性能仍然能够胜过以上具有较长工作波长的器件。

除了APD外，PIN光电探测器也广泛用于直接探测通信。PIN光电探测器的增益是一致的，但它具有很好的量子效率。PIN是相干激光通信体制的首选器件，因为此时系统所需增益完全由本地振荡器（激光器）提供。PIN光电探测器可以在Si、InGaAs和InGaAsP等衬底上制造。当工作于较低波长时，可使用基于InGaAs和InGaAsP的PIN光电探测器，因为它们具有较高的量子效率。早期使用的另一种探测器是光电倍增管（PMT）探测器，这类器件提供非常高的前端增益（大约10^5）和非常低的噪声。但是由于质量大、体积大，不适合太空应用。另一种类型的探测器是电荷耦合器件（CCD），由于通信数据率取决于CCD的读出速度，所以对于低数据率应用是有利的。也是由于这个原因，它最适合作为空间探测器使用。

（2）信标探测器。除了通信外，ATP系统对于建立FSO链路也非常重要。接收机可应用各种类型的空间捕获及跟踪探测器来搜索探测大范围不确定性区域上信标信号。如上所述，CCD或电注入设备（CID）可作为探测器阵列用于FSO通信系统的空间捕获和跟踪功能。基于CCD的阵列可提供宽接收视场，并且只需要一个控制时钟信号。选择信标探测器的视场必须非常慎重，因为大的视场会引入大量的背景噪声，小的视场会导致较长的链路搜索捕获时间。用于探测信标信号的另一类探测器是位置敏感探测器，如象限APD或象限PIN探测器。象限光电探测器是由单个码元上制造的2×2光电探测器的阵列，象限之间由一个小间隙隔开。象限之间的这个小间距也称为死区。在理想情况下死区应该无限小，但实际上它的大小通常在50～100μm量级。对于大视场的情况，探测器死区上的光斑信息可能会丢失。因此，通常不采用象限之间的有限死区信号，而是利用跨越象限边界的信号（共享转换）以避免接收信号的突变。以上设备都会受到串扰的影响而导致性能大幅度降低。如果对接收机灵敏度要求高，可以选择使用象限APD。图3.6显示了象限APD中的标准死区和共享转换方式。

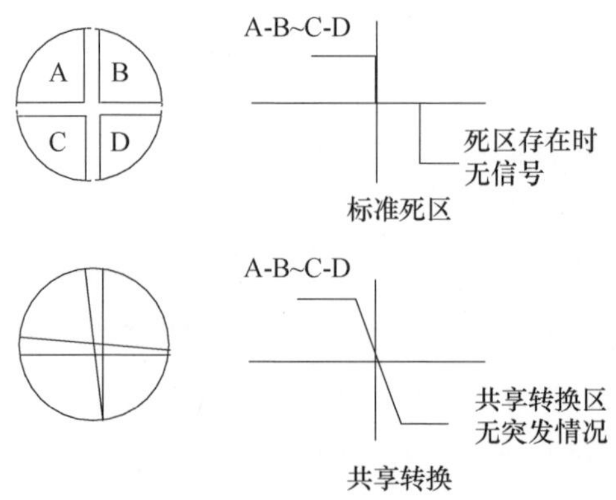

图3.6　显示标准死区和共享转换类型的象限APD

 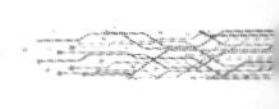

3.2.2 接收机配置

对于给定链路距离和数据率的通信系统,其性能取决于接收机配置和选用的调制方案。FSO通信系统可使用非相干(直接探测)或相干(零差或外差)接收机探测技术。对于强度调制,可以使用简单的非相干探测接收机配置。对于如相移键控(PSK)或频移键控(FSK)等调制方案,使用的相干接收机配置比非相干接收机配置更复杂。相干接收机在灵敏度、数据率和传输距离等方面都优于非相干接收机。但是,由于相干体制在接收机设计中增加了复杂性(因为相干体制要求必须恢复接收光场的同相和正交分量/信号极化状态)并且难以实现,所以该配置在FSO通信系统中并未广泛使用。另外,由于有时输入信号和LO信号产生不良混频,导致相干接收机体制所带来的增益会明显降低。尽管相干系统不是FSO的首选,但在处理非常高的数据率(100Mb/s或更高)或用于功率受限的系统时,相干系统优于直接探测系统。表3.4给出了相干和非相干接收机配置之间的比较。

表3.4 相干和非相干接收机配置之间的比较

参数	相干	非相干
调制参数	振幅和相位	强度
探测技术	外差或零差探测	直接探测(DD)
自适应控制	必要	不必要

在本节中,研究了在不同接收机配置,即非相干检测(直接检测)或相干检测(零差或外差检测)存在背景噪声时系统输出SNR光功率(以P_R为自变量)表达式。参考的接收机配置包括:①相干PSK零差接收机;②相干FSK外差接收机;③OOK直接检测(PIN结合光放大器);④OOK直接检测APD;⑤$\mathbb{M}$ -PPM直接检测(APD)。图3.7显示了对上述所有接收机配置有效的总体示意图。

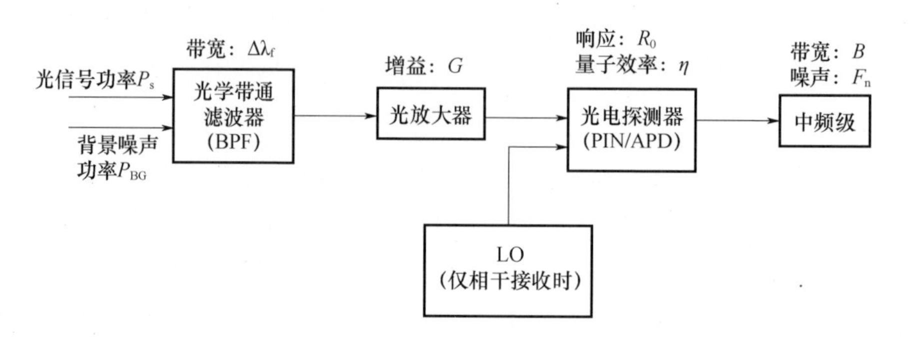

图 3.7　适用所有配置的光通信接收机框图

1. 相干相移零差接收机

零差 PSK 接收机具有最高的接收机灵敏度。在相干接收机的情况下，接收机配置中的光电探测器可认为是输入光信号和背景噪声（在 BPF 范围内）的混频器。因此，它会伴随着信号产生信号 - 背景差频噪声、背景 - 背景差频噪声。除了上述噪声成分外，LO 的使用也会导致 LO - 背景差频噪声的产生。所有这些噪声成分将共同降低 FSO 通信系统的性能。对于零差接收机体制，LO 的频率与输入信号频率相同。

对 PSK 零差接收机的 SNR 进行分析，不使用图 3.7 中的光放大器和中频级模块，则光电流可表示为

$$i_{\mathrm{p}} \propto |\boldsymbol{E}_{\mathrm{s}}(t)+\boldsymbol{E}_{\mathrm{BG}}(t)+\boldsymbol{E}_{\mathrm{L}}(t)|^{2} \tag{3.12}$$

式中：$\boldsymbol{E}_{\mathrm{s}}$、$\boldsymbol{E}_{\mathrm{BG}}$和$\boldsymbol{E}_{\mathrm{L}}$分别是由信号、背景和 LO 引入的电场强度。

根据文献[7]，在光学带宽 $\Delta\lambda_{\mathrm{f}}$远大于电气带宽 B（$B=1/T_{\mathrm{b}}$，其中 T_{b}是单比特持续时间）的条件下，各种信号和噪声分量可表示为

$$i_{\mathrm{p}}(t)=2R_{0}\sqrt{P_{\mathrm{R}}P_{\mathrm{L}}}\cos\phi(t) \tag{3.13}$$

式中：$\phi(t)=\phi_{\mathrm{L}}-\phi_{\mathrm{R}}$；$P_{\mathrm{R}}$和 ϕ_{R}分别为接收信号的功率和相位；P_{L}和 ϕ_{L}分别为 LO 信号的功率和相位。

$$I_{\mathrm{dc}}=R_{0}(P_{\mathrm{R}}+P_{\mathrm{L}}+m_{t}S_{\mathrm{n}}\Delta\lambda_{\mathrm{f}}) \tag{3.14}$$

式中：R_0为响应度；m_t为接收机视场看到的背景模式的数量；S_{n}为每个空间模式的背景噪声功率谱密度。

$$\overline{i_{\mathrm{bg}}^{2}}=2qI_{\mathrm{BG}}B+R_{0}^{2}S_{\mathrm{n}}(2P_{\mathrm{R}}+2P_{\mathrm{L}}+m_{t}S_{\mathrm{n}}\Delta\lambda_{\mathrm{f}})2B+\frac{4K_{\mathrm{B}}TBF_{\mathrm{n}}}{R_{\mathrm{L}}} \tag{3.15}$$

式中：B 为电气带宽；$\Delta\lambda_f$为光学滤波器带宽；q 为电子电荷；I_{BG}为背景噪声电流；K_B为玻耳兹曼常数（$K_B = 1.38 \times 10^{23}$ J/K）；T 为热力学温度；F_n为中频（IF）级噪声系数；R_L为光电探测器负载电阻。

在式（3.14）中，等号右边前两项分别由接收信号和本振信号产生。第三项表示由背景噪声引起的电流直流分量。在式（3.15）中，等号右边第一项代表散粒噪声，第二、第三和第四项分别表示由于信号－背景、LO－背景和背景－背景产生的差频噪声，最后一项表示光电探测器负载电阻及后续环节产生的热噪声。

根据式（3.13）～式（3.15），二进制 PSK 调制体制的输出 SNR 可表示为

$$\frac{S}{N} = \frac{\overline{i_p^2(t)}}{\overline{i_{bg}^2}} \tag{3.16}$$

进一步简化后，式（3.16）变为[5]

$$\frac{S}{N} = \frac{2P_R}{h\upsilon BF_h} \tag{3.17}$$

其中

$$F_h = \frac{1}{\eta}\left[1 + \frac{P_R}{P_L} + \frac{S_n\Delta\lambda_f}{P_L}\right] + 2\frac{S_n}{h\upsilon}\left[1 + \frac{P_R}{2P_L} + \frac{S_n\Delta\lambda_f}{2P_L}\right] + \frac{K_BTF_n}{h\upsilon L_m} \tag{3.18a}$$

$$L_m = \frac{1}{2}R^2P_LR_L \tag{3.18b}$$

式中：η 为量子效率；υ 为接收信号的频率。

在平衡零差接收机中，信号－背景和背景－背景差频噪声以及 ASE－ASE 分量将抵消掉。因此式（3.18a）可简化为

$$F_h = \frac{1}{\eta}\left[1 + \frac{P_R}{P_L} + \frac{S_n\Delta\lambda_f}{P_L}\right] + 2\frac{S_n}{h\upsilon} + \frac{K_BTF_n}{h\upsilon L_m} \tag{3.19}$$

误差概率 P_e可表示为

$$P_e = \frac{1}{2}\text{erfc}\left(\frac{S}{N}\right)^{1/2} \tag{3.20}$$

P_e随 P_R的变化可利用式（3.20）计算得到，令 $\eta = 0.7$，$\Delta\lambda_f = 5$nm，$S_n = 1.9 \times 10^{-20}$W/Hz，$\lambda = 1064$nm，$F_n = 2$dB，$T = 300$K，$R_L = 100\Omega$，$B = 1$GHz（或用数据率表示，$R_b = 1$Gb/s），$P_L = 10$dBm，结果如图 3.8 所示。

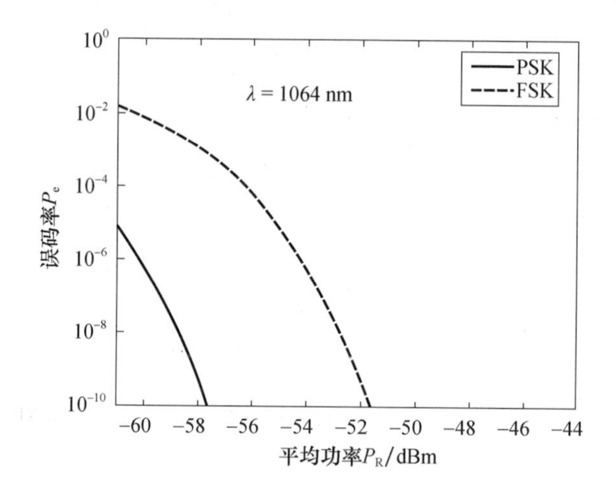

图 3.8 相干探测接收机误码率 P_e随平均功率 P_R的变化

2. 相干频移外差接收机

对于外差式接收机,即在图 3.7 中使用中频(IF)级的情况。此时 LO 的频率 ω_L与输入信号频率 ω_s相差中频频率 ω_{IF}。因此,光电探测器处的接收信号光电流可表示为

$$\begin{aligned} i_p(t) &= 2R_0\sqrt{P_R P_L}\cos[(\omega_L(t) - \omega_s(t)) + \phi(t)] \\ &= 2R_0\sqrt{P_R P_L}\cos[\omega_{IF}(t) + \phi(t)] \end{aligned} \tag{3.21}$$

对相干 FSK 外差接收机的分析与对相干 PSK 零差接收机的分析类似,但 FSK 性能曲线将向右移动 6dB。图 3.8 显示了相干 FSK 接收机体制的误码率曲线。

3. OOK 调制下基于 PIN + OA 的直接探测

直接探测(PIN + OA)接收机遵循图 3.7 所示的框图架构,不同之处在于 IF 级和 LO 模块不会在此情况下使用。与零差接收机相同条件下($\Delta\lambda_f \gg B$)的各种信号和噪声分量可表示为

$$I_p = GR_0P_R \tag{3.22}$$

$$I_{dc} = R_0[GP_R + GS_n\Delta\lambda_f + P_{sp}\Delta\lambda_f] \tag{3.23}$$

式中:G 为光学放大器增益;P_{sp}为放大器输出端的自发噪声功率,可表示为

$$P_{sp} = n_{sp}(G-1)h\upsilon \tag{3.24}$$

式中:n_{sp}为光放大器的粒子数反转参数,其他参数与上面的定义相同。

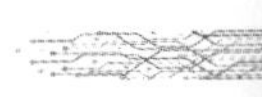

RMS 噪声电流为

$$\sigma_1^2\text{bit}'1' = 2qI_{dc}B + R_0^2 GS_n[2GP_R + GS_n\Delta\lambda_f]2B + R_0^2 P_{sp}[2GP_R + P_{sp}\Delta\lambda_f + GS_n\Delta\lambda_f]2B + \frac{4K_B TBF_n}{R_L} \quad (3.25a)$$

$$\sigma_0^2\text{bit}'0' = qR_0(P_{sp}\Delta\lambda_f + GS_n\Delta\lambda_f)2B + R_0^2 n_{sp}^2\Delta\lambda_f 2B + R_0^2 G^2 S_n^2\Delta\lambda_f 2B + \frac{4K_B TBF_n}{R_L} \quad (3.25b)$$

对于 OOK 调制模式，“1”码和“0”码的误码率 P_e 可表示为

$$P_{e1} = \frac{1}{2}\text{erfc}\left[\frac{(R_0 GP_R - \text{Th})}{\sqrt{2}\sigma_1}\right] \quad (3.26)$$

$$P_{e0} = \frac{1}{2}\text{erfc}\left[\frac{\text{Th}}{\sqrt{2}\sigma_0}\right] \quad (3.27)$$

式中：Th 为阈值。

如果一个理想的阈值使 P_{e1} 和 P_{e0} 相等，那么根据式(3.26)和式(3.27)，可得

$$P_e = P_{e1} = P_{e0} = \frac{1}{2}\text{erfc}\left(\frac{S}{2N}\right)^{1/2} \quad (3.28)$$

其中

$$\frac{S}{N} = \frac{R_0^2 G^2 P_R^2}{(\sigma_1 + \sigma_2)^2} \quad (3.29)$$

简化后的接收机信噪比为[5]

$$\frac{S}{N} = \frac{P_R}{2h\upsilon B(\sqrt{F_{p1}} + \sqrt{F_{p0}})^2} \quad (3.30)$$

其中

$$F_{p1} = \frac{1}{\eta G}\left[1 + \frac{S_n\Delta\lambda_f}{P_R} + \frac{n'_{sp}h\upsilon\Delta\lambda_f}{P_R}\right] + 2\left[n'_{sp} + \frac{S_n}{h\upsilon}\right]\left[1 + \frac{S_n\Delta\lambda_f}{2P_R} + \frac{n'_{sp}h\upsilon\Delta\lambda_f}{2P_R}\right] + \frac{K_B TF_n}{h\upsilon G^2 L'_m} \quad (3.31)$$

$$F_{p0} = \frac{1}{\eta G}\left[\frac{S_n\Delta\lambda_f}{P_R} + \frac{n'_{sp}h\upsilon\Delta\lambda_f}{P_R}\right] + 2\left[n'_{sp} + \frac{S_n}{h\upsilon}\right]\left[\frac{S_n\Delta\lambda_f}{2P_R} + \frac{n'_{sp}h\upsilon b}{2P_R}\right] + \frac{K_B TF_n}{h\upsilon G^2 L'_m} \quad (3.32)$$

式中：n'_{sp} 和 L'_m 可分别表示为

$$n'_{sp} = \left(1 - \frac{1}{G}\right) n_{sp} \tag{3.33}$$

$$L'_{m} = \frac{1}{2} R_0^2 P_R R_L \tag{3.34}$$

式(3.30)~式(3.34)中的所有其他参数的定义与 PSK 零差接收机中的定义相同。PIN + OA 直接检测接收机在 $\lambda = 1064\text{nm}$ 处,误码率 P_e 随平均功率 P_R 的变化如图 3.9 所示。

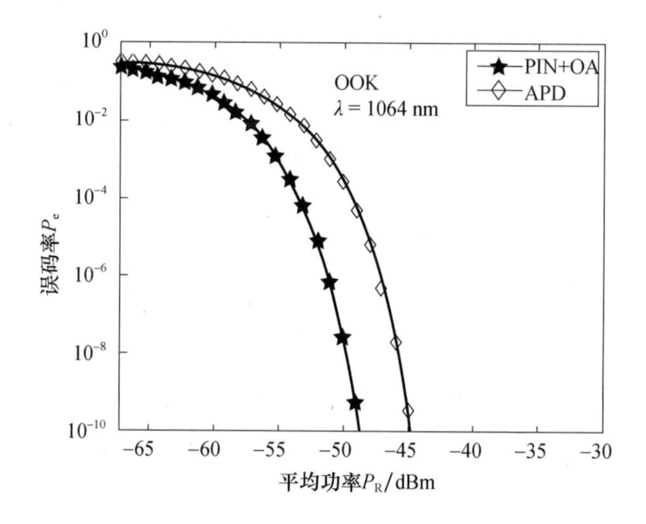

图 3.9 直接检测接收机误码率 P_e 随平均功率 P_R 的变化

4. OOK 调制下基于 APD 的直接检测

该接收机配置遵循图 3.7 所示的框图,但是没有 IF 级和 LO 模块。探测器采用 APD 而不是 PIN。在这种情况下(即 $\Delta\lambda_f \gg B$)各种信号和噪声成分可分别表示为

$$I_p = R_0 \mathcal{M} P_R \tag{3.35}$$

$$I_{dc} = \mathcal{M}^2 F R_0 [P_R + S_n \Delta\lambda_f] \tag{3.36}$$

$$\sigma_1^2 \text{bit'1'} = 2qI_{dc}B + \mathcal{M}^2 R_0^2 S_n [2P_R + S_n \Delta\lambda_f] 2B + \frac{4K_B TBF_n}{R_L} \tag{3.37}$$

$$\sigma_0^2 \text{bit'0'} = q\mathcal{M}^2 F R_0 S_n \Delta\lambda_f 2B + \mathcal{M}^2 R_0^2 S_n^2 \Delta\lambda_f 2B + \frac{4K_B TBF_n}{R_L} \tag{3.38}$$

式中:$\mathcal{M}$ 和 F 为前面定义的 APD 乘法增益和过量噪声系数。

按照与 OOK 直接检测 PIN + OA 接收机相同的方法,用 F_{a1} 和 F_{a0} 分别替代式(3.30)中 F_{p1} 和 F_{p0} 来分析系统 SNR。F_{a1} 和 F_{a0} 由文献[5]给出,即

$$F_{a1}=\frac{F}{\eta}\left[1+\frac{S_n\Delta\lambda_f}{P_R}\right]+2\frac{S_n}{h\upsilon}\left[1+\frac{S_n\Delta\lambda_f}{2P_R}\right]+\frac{K_BTF_n}{h\upsilon\mathcal{M}_{opt}^2L'_m} \tag{3.39}$$

$$F_{a0}=\frac{F}{\eta}\left[\frac{S_n\Delta\lambda_f}{P_R}\right]+2\frac{S_n}{h\upsilon}\left[\frac{S_n\Delta\lambda_f}{2P_R}\right]+\frac{K_BTF_n}{h\upsilon\mathcal{M}_{opt}^2L'_m} \tag{3.40}$$

其中

$$\mathcal{M}_{opt}^{x+2}=\frac{\dfrac{4K_BTF_n}{R_L}}{xqR_0(P_R+S_n\Delta\lambda_f)} \tag{3.41}$$

式中:$\mathcal{M}_{opt}$ 为乘法增益的最佳值,可最大限度地提高 SNR。所有其他参数与前面的定义相同。

在图 3.9 中给出了当 $x=0.5$ 时,APD + OOK 体制直接检测接收机的误码率 P_e 值随平均功率 P_R 的变化。

5. $\mathbb{M}$ - PPM 调制下基于 APD 的直接检测

如第 1 章中相关介绍内容所述,$\mathbb{M}$ - PPM 方案中每个字包含 n 比特的信息,即 $\mathbb{M}=2^n$。因此,一个完整的数据字被分成持续时间 T_s s 的 $\mathbb{M}$ 个时隙,信息置于这些时隙中的任何相应位置中。$\mathbb{M}$ - PPM 占用的带宽由下式给出,即

$$B_{PPM}=\frac{1}{T_s} \tag{3.42}$$

其中

$$T_s=\frac{T_b\log_2\mathbb{M}}{\mathbb{M}} \tag{3.43}$$

可以看出,PPM 占用的带宽大于 OOK($=1/T_b$)占用的带宽。使用与 OOK 中相同的分析方法,则 2 - PPM 方案中比特"1"码和"0"码的误码率 P_e 可表示为

$$P_e=P_{e1}=P_{e0}=\frac{1}{2}\mathrm{erfc}\left[\frac{R_0^2\mathcal{M}^2P_R^2}{2(\sigma_1^2+\sigma_0^2)}\right]^{1/2} \tag{3.44}$$

式(3.44)也可以用 SNR 的形式表示,即

$$\frac{S}{N}=\frac{R_0^2\mathcal{M}^2P_R^2}{(\sigma_1^2+\sigma_0^2)} \tag{3.45}$$

将式(3.45)中的 σ_1^2 和 σ_0^2 分别用式(3.37)和式(3.38)中形式替换。然后再进一步用 B_P 简化和替换 B,则式(3.45)可以改写成

$$\frac{S}{N}=\frac{P_R}{2h\upsilon B_{PPM}(F_{a1}+F_{a0})} \tag{3.46}$$

在$\mathbb{M}$ -PPM 模式中,根据$\mathbb{M}$ -1 次比较来确定某个时隙中是否存在脉冲。误解码概率 P_{ew} 可由下式给出,即

$$P_{ew}=1-\int_{-\infty}^{\infty}\left[\int_{-\infty}^{(R_0\mathcal{M}P_R+I_1)}p(I_0)\mathrm{d}I_0\right]^{\mathbb{M}-1}p(I_1)\mathrm{d}I_1 \tag{3.47}$$

式中:$p(I_1)$ 和 $p(I_0)$ 分别为 I_1 和 I_0 的概率密度函数,均为具有方差 σ_1^2 和 σ_0^2 的高斯分布。

经简化后式(3.47)可表示为

$$P_{ew}=1-\frac{1}{\sqrt{2\pi\sigma_1^2}}\int_{-\infty}^{\infty}P\left[1-\frac{1}{2}\mathrm{erfc}\,\frac{R_0\mathcal{M}P_R+I_1}{\sqrt{2}\sigma_0}\right]^{\mathbb{M}-1}\exp\left[\frac{I_1^2}{2\sigma_1^2}\right]\mathrm{d}I_1 \tag{3.48}$$

P_{ew} 可以用来计算误码率 P_e 的上限,P_{ew} 和 P_e 之间的关系为

$$P_e\leqslant\frac{\mathbb{M}/2}{\mathbb{M}-1}P_{ew} \tag{3.49}$$

如果式(3.48)中方括号内的第二项非常小(远小于1),则式(3.48)可以近似为

$$P_{ew}\approx\frac{\mathbb{M}-1}{2}\mathrm{erfc}\left[\frac{R_0^2\mathcal{M}^2P_R^2}{2(\sigma_1^2+\sigma_0^2)}\right]^{1/2} \tag{3.50}$$

3.3 后置光放大器与前置光放大器

后置放大器和前置放大器除了放大输入信号外,还会由于自激发光而增加信号分量。这种自激发射光的其中一部分与主信号方向一致,并随主信号一起放大。这种噪声称为放大自发辐射(ASE)噪声,其光线分布在很宽的频率范围内。放大器输出端的 ASE 噪声功率由下式给出,即

$$P_{sp}=(G-1)n_{sp}h\upsilon B_0 \tag{3.51}$$

式中:n_{sp} 为自发辐射因子(或称粒子数反转因子);G 为放大器增益;h 为普朗克

 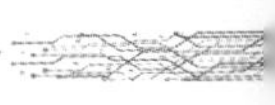

常数;v为输入频率;B_0为滤波器带宽。

式(3.51)给出的输出功率表达式适用于所有偏振模式。由于有两种基本偏振模式,因此放大器输出端的总噪声功率为$2P_{sp}$。n_{sp}的值取决于粒子数反转,由下式给出,即

$$n_{sp}=\frac{N_2}{N_2-N_1} \tag{3.52}$$

式中:N_1和N_2分别为基态和激发态的原子数量。

放大后的输出信号与ASE噪声一起进入光电探测器进行探测时,总信号包括主信号分量、热噪声、散粒噪声和差频噪声等分量。散粒噪声包括信号散粒噪声、ASE散粒噪声和背景散粒噪声。差频噪声由信号-背景差频噪声、背景-背景差频噪声、ASE-ASE差频噪声和信号-ASE差频噪声组成。在接收机输出端,所有噪声分量的变化如热噪声、散粒噪声、信号-ASE差频噪声、ASE-ASE差频噪声和放大的背景噪声分别为[10,12]

$$\sigma_{th}^2=\frac{4K_BTF_nB_e}{R_L} \tag{3.53}$$

$$\sigma_{sig-shot}^2=2qR_0GP_RB_e \tag{3.54}$$

$$\sigma_{ASE-shot}^2=2qI_{sp}B_e=2qR_0P_{sp}B_e=2qR_0(G-1)n_{sp}hvB_eB_0 \tag{3.55}$$

$$\sigma_{sig-BG}^2=2qI_{BG}B_e=2qR_0GP_{BG}B_e \tag{3.56}$$

将式(3.54)、式(3.55)和式(3.56)合并,则散粒噪声的总方差可表示为

$$\sigma_{shot}^2=\sigma_{sig-shot}^2+\sigma_{ASE-shot}^2+\sigma_{sig-BG}^2 \tag{3.57}$$

$$\sigma_{shot}^2=2qR_0(GP_R+(G-1)n_{sp}hvB_0+GP_{BG})B_e \tag{3.58}$$

各种差频噪声的方差可分别表示为

$$\sigma_{sig-ASE-beat}^2=4R_0^2GP_Rn_{sp}hv(G-1)B_e \tag{3.59}$$

$$\sigma_{sig-BG-beat}^2=4R_0^2G^2P_R(n_{sp}hv(G-1))B_e \tag{3.60}$$

$$\sigma_{ASE-ASE-beat}^2=2R_0^2\left[n_{sp}hv(G-1)\right]^2(2B_0-B_e)B_e \tag{3.61}$$

$$\sigma_{BG-BG-beat}^2=R_0^2N_{BG}^2G^2(2B_0-B_e)B_e \tag{3.62}$$

$$\sigma_{ASE-BG-beat}^2\approx 2R_0^2GN_{BG}\left[n_{sp}hv(G-1)\right](2B_0-B_e)B_e \tag{3.63}$$

式中:N_{BG}为前置放大器的背景噪声功率谱密度(W/Hz)。

综合上述分析,总方差可表示为

$$\sigma_{\text{total}}^2=\sigma_{\text{shot}}^2+\sigma_{\text{sig-ASE-beat}}^2+\sigma_{\text{sig-BG-beat}}^2+\sigma_{\text{ASE-ASE-beat}}^2+\sigma_{\text{BG-BG-beat}}^2+\sigma_{\text{ASE-BG-beat}}^2+\sigma_{\text{th}}^2 \tag{3.64}$$

由于放大器增益相当大，与信号 - ASE 和 ASE - ASE 差频噪声相比，散粒噪声和热噪声所造成的影响可以忽略不计。通过降低光学带宽 B_0，ASE - ASE 噪声将变得非常小。因此，主要噪声成分通常是信号 - ASE 差频噪声。在这种情况下，放大器输出端的 SNR 可由下式给出，即

$$\text{SNR}_0=\frac{(R_0GP_{\text{R}})^2}{\sigma_{\text{sig-ASE-beat}}^2}=\frac{(R_0GP_{\text{R}})^2}{4R^2GPn_{\text{sp}}h\upsilon(G-1)B} \tag{3.65}$$

式中：B 为与 B_e 相同的电气带宽。

3.4 链路设计与折中

在要求明确的 FSO 链路设计过程中，必须在各种设计参数之间进行一些权衡或折中，下面将介绍这些参数的设计与约束。

3.4.1 工作波长

工作波长的选择取决于如下因素。

（1）激光器的可用性。为任何系统选择激光器时，都需要考虑峰均功率比、可用峰值功率、电光转换效率和整体功耗。因此，很大程度上，必须在不同工作波长的可用激光技术之间进行权衡，以确定合理的波长选择。

（2）增益与波束宽度的关系。一般来说，光学发射天线或接收天线的增益为 $G\approx(\pi D_{\text{R}}/\lambda)^2$。因此，增益与工作波长成反比，需要设计更低的工作波长以获得更多的增益。然而，系统的波束宽度正比于 λ/D。这意味着在较低的工作波长下，波束宽度将变窄，导致指向误差增加。因此，必须在更高的天线增益和由于指向误差而导致的信号衰减之间进行折中考虑。

（3）大气吸收和散射。大气吸收和散射取决于工作波长的选择。当光束在大气中传播时，它可能被大气中的组分颗粒吸收或散射，只有主吸收带外的波长

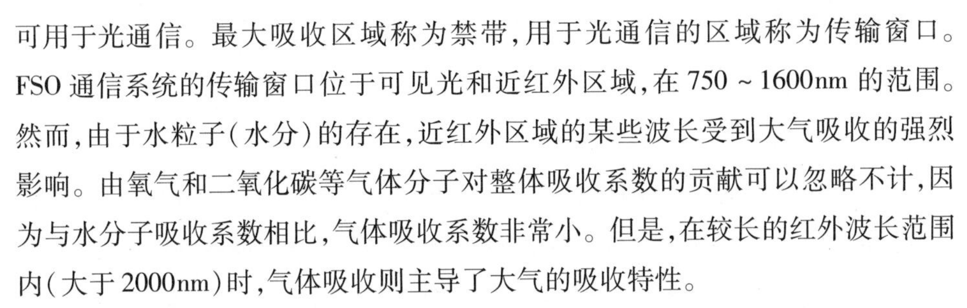

可用于光通信。最大吸收区域称为禁带，用于光通信的区域称为传输窗口。FSO 通信系统的传输窗口位于可见光和近红外区域，在 750 ~ 1600nm 的范围。然而，由于水粒子（水分）的存在，近红外区域的某些波长受到大气吸收的强烈影响。由氧气和二氧化碳等气体分子对整体吸收系数的贡献可以忽略不计，因为与水分子吸收系数相比，气体吸收系数非常小。但是，在较长的红外波长范围内（大于 2000nm）时，气体吸收则主导了大气的吸收特性。

有几个传输窗口在 750 ~ 1600nm 之间几乎是可透明传输的，分别是 850nm、1060nm、1250nm 和 1550nm。850nm 和 1064nm 的特点是处于低衰减窗口，使用可靠且便宜的发射机和接收机组件即可。然而，在 1064nm 处通常优选 Nd/YAG 激光器。1250nm 窗口很少使用，因为在 1290nm 处的大气吸收急剧增加，留下的可用带宽非常小。

1550nm 非常适合高质量、低衰减传输，该范围内的组件易于使用且可靠性高。接收机输出处的背景噪声随着工作波长的增加而减小，因此 1550nm 波长不易受背景噪声的影响。

（4）探测器灵敏度。PIN 探测器的灵敏度由其探测效率决定。在使用 APD 的情况下，探测灵敏度取决于增益 $\mathcal{M}$、量子效率 η 和过量噪声因子 F。优良的 APD 探测器应具有高增益、大带宽、高效率和低过剩噪声系数等特点。但是，探测器的可用性受工作波长的限制。例如，硅探测器可以提供非常高的增益带宽和低过剩噪声系数，但是它们在 1500nm 处的探测灵敏度很低。

3.4.2　发射天线孔径

FSO 链路的功率效率取决于发射机和接收机的孔径面积。为了降低发射功率需求，系统需要更大的接收机孔径尺寸。但是，接收机孔径面积不能无限增加，因为它会增加背景噪声并导致终端重量的增加。此外，天线面积的大小影响指向要求。由于激光波束宽度与发射机孔径直径成反比，所以较大的孔径尺寸需要更精确的指向精度和更高的指向误差灵敏度。因此，为了提高 FSO 通信系统的功率效率必须做出最佳的孔径选择。

3.4.3 接收机带宽

在带通滤波器(BPF)的辅助下,通过降低背景噪声可以提高 FSO 链路性能。滤波器带宽应足以传递信息信号而无任何失真。滤波器带宽不应该很宽;否则会增加系统背景噪声。因此,考虑到实际限制,应设计具有适当带宽的 BPF。表 3.5 给出了 FSO 链路设计中要考虑的各种参数。

表 3.5 FSO 链路设计的参数

序号	链接预算	参 数
1	发射机参数	工作波长
		发射功率
		发射机孔径面积
		发射机光学效率
		发射机天线增益
2	信道损失和噪声	指向损失
		大气损失
		闪烁损失
		大气背景噪声
		自由空间损失
3.	接收机参数	接收机孔径面积
		接收机灵敏度
		接收机光学效率
		接收机探测器视场
		接收机天线增益
		窄带 BPF 的带宽
		光学后置放大器和前置放大器发射噪声,即 ASE 噪声

3.5 小结

FSO 通信系统的性能直接取决于链路设计中使用的光发射机、光调制器、光放大器和光接收机等光器件的效率和灵敏度。本章讨论了这些光学元件和相关噪声源的基本特性,介绍了使用各种调制格式的直接探测(平均功率限制)和相干探测(高功效)的接收机。针对 PSK、FSK 和 OOK 调制格式和 PIN 和 APD 接收机评估了所需的最小平均光功率,即用于在特定数据率下实现给定性能的接收机灵敏度。为了对 FSO 通信系统的设计提供深入、指标均衡的理解,讨论了链路设计权衡与折中。

参考文献

1. J. M. Budinger, M. J. Vanderaar, P. K. Wagner, S. B. Bibyk, Combinatorial pulse position modulation for power - efficient free - space laser communications, in Proceedings of SPIE (1993), pp. 214 - 225
2. A. Farrell, M. Furst, E. Hagley, T. Lucatorto et al., Surface and exo - atmospheric solar measurements. Technical report, Physical Measurement Laboratory
3. Z. Z. Ghassemlooy, A. R. Hayes, B. Wilson, Reducing the effects of intersymbol interference in diffuse DPIM optical wireless communications. Optoelectron. IEE Proc. 150 (5), 445 - 452 (2003)
4. H. Hemmati, *Near Earth Laser Communications* (CRC Press/Taylor & Francis Group, Boca Raton, 2009)
5. V. K. Jain, Effect of background noise in space optical communication systems. *Int. J. Electron. Commun.* (*AEÜ*) 47(2), 98 - 107 (1993)
6. S. G. Lambert, W. L. Casey, *Laser Communication in Space* (Artech House, Boston, 1995)
7. W. R. Leeb, Degradation of signal - to - noise in optical free space data link due to background illumination. Appl. Opt. 28, 3443 - 3449 (1989)

8. T. Ohtsuki, I. Sasase, S. Mori, Lower bounds on capacity and cutoff rate of differential overlapping pulse position modulation in optical direct – detection channel. IEICE Trans. Commun. E77 – B, 1230 – 1237 (1994)

9. Practical uses and applications of electro – optic modulators. NEW FOCUS, Inc, Application Note 2. [Weblink: https://www. newport. com/n/practical – uses – and – applications – of – electro – optic – modulators]

10. R. Ramaswani, K. N. Sivarajan, *Optical Networks: A Practical Perspective* (Morgan Kaufmann, San Francisco, 2002)

11. D. Shiu, J. M. Kahn, Differential pulse – position modulation for power efficient optical communication. IEEE Trans. Commun. 47(8), 1201 – 1210 (1999)

12. P. J. Winzer, A. Kalmar, W. R. Leeb, Role of amplifed spontaneous emission in optical free – space communication links with optical amplifcation – impact on isolation and data transmission and utilization for pointing, acquisition, and tracking. Proc. SPIE Free – Space Laser Commun. Technol. XI 3615, 134 (1999)

第 4 章

捕获跟踪对准技术

4.1 链路捕获体系

在空间中捕获卫星光通信终端的窄激光束并建立链路是一项非常困难的任务。在数据开始传输之前,地面接收终端首先需要建立到卫星的视距(LOS)链路。可以使用较宽光束发散角的信标激光信号来辅助实现,在接收机的不确定区域内(以 mrad 量级)进行搜索扫描。不确定性区域通常大于检测所需的光束发散角。随后,由卫星光通信终端在其视场(FOV)中搜索地面信标信号,并最终获取信标光信号。以上过程需在焦点像素阵列(FPA)的辅助下完成,FPA 具有足够宽的视场可以覆盖全部搜索视场。因此,接收终端不需要扫描其自身的不确定区域来获取信标信号,减少了链路捕获时间。

卫星一旦接收到信号,卫星上的逻辑控制器首先开始缩小视场,直到星地两个系统锁定到彼此的信号;然后逻辑控制器命令光束控制元件保持并锁定在探测器[1]上接收到的光信号。此时激活闭环跟踪系统,星载终端激光器打开并建立下行链路。下行波束由地面接收机捕获以完成链路建立过程,一旦链路建立,就可以从星载终端发起数据传输。为了实现建链时间最小化并提高系统效率,双方发射的窄激光束应与接收机视场同步转向或指向。如果发射机激光束发散角度大于接收机视场,将会导致能量损失。如果激光束发散角度比接收机视场窄,则会增加链路捕获时间。因此,为了缩短链路捕获时间,需要高效的链路捕获流程保证在接收机视场内的快速搜索。

信标光和信号光的接收都是在 FPA 的辅助下完成的,FPA 可在两种模式下工作。在接收信标光时,它以“凝视”模式运行,在该模式下,它可以检测入射光束并连续监测探测器阵列中的每个像素。当接收信号光时,它被切换到“数据接收模式”,其中只有落在那些信标光在 FPA 上成像区域内的信号光像素点被有效检测,这些像素的输出被预放大并发送到数据检测电路。由于此时其他像素都未被光电转换,因此 FPA 可以用作高速和低噪声接收机。图 4.1 描述了链路建立的分阶段过程,即建立地面站(发起方)和星载激光终端(目标方)之间的链接过程。

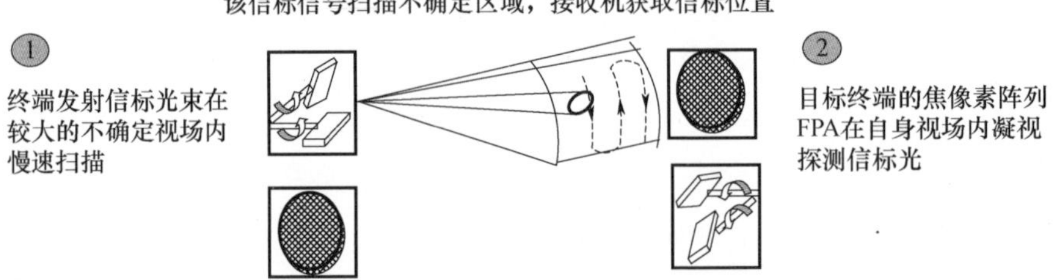

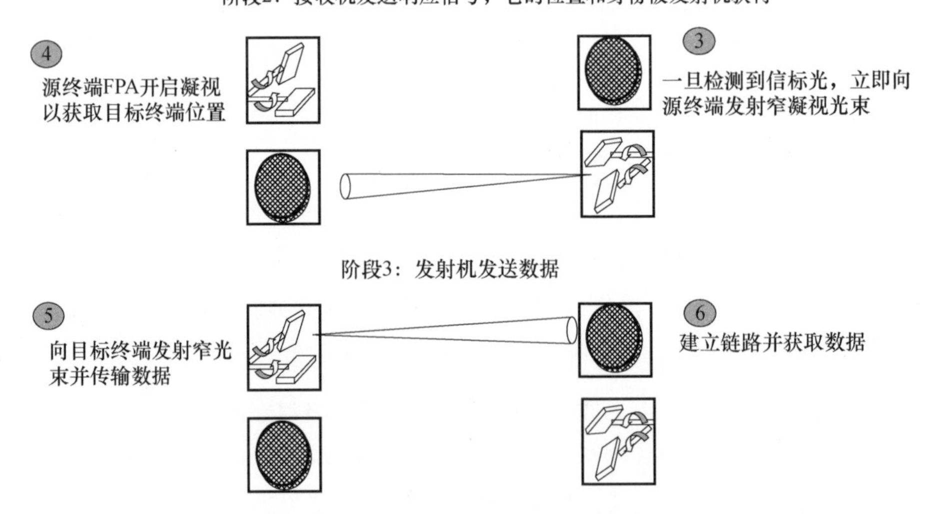

图 4.1　发起方和目标方之间建立链路的概念图

在 ATP 系统中有一个重要的概念,即“提前瞄准角”(PAA)[2]。这是由两个终端之间的相对运动角速度产生的星间或星地激光通信的关键参数之一。借助星历表数据(卫星依据轨道方程得出的位置),可以高精度地实现 PAA 角度。

如图 4.2 所示,PAA 可以纠正相对 LOS,使传输信号直达目标终端。图 4.3 描述了 PAA 的工作原理。在图 4.3 中,来自激光器的信号射入二维光束偏转镜。反射光离开光束偏转镜后,经过分光镜,大部分信号再通过望远镜发射出去。通过分光镜的一小部分信号前进到后向反射器。回射信号按原路返回并聚焦在 FPA 上形成图像。该图像表示相对于望远镜轴线的输出激光束的方向。在距离地面站 R 处,PAA 可表达如下:

$$\mathrm{PAA} = \underbrace{\frac{2R}{c}}_{\text{往返时间}} \times \frac{\text{径向速度分量}}{R} \tag{4.1}$$

式中:c 为光速。

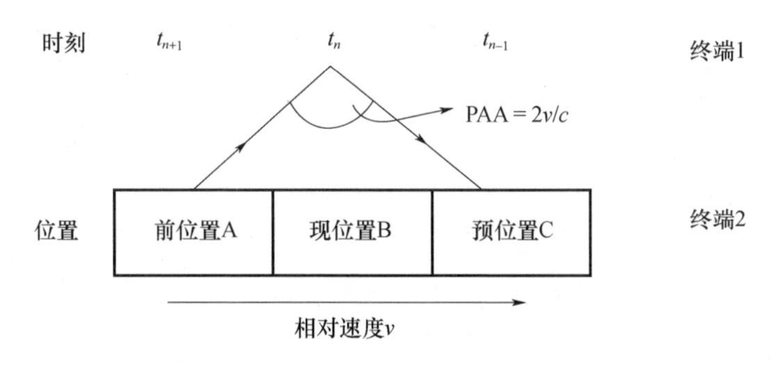

图 4.2　PAA 的概念

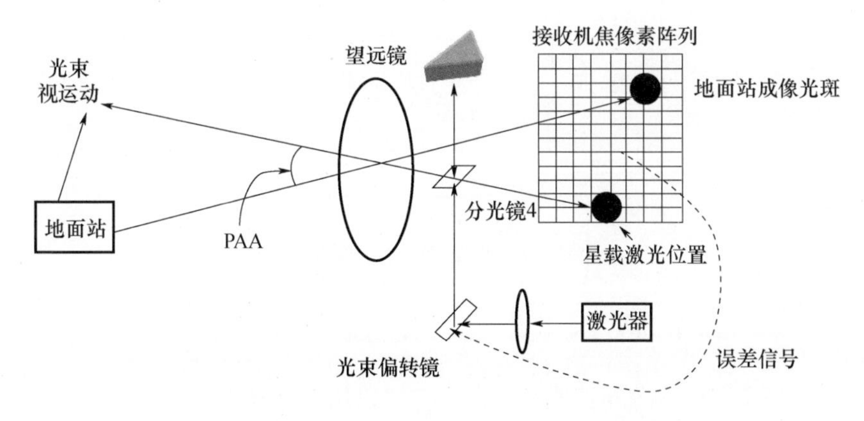

图 4.3　FSO 通信系统中 PAA 的工作原理

从上面分析可以看出,PAA 与卫星终端和地面站之间的距离无关。如果 LEO 卫星以 7km/h 的速度移动,则 PAA 将接近 50μrad。

为此,需要扫描系统快速扫描入射光束和接收机视场。以下各小节将讨论捕获链路时涉及的问题。

4.1.1 捕获不确定区域

捕获过程需要搜索不确定区域以定位并建立地面站与遥远卫星终端之间的链路。如果不确定区域很大并且光束发散角很窄会产生系统无法接受的漫长的建链时间。以立体角表示的初始不确定区域是根据不同的误差组合估计得到的[3-4]。这些误差包括卫星导航系统中姿态和星历不确定性的各种组合,并表现为方位角和俯仰角的不确定性。图 4.4 给出了不确定区域的各种组成因素及其典型值,这些组成因素之间本质上通常是不相关的和随机的。根据这些典型值,可得到以立体角表示的不确定区域大约为 1mrad。

由于链路捕获过程是一个统计过程,因此需要一个合适的数学模型来确定单次扫描的捕获概率和平均捕获时间,包括卫星位置的分布和扫描时间。

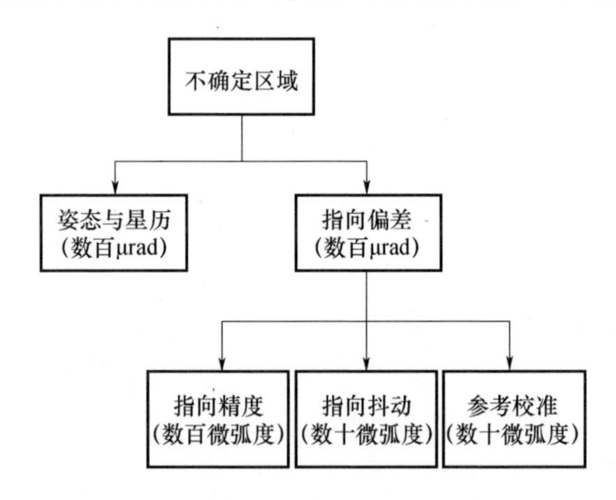

图 4.4　星地 FSO 链路捕获中初始不确定区域预算相关因素

由卫星位置概率分布造成的指向误差可以用俯仰和方位不确定性的高斯分布统计来描述[5]。正态分布的俯仰指向误差角的 PDF 为

$$f(\theta_{\mathrm{V}})=\frac{1}{\sqrt{2\pi}\sigma_{\mathrm{V}}}\exp\left[-\frac{(\theta_{\mathrm{V}}-\mu_{\mathrm{V}})^2}{2\sigma_{\mathrm{V}}^2}\right] \tag{4.2}$$

式中：θ_{V}为俯仰角指向误差；μ_{V}为平均值；σ_{V}为标准差。

方位角指向误差的PDF由下式给出，即

$$f(\theta_{\mathrm{H}})=\frac{1}{\sqrt{2\pi}\sigma_{\mathrm{H}}}\exp\left[-\frac{(\theta_{\mathrm{H}}-\mu_{\mathrm{H}})^2}{2\sigma_{\mathrm{H}}^2}\right] \tag{4.3}$$

式中：θ_{H}为方位角指向误差角；μ_{H}为平均值；σ_{H}为标准差。

径向指向误差（无偏差）是俯仰角θ_{V}和方位角θ_{H}角度的根和平方，即

$$\theta=\sqrt{\theta_{\mathrm{H}}^2+\theta_{\mathrm{V}}^2} \tag{4.4}$$

为了简单起见，假设俯仰角和方位角的标准差相等，即

$$\sigma_\theta=\sigma_{\mathrm{V}}=\sigma_{\mathrm{H}} \tag{4.5}$$

式中：σ_θ为指向误差的标准差。

此外，假设方位角和俯仰角是零均值随机过程，具有独立同分布性质，则径向指向误差可表示为由文献[6]给出的Rician密度分布函数，即

$$f(\theta,\phi)=\frac{\theta}{\sigma_\theta^2}\exp\left(-\frac{\theta^2+\phi^2}{2\sigma_\theta^2}\right)I_0\left(\frac{\theta\phi}{\sigma_\theta^2}\right) \tag{4.6}$$

式中：I_0为零阶修正贝塞尔函数；ϕ为中心偏差角。

当$\phi=0°$时，式(4.6)转化为指向误差角的瑞利(Rayleigh)分布函数，由文献[6]给出，即得

$$f(\theta)=\frac{\theta}{\sigma_\theta^2}\exp\left(-\frac{\theta^2}{2\sigma_\theta^2}\right) \tag{4.7}$$

瑞利分布函数可用于评估捕获概率。扫描目标卫星的不确定区域大小称为不确定性发射场(FOU)，它决定了捕获概率，而FOU的大小通常取决于目标卫星的位置偏差。为了使捕获的可能性达到可接受的水平并缩短捕获时间，选择FOU的最佳值至关重要。捕获概率可定义为

$$P_{\mathrm{acq}}=\int_0^{\theta_{\mathrm{U}}}f(\theta)\,\mathrm{d}\theta=1-\exp\left(-\frac{\theta_{\mathrm{U}}^2}{2\sigma^2}\right) \tag{4.8}$$

式中：θ_{U}为FOU的½。

在图4.5中，每个散射点表示发射机FOU中卫星的可能位置，实线表示在

θ_U/σ 为自变量的相应获取概率。从图 4.5 中可以看出，为了获得高捕获概率，$\theta_U/\sigma=3$。因此，工程师一般将捕获系统设计为按照 3σ 量级捕获概率进行单次扫描。

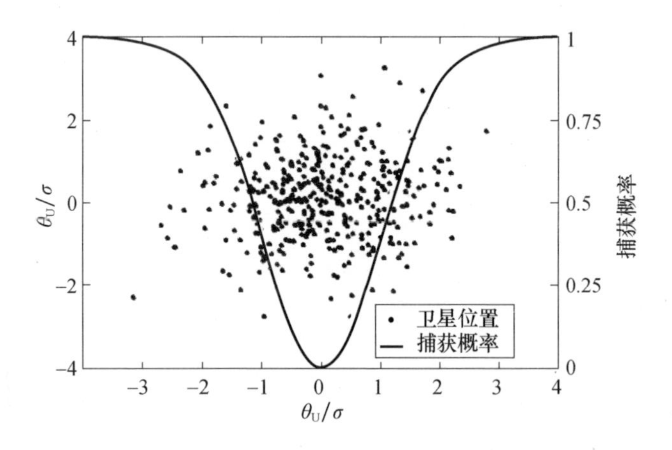

图 4.5　捕获概率与不确定区半宽比和卫星位置偏差[7]比值函数关系

4.1.2　扫描技术

扫描有多种方式，最常见的扫描技术是螺旋扫描和光栅扫描。螺旋扫描可以进一步分为连续螺旋、阶梯螺旋、分段螺旋和多螺旋。下面详细介绍这些扫描技术。

(1)连续螺旋扫描。螺旋扫描是最有效的空间捕获技术，因为它很容易实现。螺旋扫描的轨迹可以在极坐标中可表示为

$$r_s=\frac{L_\theta}{2\pi}\theta_s \tag{4.9}$$

式中：L_θ为扫描步长，扫描步长与信标光束发散角 θ_{div} 的关系为 $L_\theta=\theta_{div}(1-F_0)$，$F_0$为重叠因子。

从式(4.9)可以清楚地看出，随着光束发散角的增加，扫描步长也相应增加，螺旋扫描的轨迹也增加，从而缩短了捕获时间。然而光束发散角的增加就需要增大发射功率和大型望远镜，这会增加系统成本和复杂度。图 4.6 显示了连续螺旋扫描模式。

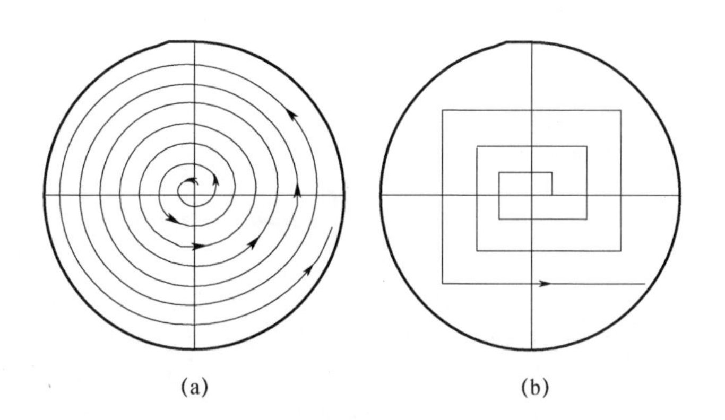

图4.6　螺旋扫描模式

(a)连续螺旋扫描;(b)阶梯螺旋扫描。

从初始点(0,0)到点(r,s)的扫描时间可表示为

$$T(r_s) \approx \frac{\pi\theta_s^2}{L_\theta^2} T_{\text{dwell}} \tag{4.10}$$

式中:T_{dwell}为每个点上的停留时间,可由下式定义,即

$$T_{\text{dwell}} = T_R + \frac{2R}{c} \tag{4.11}$$

式中:T_R为接收机捕获系统的响应时间;R 为链路距离; c 为光在真空中的速度。

联立式(4.10)和式(4.11),FOU 的总扫描时间可由下式给出,即

$$T_U(\theta) \approx \frac{\pi\theta_U^2}{L_\theta^2}\left(T_R + \frac{2R}{c}\right) \tag{4.12}$$

单次扫描捕获时间应该根据卫星位置的 PDF 进行取均值处理,由下式给出,即

$$T_{ss} = \int_0^{\theta_U} T(\theta) f(\theta)\,\mathrm{d}\theta \tag{4.13}$$

将式(4.7)和式(4.12)代入式(4.13),可得

$$T_{ss} = \frac{2\pi\sigma_\theta^2}{L_\theta^2}\left[1 - \left(\frac{\theta_U^2}{2\sigma^2} + 1\right)\exp\left(\frac{\theta_U^2}{2\sigma^2}\right)\right] T_{\text{dwell}} \tag{4.14}$$

式(4.14)表明,捕获时间是停留时间 T_{dwell}、扫描步长 L_θ、指向误差 σ_θ的函数。捕获时间随 FOU 的变化如图 4.7 所示。

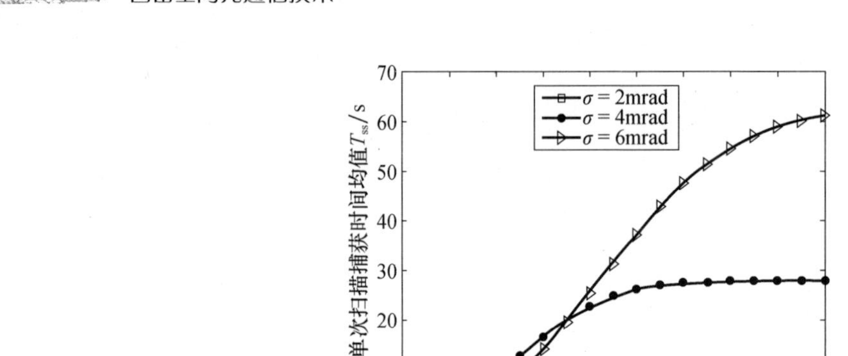

图 4.7　单次扫描捕获时间平均值随视场不确定变化关系

(2)阶梯螺旋扫描。这是连续螺旋扫描的一种变体,光束变成尖角状态扫描不确定区域。在这种情况下,步长 L_θ 由光束发散角、重叠因子和不确定性区域决定。与连续螺旋扫描一样,阶梯螺旋扫描也需要恒定的线性电压控制,以便在不确定区域上向外侧进行小步长扫描。

(3)分段螺旋扫描。在这种情况下,扫描分为总不确定区域的分段扫描。首先扫描目标检测概率最高的不确定区域的中心以减少扫描时间。扫描模式如图 4.8 所示。

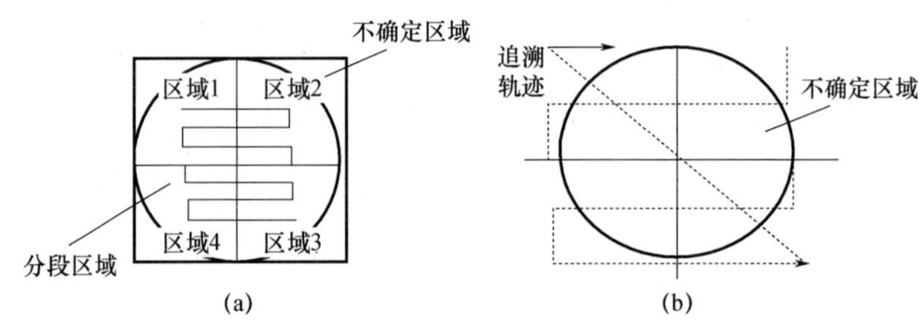

图 4.8　分段扫描和光栅扫描

(a)分段扫描;(b)光栅扫描。

(4)光栅扫描。在这种方法中,不确定区域在边缘扫描,因此增加了捕获时间。光栅扫描涉及整个范围内先只扫描一个轴,另一个轴采取步进式扫描。扫描完全部不确定区域后,扫描光束会返回到与图 4.8 所示相同的位置,这种扫描技术的效率低于螺旋扫描。

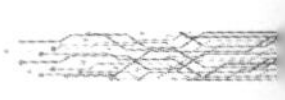

4.1.3　捕获方法

捕获过程可以用多种方式实现,即凝视/凝视、凝视/扫描、扫描/扫描和扫描/凝视等。简要介绍如下。

1. 凝视/凝视方法

在这种方法中,激光束发散角需达到足够辐射整个不确定区域。同时,接收机视场需达到足够查看整个不确定区域。当链路捕获时,捕获概率等于检测概率和统计区域覆盖率的乘积,即 $P_{acq}=P_{det}P_{area}$。由于通常发射终端没有足够的激光功率来保证发射波束覆盖到整个不确定区域上,导致这种方法仅适用于短距离,不适用于星地链路通信。

2. 凝视/扫描方法

这种方法由接收机视场保持凝视状态,窄激光束在不确定区域上进行扫描。一个终端(发起终端,即终端A)通过发送信标信号缓慢扫描初始不确定区域,同时目标终端(如终端B)在其视场上搜索信标信号。一旦检测到信标信号,终端B向终端A发送返回信号,终端A在检测到返回链路时停止捕获扫描。这个过程如图4.9所示。由于使用窄激光束照射不确定区域,因此可以提供足够的激光功率以实现信号的可检测性。其捕获概率与凝视/凝视技术相同,但链路捕获不会即时发生。获取目标的时间可表示为[8]

$$t_{acq(stare/scan)}\approx\left(\frac{\theta_{unc}^2}{\theta_{div}^2\xi_t}\right)T_{dwell}N_t \tag{4.15}$$

式中:θ_{unc}为以立体角表示的不确定区域;θ_{div}为发射激光源的光束发散角;T_{dwell}为任意位置的发射光束停留时间;N_t为总的区域重复扫描次数。

参数ξ_t作为设计人员添加到波束中的冗余设计因子,可提供一些针对高频抖动波动的额外安全裕度。安全裕度是按照扫描速率顺序在波束上增加重叠区域来保证的。当重叠率为10%~15%时,ξ_t可表示为

$$\xi_t=(1-\varepsilon)^2 \tag{4.16}$$

式中:ε为重叠因子,且有$\varepsilon\leqslant1$。

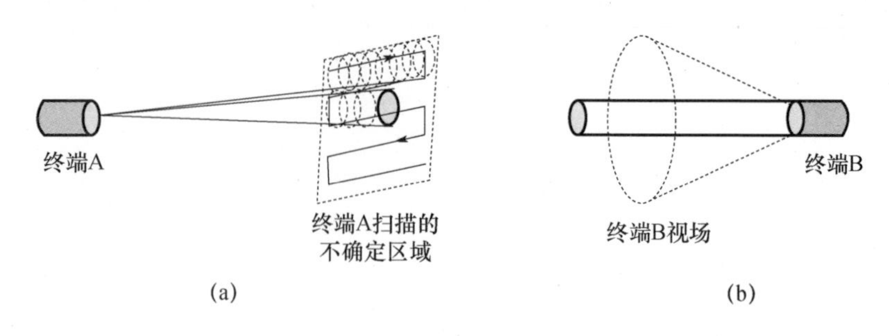

图 4.9　静态/扫描捕获技术

(其中一个终端(终端 A)缓慢扫描其发射信号,而另一个终端(终端 B)扫描整个不确定区域)

3. 扫描/扫描方法

在扫描/扫描方法中,发射机光束和接收机视场同时进行扫描。因为两个终端可同时发送信标光对不确定区域进行快速扫描,因此该技术也称为并行扫描。此方法适用于只有一个终端且具有较小的初始指向不确定性的情况。然而,在相同不确定区域(立体角)与接收视场比例的情况下,由于这种方式要求扫描接收机视场,从而增加了捕获时间,所以该技术很少使用。捕获概率与凝视/凝视方法相同。这种情况下捕获时间为[8]

$$t_{\mathrm{acq(scan/scan)}} \approx \left[\frac{\theta_{\mathrm{unc}}^2}{\theta_{\mathrm{div}}^2 \xi_{\mathrm{t}}}\right] T_{\mathrm{dwell}} N_{\mathrm{t}} \left[\frac{\theta_{\mathrm{unc}}^2}{\theta_{\mathrm{FOV}}^2 \xi_{\mathrm{r}}}\right] R_{\mathrm{dwell}} N_{\mathrm{r}} \tag{4.17}$$

式中:θ_{unc}、θ_{div}、T_{dwell}、N_{t}和ξ_{t}与上面讨论的凝视/扫描方法中的定义相同;θ_{FOV}为接收机的视场角;ξ_{t}为接收机视场扫描重叠率;R_{dwell}为接收机扫描停留时间;N_{r}为接收机扫描重复次数。

4. 扫描/凝视方法

扫描/凝视方法中,接收机视场进行扫描而发射机进行凝视,该技术很少使用。同样地,宽束散角的发散光束无法在接收机处聚焦足够的激光功率。因此,该技术不适合长途通信。在这种情况下,捕获时间为[8]

$$t_{\mathrm{acq(scan/stare)}} \approx \left[\frac{\theta_{\mathrm{unc}}^2}{\theta_{\mathrm{FOV}}^2 \xi_{\mathrm{r}}}\right] R_{\mathrm{dwell}} N_{\mathrm{r}} \tag{4.18}$$

式中:所有参数与扫描/扫描方式中的定义相同。

综上所述,因为发射扫描信号可以在接收机处聚焦足够的可检测功率,凝视/扫描技术非常适合星地上行链路激光通信。

4.1.4　光束发散与捕获功率阈值

捕获流程由两个步骤组成。首先,远场的卫星终端上必须接收足够的信号功率进行初始检测;其次,要有足够的接收能量才能开启闭环跟踪。如果系统设计的光束发散角大于实际捕获目标所需的最小光束发散角,那么必须有足够的信号能量使系统可以顺利过渡到窄光束跟踪状态。另外,小光束发散角会导致捕获时间增加。光束发散角的范围由系统所需的捕获时间和光电转换功率的余量决定。因此,波束发散角的选择对系统在所需捕获时间内有足够的接收信号能量对目标进行初始检测并平稳过渡到窄波束跟踪状态非常关键[9-11]。选定的光束发散角必须能够满足捕获时间的限制;否则需要重新检查系统指标需求,并根据需要修改捕获时间。对于如星地链路之类的长距离激光通信,窄波束发散角可满足接收机处的最小检测功率。但是,同时窄光束发散角会使远场激光辐照分布区域由于轻微的未对准而偏离接收机,进而产生信号损失。而且窄发射角情况需要更多的时间去扫描给定的不确定区域,增加捕获时间。因此,合理选择波束发散角和激光发射功率能够提高 FSO 通信系统在接收机端的 SNR、捕获时间和指向损耗等多方面的性能指标[12-13]。

4.2　跟踪与指向对准的系统需求

跟踪和指向误差在 FSO 通信系统的性能中起着非常重要的作用。总指向误差可以建模为两个满足高斯分布的随机变量,即跟踪误差和提前指向误差的总和,它们的值应达到微弧度量级才能实现最佳系统性能。产生跟踪误差的主要原因是捕获过程中的跟踪系统角度抖动。除了角度抖动外,另一个噪声源为万向器系统的残余抖动,该抖动无法通过快速光束偏转镜跟踪。

ATP 利用内部指向单元来控制和实现 PAA。4.1 节已讨论过 PAA 的概念,即用于补偿两颗相对高速运动卫星之间的长途信号发射时间。与跟踪系统一样,由这些内部指向单元给出的角度位置的反馈具有一些残余的噪声等效角

(NEA)。指向系统中的另一个误差来源是发射终端和接收终端之间的对准偏移。由于 PAA 和对准偏移而产生的这些误差通常很小。ATP 系统中的总指向误差如图 4.10 所示。

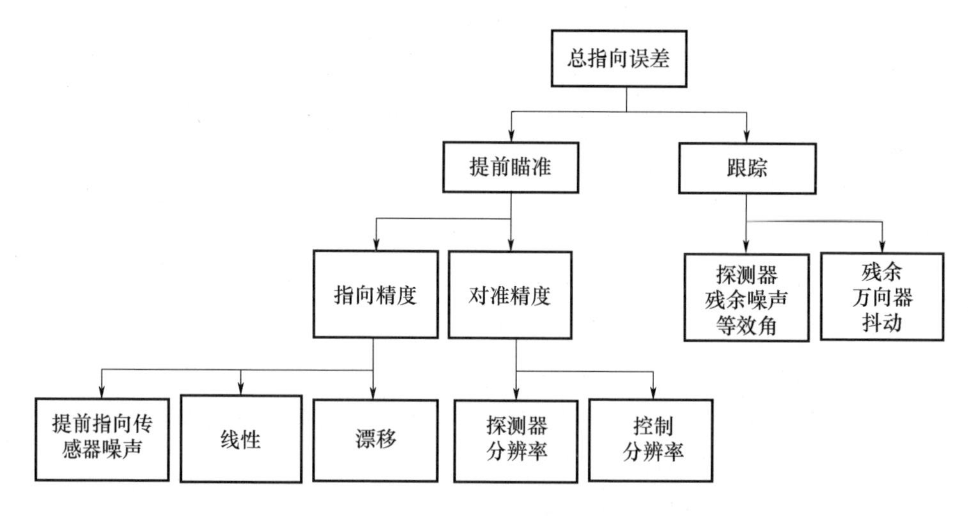

图 4.10　ATP 系统中的总指向误差组成框图

大多数 FSO 通信系统使用象限探测器(探测器分为 4 个相等的扇区),即四象限雪崩光电探测器(QAPD)或象限 P - intrinsic(QPIN)光电探测器。由象限探测器产生的方位角和俯仰角跟踪信号(图 4.11)由下式给出,即

$$\text{方位信号} = \frac{A + B - C - D}{A + B + C + D} \tag{4.19}$$

$$\text{俯仰信号} = \frac{A + C - B - D}{A + B + C + D} \tag{4.20}$$

式中:A、B、C 和 D 为象限信号电平。

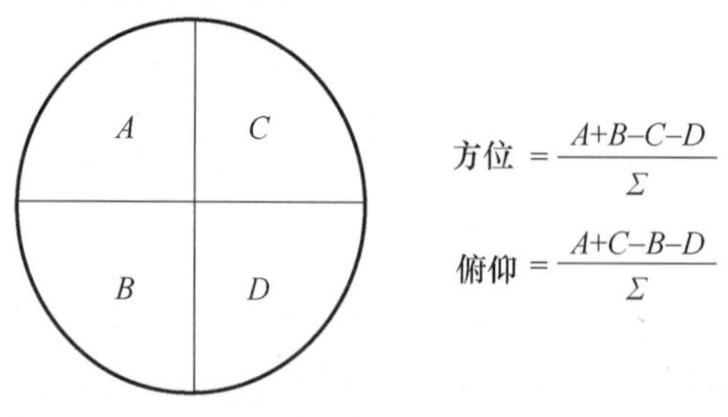

图 4.11　象限探测器

 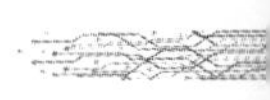

式(4.19)和式(4.20)表示没有噪声信号时的方位角和俯仰角信号。但是,当跟踪系统中存在噪声时,式(4.19)和式(4.20)可以修改为

$$\text{方位信号}=\frac{(A+N_{\mathrm{A}})+(B+N_{\mathrm{B}})-(C+N_{\mathrm{C}})-(D+N_{\mathrm{D}})}{A+B+C+D+N_{\mathrm{A}}+N_{\mathrm{B}}+N_{\mathrm{C}}+N_{\mathrm{D}}} \tag{4.21}$$

$$\text{俯仰信号}=\frac{(A+N_{\mathrm{A}})+(C+N_{\mathrm{C}})-(B+N_{\mathrm{B}})-(D+N_{\mathrm{D}})}{A+B+C+D+N_{\mathrm{A}}+N_{\mathrm{B}}+N_{\mathrm{C}}+N_{\mathrm{D}}} \tag{4.22}$$

式中:N_{A}、N_{B}、N_{C}和N_{D}为象限噪声信号电平。

当SNR足够大时,式(4.21)和式(4.22)可以改写为[8]

$$\text{方位信号(AZ)}=f(x)+\frac{N_{\mathrm{A}}+N_{\mathrm{B}}-N_{\mathrm{C}}-N_{\mathrm{D}}}{\Sigma} \tag{4.23}$$

$$\text{俯仰信号(EL)}=f(y)+\frac{N_{\mathrm{A}}+N_{\mathrm{C}}-N_{\mathrm{B}}-N_{\mathrm{D}}}{\Sigma} \tag{4.24}$$

式中:Σ为A、B、C和D的总和;$f(x)$、$f(y)$为由下式给出的象限差信号,即

$$f(x)=\frac{A+B-C-D}{\Sigma} \tag{4.25}$$

$$f(y)=\frac{A+C-B-D}{\Sigma} \tag{4.26}$$

假设式(4.23)和式(4.24)中每个噪声项的均值为零,则方位角和俯仰角信号的期望值为

$$E[\mathrm{AZ}]=f(x) \tag{4.27}$$

$$E[\mathrm{EL}]=f(y) \tag{4.28}$$

式中:$E[\ ]$表示期望值。

因此,式(4.27)和式(4.28)可分别表示为

$$\sigma_{\mathrm{AZ}}^2=E[AZ^2]-[E[AZ]]^2 \tag{4.29}$$

$$\sigma_{\mathrm{AZ}}^2=E[f(x)\cdot f(x)]+\frac{E[N_{\mathrm{A}}^2]+E[N_{\mathrm{B}}^2]+E[N_{\mathrm{C}}^2]+E[N_{\mathrm{D}}^2]}{\Sigma^2}-E^2[f(x)] \tag{4.30}$$

因为$f(x)$是统计独立的,则

$$\sigma_{\mathrm{AZ}}^2=\frac{E[N_{\mathrm{A}}^2]+E[N_{\mathrm{B}}^2]+E[N_{\mathrm{C}}^2]+E[N_{\mathrm{D}}^2]}{\Sigma^2} \tag{4.31}$$

由于理想的噪声项期望值与方差相等,因此式(4.30)和式(4.31)可以改

写为

$$\sigma_{\mathrm{AZ}}^{2}=\frac{\sigma_{\mathrm{A}}^{2}+\sigma_{\mathrm{B}}^{2}+\sigma_{\mathrm{C}}^{2}+\sigma_{\mathrm{D}}^{2}}{\Sigma^{2}} \tag{4.32}$$

假设所有噪声项的方差相等,则式(4.32)可以改写为

$$\sigma_{\mathrm{AZ}}^{2}=\frac{4\sigma_{N}^{2}}{\Sigma^{2}} \tag{4.33}$$

式中:σ_{N}^{2} 为每个象限中的噪声方差。

以此类推,俯仰角的方差由下式给出,即

$$\sigma_{\mathrm{EL}}^{2}=\frac{4\sigma_{N}^{2}}{\Sigma^{2}} \tag{4.34}$$

从式(4.33)和式(4.34)可以看出,分子是总噪声功率均方和,分母是总信号功率均方和,因此它的均方值可以写成 SNR 的倒数,即

$$\sigma_{\mathrm{track-rms}}^{2}\approx\frac{1}{\mathrm{SNR}} \tag{4.35}$$

均方根可写为

$$\sigma_{\mathrm{track-rms}}=\frac{1}{\sqrt{\mathrm{SNR}}} \tag{4.36}$$

式(4.36)中的 SNR 是跟踪信号带宽中的信噪比;$\sigma_{\mathrm{track-rms}}$也称为跟踪系统的 NEA 值。该均方根噪声电压可以转换为角度形式,需要乘以式(4.36),由电压转角传递函数给出[8],即

$$\sigma_{\mathrm{track-rms}}=\frac{1}{\mathrm{SF}\cdot\sqrt{\mathrm{SNR}}} \tag{4.37}$$

式中:SF 为将角偏移转换为线性电压的跟踪系统角度斜率因子。

通过艾里(Airy)分布和高斯强度分布已可对斜率因子进行估计。在艾里分布和高斯强度模式下可表示为

$$\mathrm{SF}=\begin{cases}\dfrac{4.14}{\theta_{\mathrm{S}}},\text{艾里分布}\\[2ex]\dfrac{1.56}{\theta_{\mathrm{S}}},\text{高斯分布}\end{cases} \tag{4.38}$$

式中:θ_{S}为光源直径(rad)。

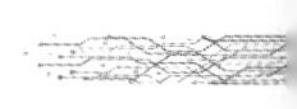

4.3 ATP 系统集成

为了在地面站和卫星之间建立光通信链路，需要使用 ATP 系统，借助多个光学机构、光学/机械传感器和波束偏转镜来捕获和跟踪信标信号，以实现亚微弧度水平的指向精度。为了在地面站和卫星终端之间建立精确的激光链路，必须引入一些指向参考目标或参考点。指向参考可以是激光下行链路波束或上行链路信标光信号。在实际数据传输之前，ATP 系统首先发送参考信标信号以扫描不确定区域。信标信号应具有足够的峰值功率和低脉冲速率，使得目标接收机在大气湍流和大背景辐射条件下定位波束，粗跟踪系统在捕获模式下以大视场角条件运行。目标接收机持续在其视场上搜索信标信号，一旦检测到上行链路信标信号，目标接收机将返回信号发送到地面站，以便从宽的捕获波束切换到窄的跟踪和指向波束。以上过程需借助指向系统和光束转向镜来完成。

图 4.12 介绍了 ATP 系统的基本概念。来自地面站的上行链路信号在望远镜光学系统中捕获汇聚并传输给分束器 1，该分束器将所有输入信号反射到分束器 2，分束器 2 进一步将信号根据输入波长传送至通信探测器或 ATP 子系统。在信标光情况下，分束器 3 将地面站的图像聚焦到 FPA 上的一个点。FPA 接收阵列上这一点的位置表示接收到的信标信号相对于望远镜的轴向（阵列中心）位置。FPA 的大小决定了望远镜的视场，因此 FPA 尺寸必须足够大以满足初始指向不确定性带来的约束。此时，地面站相对于卫星的位置在 FPA 上被捕获到。下一步通过建立 LOS 链路，将星载激光器发出的光束引导至地面接收机。这要求必须精确控制光束偏转反射镜的角度，保证在该角度下发射光和接收光的信号光轴一致。光束偏转镜的角度控制是由误差信号来控制的，误差信号是星载激光通信终端位置与地面站发射的信标信号之间的指向差值。误差信号将持续地驱动波束偏转镜直至达到最小的指向差值，此时星载终端和地面站激光发射机完成双向对准。

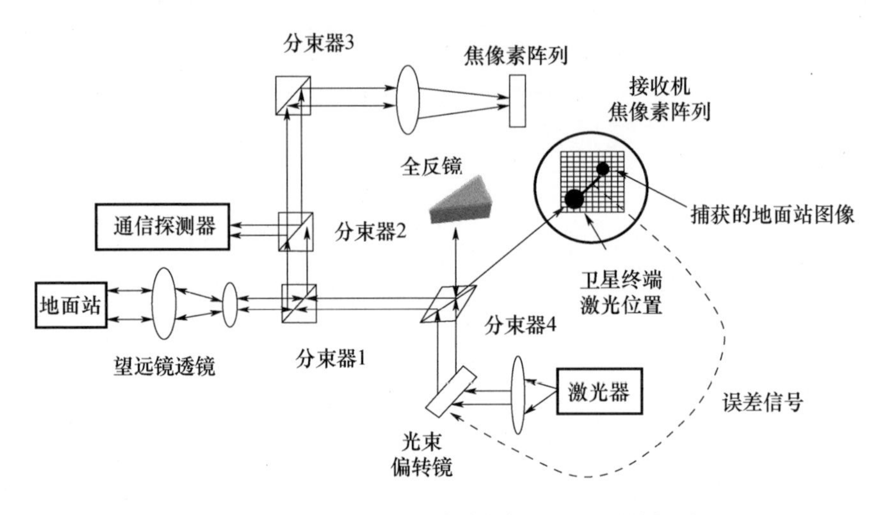

图 4.12　地面站和卫星终端之间的 ATP 系统框图

4.4　ATP 链路预算

为了对 ATP 系统进行链路预算，需要知道在各种大气损耗和各种噪声源影响下的激光信号发射功率。对于捕获和跟踪系统，主要的噪声源是放大器 ASE 引起的背景噪声、前置放大器噪声、散粒噪声、热噪声和拍子噪声等成分（ASE - ASE 拍频噪声、ASE 信号拍频噪声、ASE 背景拍音）。这些噪声源已在第 3 章中讨论过。由接收机接收到的光功率 P_R 可以通过链路距离方程得到，即

$$P_R = P_T \eta_T \eta_R \left(\frac{\lambda}{4\pi R} \right)^2 G_T G_R L_T(\theta_T) L_R(\theta_R) \tag{4.39}$$

式中：P_T 为发射光功率；η_T 和 η_R 分别为发射机和接收机的光学效率；λ 为工作波长；R 为链路距离；G_T 和 G_R 分别为发射机和接收机增益；$L_T(\theta_T)$ 和 $L_R(\theta_R)$ 分别为发射机和接收机指向损耗。

指向损耗是由于发射机和接收机之间的不对准造成的。对于高斯光束，指向损耗可表示为

$$L_T(\theta_T) = \exp(-G_T \theta_T^2) \tag{4.40}$$

$$L_R(\theta_R) = \exp(-G_R \theta_R^2) \tag{4.41}$$

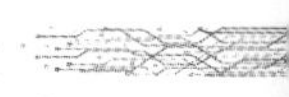

表4.1总结了GEO-GEO交叉链路中捕获、跟踪和通信模式的典型链路预算与余量分配[14]。

表4.1　捕获、跟踪和通信链路预算与余量分配
(2.5Gb/s,DPSK调制,BER为10^{-9},在1550nm波长具有5dB编码增益)

参　数	获取链接	跟踪链接	通信链接
平均激光功率/dBW	+7.0(5000 mW)	+7.0(5000 mW)	+7.0(5000 mW)
发射机光学损耗/dB	-2.5	-3.0	-3.0
发射机增益/dB	89.7(1.5cm)	112.15(15cm)	112.15(15cm)
散焦/截断损失/dB	-0.9(200μrad)	-0.9(14.3μrad)	-0.9(14.3μrad)
指向和跟踪损失/dB	-4.5	-3.0	-1.5
距离损失/dB	-296.76(85000km)	-296.76(85000km)	-296.76(85000km)
接收机增益	+112.15(15cm)	+112.15(15cm)	+112.15(15cm)
接收机光学损耗/dB	-10	-2.5	-2.5
接收信号/dBW	-105.81	-74.86	-73.36
所需信号/dBW	-110.0(10pW)	-83.0(5nW)	-83.0(5nW)
链路余量/dB	+4.19	+8.1	+9.64

与跟踪和通信链路相比,捕获链路的链路余量较小。该链路余量可能会根据设计参数和部组件选择不同而异。

4.5　小结

由于光信号具有窄波束特性,对于可靠的FSO通信系统而言,有必要提出非常精确的捕获、跟踪和指向要求。不精确的波束指向和跟踪将导致数据丢失或接收机处信号衰落,使系统性能下降。在实际传输数据之前,使用窄激光束在规定的时间内完成对卫星终端空间捕获是一项重要任务。通过本章的介绍,FSO通信系统的链路捕获过程已从捕获时间、不确定区域、扫描技术和捕获方法等方面得到全面的描述。捕获时间可以通过波束发散角和发射功率的折中设计来保证,这对设计ATP链路非常重要。由于指向和跟踪导致的误差将会严重影响FSO通信系统的性能。本章还讨论了ATP系统的跟踪和指向误差,并给出了完整形式的ATP链路预算与余量分配。设计工程师可借助以上分析进行合理的部组件选择,并更好地理解光通信系统。

参考文献

1. A. A. Portillo, G. G. Ortiz, C. Racho, Fine pointing control for free – space optical communication, in *Proceeding of IEEE Conference on Aerospace*, Piscataway, vol. 3, 2001, pp. 1541 – 1550
2. D. Giggenbach, Lasercomm activities at the German aerospace center's institute of communications and navigation, in *International Conference on Space Optical Systems and Applications*, *Corsica* (2012)
3. M. Katzman, *Laser Satellite Communications* (Prentice Hall Inc. , Englewood Cliffs, 1987)
4. D. J. Davis, R. B. Deadrick, J. R. Stahlman, ALGS: design and testing of an earth – to – satellite optical transceiver. Proc. SPIE – Free – Sp. Laser Commun. Technol. – V 1866(107), 107 (1993)
5. S. Bloom, E. Korevaar, J. Schuster, H. Willebrand, Understanding the performance of free – space optics. J. Opt. Netw 2(6), 178 – 200 (2003)
6. M. Toyoshima, T. Jono, K. Nakagawa, A. Yamamoto, Optimum divergence angle of a Gaussian beam wave in the presence of random jitter in free – space laser communication systems. J. Opt. Soc. Am. 19, 567 – 571 (2002)
7. L. Xin, Y. Siyuan, M. Jing, T. Liying, Analytical expression and optimization of spatial acquisition for intersatellite optical communications. Opt. Exp. 19(3), 2381 – 2390 (2011)
8. S. G. Lambert, W. L. Casey, *Laser Communications in Space* (Artech House Inc. , Norwood, 1995)
9. T. Flom, Spaceborne laser radar. Appl. Opt. 11(2), 291 – 299 (1972)
10. I. M. Teplyakov, Acquisition and tracking of laser beams in space communications. Acta Astronaut. 7(3), 341 – 355 (1980)
11. J. M. Lopez, K. Yong, Acquisition, tracking, and fine pointing control of space – based laser communication systems. *Proceedings of SPIE – Control and Communication Technology in Laser Systems*, Bellingham, vol. 26, 1981, pp. 100 – 114
12. A. G. Zambrana, B. C. Vazquez, C. C. Vazquez, Asymptotic error – rate analysis of FSO links using transmit laser selection over gamma – gamma atmospheric turbulence channels with pointing errors. J. Opt. Exp. 20(3), 2096 – 2109 (2012)
13. D. K. Borah, D. G. Voelz, Pointing error effects on free – space optical communication links in the presence of atmospheric turbulence. J. Lightwave Technol. 27(18), 3965 – 3973 (2009)
14. H. Hemmati, *Near – Earth Laser Communications* (CRC Press/Taylor & Francis Group, Boca Raton, 2009)

第5章

空间光通信中的误码率特性

5.1 系统模型

FSO 通信系统模型由 3 个主要部分组成,即发射机、大气信道和接收机。发射机通过大气信道向接收机发射光信号,接收到的光信号在接收机处被光电探测器转换为光电流,接收到的光电流可以很好地近似表示为

$$y(t)=\eta x(t)\otimes h(t)+n(t) \tag{5.1}$$

式中:$\otimes$表示卷积;η 为探测器效率;$x(t)$ 为瞬时传输光功率;$h(t)$ 为信道响应;$n(t)$ 为具有零均值和方差 σ_n^2 的加性高斯白噪声(AWGN)。

接收机可以采用多个接收天线以减轻大气湍流的影响。图 5.1 显示了多个接收机天线(M=1、3、7 和 10)的接收辐照度的 PDF 图。可以看出,随着天线数量的增加,概率密度的峰值增大并且峰值向右移动。

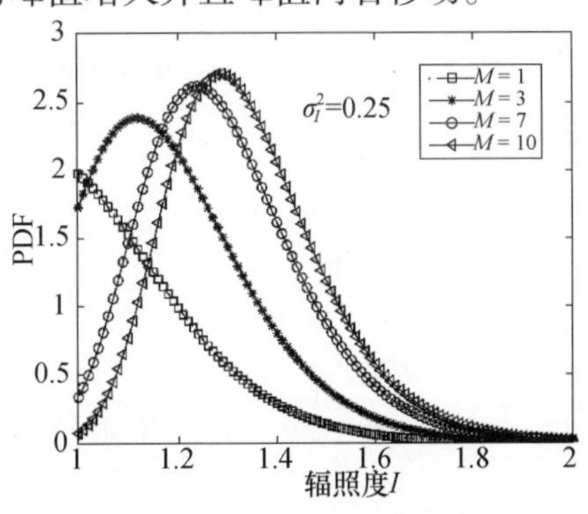

图 5.1 不同接收天线(M=1、3、7、10)在弱的大气湍流水平(0.25)下的各接收辐照度 PDF

5.2 误码率计算

本节在弱大气湍流的情况下评估相干(SC - BPSK 和 SC - QPSK)和非相干(OOK 和$\mathbb{M}$ - PPM)方案在 BER 方面的性能。在光接收机中,BER 与接收信号的辐照度 I 相关。在 FSO 上行链路中,由于大气湍流的影响,辐照度 I 产生随机波动。I 的统计变化取决于湍流的等级。如上所述,I 的 PDF 可以是对数正态分布、指数分布和 K 分布等形式。在弱大气湍流中,随机变量 I 以对数正态分布为特征。存在湍流时的 BER 由下式给出,即

$$P_e = Q(\sqrt{\mathrm{SNR}(I)}) \tag{5.2}$$

通过对式(5.2)辐照度波动统计取平均,可得到绝对 BER 为

$$P_e = \int_0^{\infty} f_I(I) Q(\sqrt{\mathrm{SNR}(I)})\, \mathrm{d}I \tag{5.3}$$

由于$f_I(I)$是对数正态分布[1],所以式(5.3)可以写成

$$P_e = \int_0^{\infty} \frac{1}{I\sqrt{2\pi\sigma_I^2}} \exp\left\{-\frac{(\ln(I/I_0) + \sigma_I^2/2)^2}{2\sigma_I^2}\right\} Q(\sqrt{\mathrm{SNR}(I)})\, \mathrm{d}I \tag{5.4}$$

无湍流的 SNR 可表示为 $\mathrm{SNR} = (R_0AI)^2/2\sigma_n^2$,其中 I 为接收的辐照度,R_0 为光电探测器的响应度,A 为归一化的光电探测器区域,则此时接收到的光功率与接收到的信号辐照度相同。式(5.4)的封闭解是不存在的。然而,通过使用 Q 函数[2-3]的替代表示以及采用 Gauss - Hermite(高斯 - 厄米)积分,式(5.4)可以改写为

$$P_e \approx \int_{-\infty}^{\infty} \frac{1}{\sqrt{\pi}} \exp(-x^2) Q\left(\frac{R_0AI_0\exp(\sqrt{2}\sigma_I x - \sigma_I^2/2)}{\sqrt{2}\sigma_n}\right) \mathrm{d}x \tag{5.5}$$

式中:$x = (\ln(I/I_0) + \sigma_I^2/2)/\sqrt{2}\sigma_I$。

式(5.5)引用的 Gauss - Hermite 积分可作以下近似计算,即

$$\int_{-\infty}^{\infty} f(x)\exp(-x^2)\,\mathrm{d}x \approx \sum_{i=1}^{m} w_i f(x_i) \tag{5.6}$$

式中:x_i和 w_i为第 m 阶 Hermite 多项式的零点和权值。式(5.6)的准确度取决于

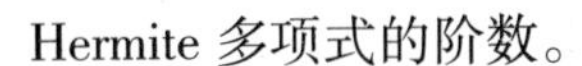

Hermite 多项式的阶数。

5.2.1　相干副载波调制

在相干副载波调制方案中，RF 信号（副载波）首先被信息信号预调制；然后用于调制光载波的强度。在副载波 BPSK 的情况下，用信息信号对频率为 f_c 的 RF 副载波进行调制，其中比特“1”和“0”由相隔 180°的两个相位表示。这里，RF 副载波可表示为

$$s(t) = A_c\cos(\omega_c t + \phi) \tag{5.7}$$

式中：A_c 为归一化的峰值幅度；ω_c 和 ϕ 分别为副载波的角频率和相位。相位 ϕ 取决于信息位取值 0 或 π。

由于副载波信号 $s(t)$ 是具有正值和负值的正弦曲线，所以要加上直流电平将其调制到光载波的强度上，以确保偏置电流始终不小于阈值电流。此时发射机中光源的调制信号由下式给出，即

$$m(t) = 1 + \beta\cos(\omega_c t + \phi) \tag{5.8}$$

式中：β 为调制指数（$\beta = 1$）。

光电探测器输出端的电信号为

$$I_D(t) = R_0 AI[1 + \beta\cos(\omega_c t + \phi)] + n(t) \tag{5.9}$$

式中：$n(t)$ 为具有零均值和方差 σ_n^2 的加性高斯白噪声（AWGN）；参数 R_0、A 和 I 的定义与前面相同。

对于相干解调，上面接收的信号首先乘以相同频率 ω_c 的本地生成的 RF 副载波信号；然后通过低通滤波器（LPF）。因此，滤波器输出端的信号由下式给出，即

$$I_r(t) = \frac{R_0 AI\beta\cos\phi}{2} + \frac{n_I(t)}{2} \tag{5.10}$$

式中：$n_I(t)$ 为同相噪声分量。

SC - BPSK 情况下的误码率由下式给出，即

$$P_e = P(0)P(I_r > \mathrm{Th}/0) + P(1)P(I_r > \mathrm{Th}/1) \tag{5.11}$$

式中：$P(0)$和$P(1)$分别为传输数据比特“0”和“1”的概率。

假设数据等概率传输，使$P(0)=P(1)=0.5$，式(5.11)变成

$$P_{\mathrm{e}}=0.5[P(I_{\mathrm{r}}>\mathrm{Th}/0)+P(I_{\mathrm{r}}<\mathrm{Th}/1)] \tag{5.12}$$

边缘概率$P(I_{\mathrm{r}}>\mathrm{Th}/0)$和$P(I_{\mathrm{r}}>\mathrm{Th}/1)$可分别表示为

$$P(I_{\mathrm{r}}>\mathrm{Th}/0)=\int_{\mathrm{Th}}^{\infty}\frac{1}{\sqrt{2\pi\sigma_n^2}}\exp\left[-\frac{(I_{\mathrm{r}}-I_m)^2}{2\sigma_n^2}\right]\mathrm{d}I_{\mathrm{r}} \tag{5.13}$$

$$P(I_{\mathrm{r}}<\mathrm{Th}/1)=\int_{-\infty}^{\mathrm{Th}}\frac{1}{\sqrt{2\pi\sigma_n^2}}\exp\left[-\frac{(I_{\mathrm{r}}+I_m)^2}{2\sigma_n^2}\right]\mathrm{d}I_{\mathrm{r}} \tag{5.14}$$

其中，对于单位调制指数($\beta=1$)有$I_m=R_0AI/2$。对应于传输比特“1”和“0”，来自式(5.10)的电流的信号分量分别为$I_m(\phi=0)$和$I_m(\phi=180°)$，判定阈值Th选择为零。根据式(5.12)、式(5.13)和式(5.14)，BER可表示为

$$P_{\mathrm{e}}=\int_{0}^{\infty}\frac{1}{\sqrt{2\pi\sigma_n^2}}\exp\left[-\frac{(I_{\mathrm{r}}-I_m)^2}{2\sigma_n^2}\right]\mathrm{d}I_{\mathrm{r}} \tag{5.15}$$

$$P_{\mathrm{e}}=\frac{1}{2}\mathrm{erfc}\left(\frac{I_m}{\sigma_n}\right)=Q\left(\frac{\sqrt{2}I_m}{\sigma_n}\right)=Q(\sqrt{\mathrm{SNR}}) \tag{5.16}$$

式中：$\sqrt{\mathrm{SNR}}=R_0AI/\sqrt{2}\sigma_n$。

在存在大气湍流的情况下，进行辐照度的条件平均$P_{\mathrm{e}}(\mathrm{SC-BPSK})$可表示为

$$P_{\mathrm{e}}(\mathrm{SC-BPSK})=\int_{0}^{\infty}Q(\sqrt{\mathrm{SNR}})f_I(I)\mathrm{d}I \tag{5.17}$$

式(5.17)可以用Gauss－Hermite正交积分来近似，参考式(5.4)、式(5.5)和式(5.6)。随着式(5.4)中变量的代换，即$y=[\ln(I/I_0)+\sigma_l^2/2]/\sqrt{2}\sigma_l$，式(5.17)的FSO链路的BER可近似为

$$P_{\mathrm{e}}(\mathrm{SC-BPSK})\approx\frac{1}{\sqrt{\pi}}\sum_{i=1}^{m}w_iQ\left(K_{\mathrm{a}}\exp[(K_{\mathrm{b}}\sigma_lx_i-\sigma_l^2/2)]\right) \tag{5.18}$$

类似地，根据文献[4,5]可知，SC－QPSK的BER为

$$P_{\mathrm{e}}(\mathrm{SC-BPSK})\approx\frac{1}{\sqrt{\pi}}\sum_{i=1}^{m}w_iQ\left(\frac{K_{\mathrm{a}}\exp[(K_{\mathrm{b}}\sigma_lx_i-\sigma_l^2/2)]}{\sqrt{2}}\right) \tag{5.19}$$

对于不同的噪声限制条件，K_{a}和K_{b}的值如表5.1所列。

表5.1 不同噪声限制条件下 K_a 和 K_b 的值

参数	量子极限	热噪声	背景噪声	热和背景噪声
K_a	$\dfrac{\beta^2 R_0 I_0 P_{av}}{2qR_b}$	$\dfrac{(\beta R_0 I_0)^2 P_{av} R_L}{4KTR_b}$	$\dfrac{(\beta I_0)^2 R_0 P_{av}}{2qR_b I_{BG}}$	$\dfrac{(\beta R_0 I_0)^2 P_{av}}{\sigma_{BG}^2 + Q_{Th}^2}$
K_b	0.5	1	1	1

在表5.1中,P_{av}为平均功率,$P_{av} = \lim T \to \infty \dfrac{1}{T}\int_0^T s^2(t)\,dt$;$R_b$为数据率;$\sigma_{BG}^2$和$\sigma_{Th}^2$分别为背景噪声和热噪声分量的方差。扩散信号源和点源信号产生的背景噪声是散粒噪声,它的方差由文献[6]给出,即

$$\sigma_{BG}^2 = 2qR_0 P_B B = 2qR_0(I_{sky} + I_{sun})A_r B \tag{5.20}$$

式中:A_r为接收机面积;I_{sky}和I_{sun}分别为扩散背景和点背景噪声源辐照度,由以下两式给出,即

$$I_{sky} = N(\lambda)\Delta\lambda_{filter}\pi\Omega^2/4 \tag{5.21}$$

$$I_{sun} = W(\lambda)\Delta\lambda_{filter} \tag{5.22}$$

式中:$N(\lambda)$和$W(\lambda)$分别为天空的光谱辐射率和太阳的光谱辐射率辐射度;$\Delta\lambda_{filter}$为过滤接收机中光学带通滤波器(BPF)的带宽;Ω为弧度中接收机的FOV。

式(5.18)和式(5.19)中在弱大气湍流的量子限制条件下的BER性能如图5.2所示。

从图5.2中可以清楚地看出,对于弱大气湍流条件,SC-BPSK比SC-QPSK表现更好。在这两种情况下,随着湍流程度的增加,所需的SNR也增加。图5.3显示了基于表5.2中给出的系统参数的不同噪声限制条件下的BER与SNR性能。图5.3说明在FSO链路中,系统性能受到一定程度的光学BPF和窄视场探测器的热噪声限制。类似地,可以推导出其他相干调制方案在湍流存在下的BER方程。下面给出其他相干调制方案的条件BER表达式,即

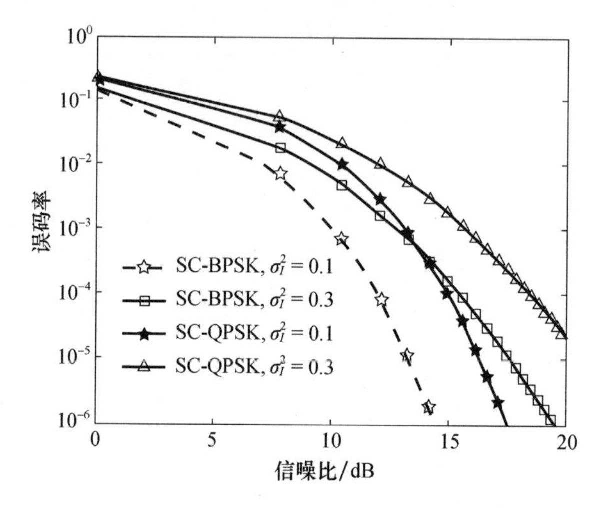

图 5.2　弱大气湍流下 SC－BPSK 和 SC－QPSK 调制方案误码率与信噪比

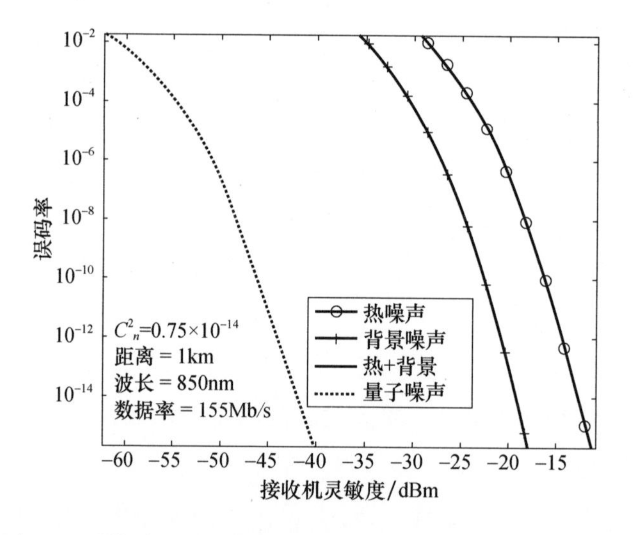

图 5.3　弱扰动下不同噪声源的误码率与接收机灵敏度的关系

$$\mathbb{M}-\text{PSK}, M \geqslant 4: P_e \approx \frac{2}{\log_2 M} Q\left[\sqrt{(\log_2 M)\cdot \text{SNR}(I)} \sin\left(\frac{\pi}{M}\right)\right]$$

$$\text{DPSK}: P_e = 0.5\exp[-0.5 \cdot \text{SNR}(I)]$$

$$\mathbb{M}-\text{QAM}: P_e \approx \frac{4}{\log_2 M} Q\left[\frac{3\log_2 M \cdot \text{SNR}(I)}{M-1}\right]$$

表 5.2　系统参数[6]

参　数	数值
符号率 R_b/(Mb/s)	155
天空光谱/(W/(Sr · cm^3))	10^{-3}
太阳的光谱辐射度 $W(\lambda)$/(W/(Sr · cm^2))	0.055
光学 BPF, λ = 850nm 时的 $\Delta\lambda_{filter}$	1nm
PIN 光电探测器的视场/rad	0.6
工作波长 λ/nm	850
副载波数 N	1
链路距离 R/km	1
折射率结构参数 C_n^2	$0.75\text{m}^{-2/3}$
负载电阻 R_L/Ω	50
PIN 光电探测器的响应度 R_0/(A/W)	1
工作温度 T/K	300

5.2.2　非相干调制

本节将对 OOK、$\mathbb{M}$ 元脉冲位置调制($\mathbb{M}$ – PPM)、差分 PPM(DPPM)、差分幅度和脉冲位置调制(DAPPM)、数字脉冲间隔调制(DPIM)以及双头脉冲间隔调制(DHPIM)展开讨论。

1. 开关键控

对于 OOK 调制方案,通过在每个比特周期内利用脉冲光源“on”或“off”来发送数据比特,当数据比特 $d(t)=\{0\}$ 时表示不存在光脉冲而数据比特 $d(t)=\{1\}$ 时表示发射了有限时长的脉冲。瞬时光电流由下式给出,即

$$I_r(t)=R_0AI+n(t) \tag{5.23}$$

此时,BER 可以表示为

$$P_e(\text{OOK})=P(0)P(I_r>\text{Th}/0)+P(1)P(I_r<\text{Th}/1) \tag{5.24}$$

式中:$P(0)$和$P(1)$分别为传输数据比特"0"和"1"的概率,并且每个数据的传输概率等于0.5。

$P(0)$和$P(1)$可分别表示为

$$P(I_r > \mathrm{Th}/0) = \int_{\mathrm{Th}}^{\infty} P(I_r/0)\,\mathrm{d}I_r \tag{5.25}$$

$$P(I_r < \mathrm{Th}/1) = \int_{-\infty}^{\mathrm{Th}} P(I_r/1)\,\mathrm{d}I_r \tag{5.26}$$

从式(5.26)中可以清楚地看出,发送比特"1"时的误码率取决于接收到的辐照度I_r。在弱大气湍流中,辐照度I_r服从对数正态分布。因此,式(5.26)可以改写为

$$\begin{aligned}P(I_r/1) &= \int_0^{\infty} P(I_r/1, I_r) f_{Ir}(I_r)\,\mathrm{d}I_r \\ &= \int_0^{\infty} \frac{1}{\sqrt{2\pi\sigma_n^2}} \exp\left[-\frac{(I_r - \mathrm{Th})^2}{2\sigma_n^2}\right] \frac{1}{I_r\sqrt{2\pi\sigma_l^2}} \exp\left\{-\frac{[\ln(I_r/I_0) + \sigma_l^2/2]}{2\sigma_l^2}\right\} \mathrm{d}I_r\end{aligned} \tag{5.27}$$

将式(5.25)、式(5.26)和式(5.27)代入式(5.24)中,再根据式(5.5)和式(5.6),可得到单输入单输出(SISO)系统的OOK方式下的BER为

$$P_e(\mathrm{OOK}) = P(0)Q\left(\frac{\mathrm{Th}}{\sigma_n}\right) + \frac{[1 - P(0)]}{\sqrt{\pi}} \sum_{i=1}^{m} w_i Q\left(\frac{R_0 A I_0 \exp(\sqrt{2}\sigma_l x_i - \sigma_l^2/2) - \mathrm{Th}}{\sqrt{2}\sigma_n}\right) \tag{5.28}$$

式中:Th为其值在比特"1"和比特"0"分配的两个逻辑电平之间的中间固定的阈值。

从图5.4中可以清楚地看出,对于设定为0.5的阈值,所需的SNR随着湍流值的增加而增加,并且最终几乎可以达到$\sigma_l^2 = 0.5$的误码率极限值。因此,需要一个自适应阈值在OOK调制情况下实现最佳的系统性能。在自适应阈值方法中,阈值根据大气中的湍流而变化。图5.5显示了不同噪声水平下OOK调制在不同大气湍流水平值情况下的阈值变化曲线。从图5.5可以看出,如果湍流为零,则二进制信号的最佳阈值水平为0.5。但是,随着湍流值的增加,相应的阈值水平会降低。此外,对于给定的大气湍流水平,阈值水平随着噪声水平的增加而增加。

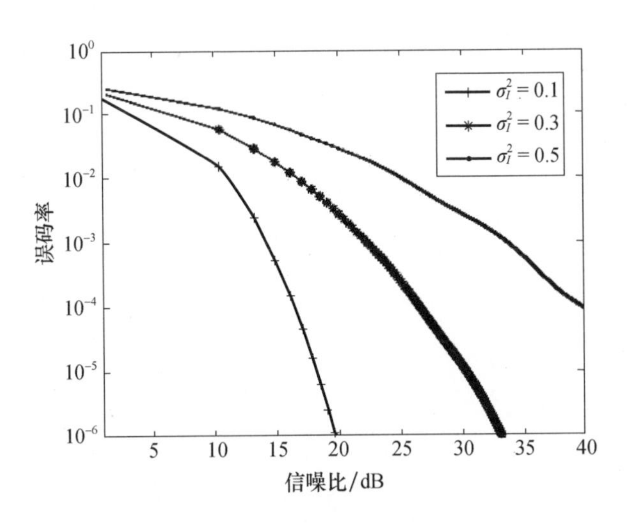

图 5.4　弱大气湍流下 OOK 调制方案的误码率与信噪比的关系

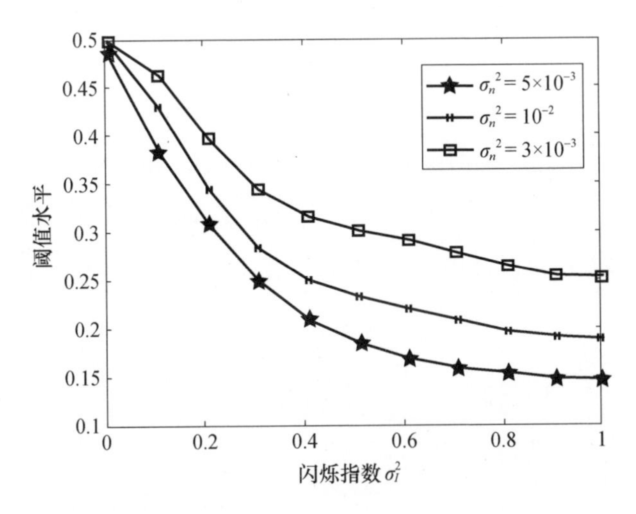

图 5.5　不同噪声水平下 OOK 阈值水平随闪烁指数的变化[6]

2. $\mathbb{M}$ 位脉冲位置调制

在$\mathbb{M}$ - PPM 的情况下，每个 PPM 符号被分成$\mathbb{M}$ 个时隙，并且光脉冲置于$\mathbb{M}$ 个相邻时隙中的一个中以表示数据字。每个 PPM 位或脉冲出现的位数为 $\log_2 \mathbb{M}$ 。这$\mathbb{M}$ 个位称为码片，码片中存在或不存在脉冲分别称为“on”和“off”码片。因此，一个 PPM 字将有一个“on”码元和$\mathbb{M}$ - 1 个“off”码元。位时隙持续时间 T_s

与字持续时间 T_w 相关,其表达式为

$$T_w = \mathbb{M}\, T_s \tag{5.29}$$

因此,$\mathbb{M}$ – PPM 的数据率可表示为

$$R_b = \frac{\log_2 \mathbb{M}}{T_w} = \frac{\log_2 \mathbb{M}}{\mathbb{M}\, T_s} \tag{5.30}$$

式中:R_b 为数据率。

图 5.6 显示了 4 – PPM 的位时隙和相应的位模式。

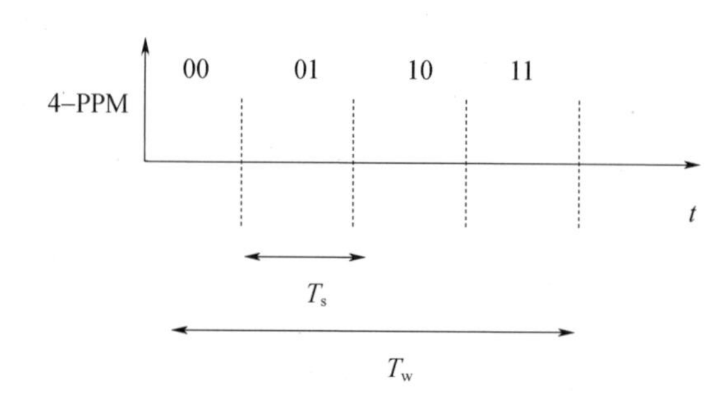

图 5.6　4 – PPM 方案示意图

对于$\mathbb{M}$ – PPM,作为辐照度函数的误字(Word)率可表示为

$$P_{ew}(\text{PPM}) = (\mathbb{M} - 1)Q(\sqrt{\text{SNR}(I)}) \tag{5.31}$$

误码率(BER)与$\mathbb{M}$ – PPM 中的误字率有关,即

$$P_e(\mathbb{M} - \text{PPM}) = \left(\frac{M/2}{M-1}\right)P_{ew} \tag{5.32}$$

使用式(5.31)和式(5.31),$P_e(\mathbb{M} - \text{PPM})$ 可表示为

$$P_e(\mathbb{M} - \text{PPM}) = (\mathbb{M}/2)Q(\sqrt{\text{SNR}(I)}) \tag{5.33}$$

存在大气湍流的情况下,$\mathbb{M}$ – PPM 的平均 BER 由下式给出,即

$$P_e(\mathbb{M} - \text{PPM}) = \int_0^\infty (\mathbb{M}/2)Q(\sqrt{\text{SNR}(I)})f_I(I)\,\mathrm{d}I \tag{5.34}$$

使用 Gauss – Hermite 积分和,并将弱大气湍流中的对数正态分布 $f_I(I)$ 代入替换,式(5.34)可近似为

$$P_e(\mathbb{M} - \text{PPM}) = \frac{\mathbb{M}}{2\sqrt{\pi}}\sum_{i=1}^{m} w_i Q[K\exp(\sqrt{2}\sigma_I x_i - \sigma_I^2/2)] \tag{5.35}$$

式中:$K = (R_0 A I_0\, \mathbb{M}/\sqrt{2}\sigma_n)$。

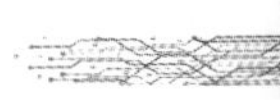

图5.7显示了4－PPM调制方案在不同闪烁指数值时的误码率变化。

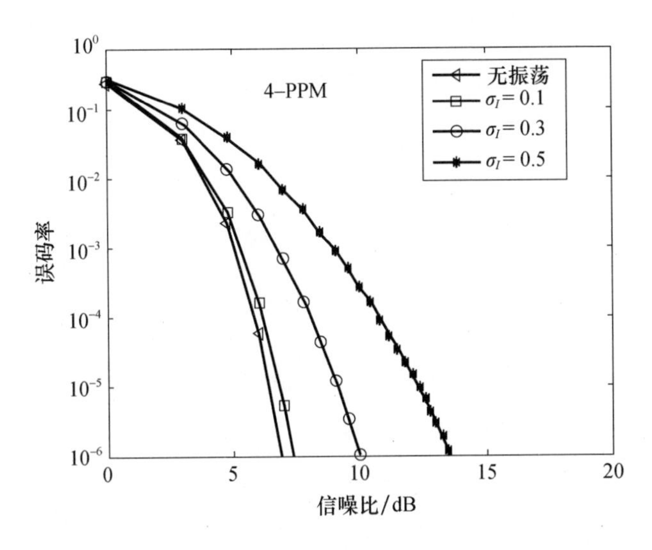

图5.7 弱大气湍流下4－PPM方案的误码率与信噪比

用光子效率来表示BER是很方便的，这样可以直接估计任何给定误码率的系统效率。因此式(5.34)可以重写为

$$P_{\mathrm{e}}(\mathbb{M}-\mathrm{PPM})=\int_0^{\infty}(\mathbb{M}/2)Q(\sqrt{\mathrm{SNR}(K_{\mathrm{s}})})f_K(K_{\mathrm{s}})\mathrm{d}K_{\mathrm{s}} \tag{5.36}$$

用光子数表示无湍流时的SNR，则

$$\mathrm{SNR}=\frac{K_{\mathrm{s}}^2}{FK_{\mathrm{s}}+K_n} \tag{5.37}$$

式中：$K_{\mathrm{s}}=(\eta\lambda P_{\mathrm{R}}T_{\mathrm{w}}/hc)$为每个PPM位的光子计数；$F$为光电探测器的过量噪声系数，可定义为

$$F=\varsigma\mathcal{M}+\left(2-\frac{1}{\mathcal{M}}\right)(1-\varsigma) \tag{5.38}$$

式中：ς为电离因子；$\mathcal{M}$为APD的平均增益。

式(5.37)中的参数K_n可表示为

$$K_n=\left[\frac{2\sigma_n^2}{(\mathcal{M}q)^2}\right]+2FK_{\mathrm{b}} \tag{5.39}$$

式中：σ_n^2为PPM位内的等效噪声计数。

在弱大气湍流中,$f_K(K_s)$服从对数正态分布,因为瞬时接收的辐照度服从对数正态分布。对数正态分布的大气湍流条件下,BER 表达式可以近似为[7]

$$P_e = \frac{1}{\sqrt{\pi}}\sum_{i=1}^{m} w_i Q\left[\frac{\exp(2\sqrt{2}\sigma_I x_i - \sigma_I^2/2)}{F\exp(\sqrt{2}\sigma_I x_i - \sigma_I^2/2) + K_n}\right] \tag{5.40}$$

使用标准一致界,则 BER 的上限可表示为

$$P_e^M \leqslant \frac{M}{2\sqrt{\pi}}\sum_{i=1}^{m} w_i Q\left[\frac{\exp(2\sqrt{2}\sigma_I x_i - \sigma_I^2/2)}{F\exp(\sqrt{2}\sigma_I x_i - \sigma_I^2/2) + K_n}\right] \tag{5.41}$$

图 5.8 显示了 M – PPM 在各种大气湍流水平下的误码率曲线。从图 5.8 中清楚可见,对于固定的数据率和背景噪声,随着闪烁指数值的增加,为了达到相同的 BER 性能,所需信号电平也会增加。

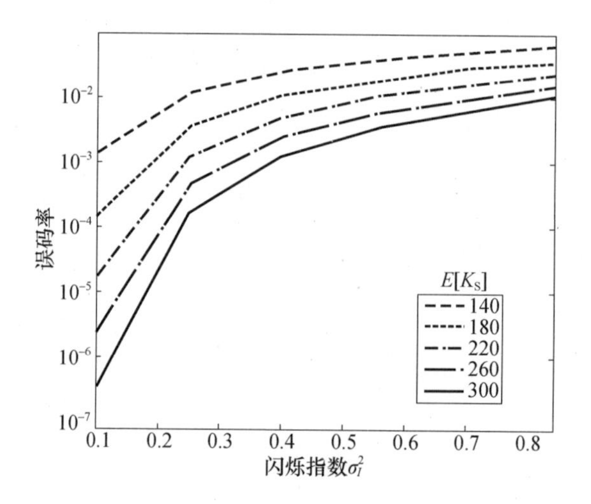

图 5.8 误码率随闪烁指数的变化曲线

($K_b = 10$, $T = 300$K, $\varsigma = 0.028$, $R_b = 155$Mb/s, $\mathcal{M} = 150$)

3. 差分脉冲位置调制

差分 PPM(DPPM)也称为截断 PPM(TPPM)。在 DPPM 中,下个新的 PPM 符号紧跟在包含脉冲的时隙位之后。就像$\mathbb{M}$ – PPM 一样,$\log_2\mathbb{M}$ 的$\mathbb{M}$ 个输入位映射到$\mathbb{M}$ 个不同波形中的一个。每个波形包括一个"on"码片(存在脉冲)和$\mathbb{M}$ –1 个"off"码片(不存在脉冲)。DPPM 是对$\mathbb{M}$ – PPM 的简单修改,其中"on"码片之后的所有"off"码片被删除。因此,这种调制方案增加了带宽效率,它将

单位时间的吞吐量提高了 2 倍,因为平均符号传输只有普通 PPM 的½。但是,它会导致不同的符号大小,在接收机端产生影响同步等问题。图 5.9 显示了8 – DPPM 方案,其中在前一帧中的脉冲之后立即出现新的符号。

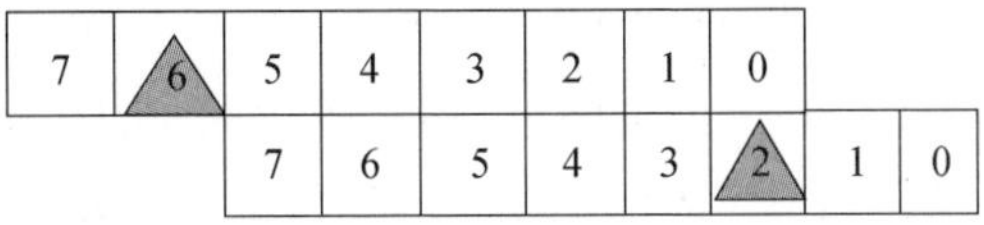

7	6	5	4	3	2	1	0		
		7	6	5	4	3	2	1	0

图 5.9　用于传输消息 110010 的 8 – DPPM 方案

DPPM 与调 Q 激光器技术可以良好地结合,因为它可以将非常高的峰值功率(千兆瓦范围)限制在狭窄的位时隙中。然而,在调 Q 激光器中,下一个脉冲将被延迟(也称为死区时间)到激光器再次充满电时才能够发出,因此调 Q 技术将带来具有更长脉冲持续时间以及低脉冲重复率。PPM 可以通过跟踪一个没有脉冲传输的周期内的每个帧来满足这种死区时间限制。

图 5.10 显示了 4 – PPM 和 4 – DPPM 的波形比较。表 5.3 显示了两种调制方案的源位和传输码片之间的映射关系。从图 5.10 中可以看出,在M – PPM 的情况下,随着功率的提高,平均功率效率得到提高,但是这以降低带宽效率为代价。在相同M 条件下,M – DPPM 具有较高的占空比,因此平均功率效率低于 M – PPM。然而,对于固定的平均比特率和可用带宽,DPPM 可以采用比 PPM 更高的M ,从而导致平均功率效率提高[8]。

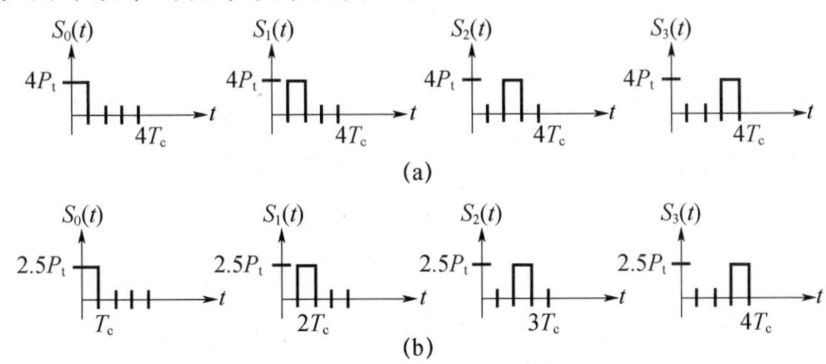

图 5.10　使用矩形脉冲的波形[8]

(a)4 – PPM;(b)4 – DPPM。

P_t—平均发射功率;T_c—码片持续时间。

表 5.3 4 - PPM 和 4 - DPPM 方案的源位和传输码元之间的映射

源位	4 - PPM 码元（标称映射）	4 - DPPM 码元（标称映射）	4 - DPPM 码元（反向映射）
00	1000	1	0001
01	0100	01	001
10	0010	001	01
11	0001	0001	1

一个 X 位、N 个数据包的误包率为[8]

$$P_{X,\mathrm{DPPM}} = 1 - (1 - p_0)^{N - (X/\log_2 M)}(1 - p_1)^{(X/\log_2 M)}$$

$$\approx \left(N - \frac{X}{\log_2 M}\right)P(0) + \frac{X}{\log_2 M}P(1) \tag{5.42}$$

式中：$P(0)$ 为码元"off"检测为"on"的概率，反之则为 $P(1)$。

如果阈值设置为"on"和"off"预期水平的平均值，即 $P(0) = P(1)$，则

$$P_{X,\mathrm{DPPM}} \approx NQ\left(R_0 P_{\mathrm{R}} \sqrt{\frac{(M+1)\log_2 M}{8R_{\mathrm{b}}N_0}}\right) \tag{5.43}$$

式中：N_0 为双边功率谱密度（PSD）；R_{b} 为平均数据率，$R_{\mathrm{b}} = \log_2 M/(M+1)T_{\mathrm{s}}$。

对于给定的带宽 B，DPPM 的带宽效率可表示为

$$\frac{R_{\mathrm{b}}}{B} = \frac{2\log_2 M}{M+1} \tag{5.44}$$

4. 差幅脉冲位置调制

差分幅度脉冲位置调制（DAPPM）是脉冲幅度调制（PAM）和 DPPM 的组合。因此，符号长度和脉冲幅度根据传输的信息而变化。图 5.11 给出 DPPM 和 DAPPM 符号结构的比较。这里，一个具有 n 个输入位的数据块被映射到 $2^n = (A \times M)$ 个不同符号之一中，每个符号都有一个"on"码元，用于指示符号的结尾。符号长度在 $\{1,2,\cdots,M\}$ 中变化，并且"on"码元的脉冲幅度从 $\{1,2,\cdots,A\}$ 中选取，其中 A 和 M 是整数。因此，位分辨率由 $\log_2(AM)$ 给出。可以通过增加幅度水平 A 的数量来降低脉冲之前的空时隙的平均数量，以增加数据吞吐量。

与类似的调制技术相比，精心设计的 DAPPM 将需要最少的带宽。DAPPM 具有较高的平均功率和较大的直流分量，因此可将其用于功率不受限的应用。由于

其具有较大的直流分量,它也容易受到基线漂移的影响。具有最大似然序列检测(MLSD)接收机的 DAPPM 的误包率(PER)可以认为是当 PAM 符号为$\{1,2,\cdots,A\}$时具有 MLSD 的 PAM 系统的误包率,其中每个符号具有等可能性和独立性。PAM 数据包长度等于 $D/\log_2(AM)$。对于一个非色散信道,D - bit 包的误包率近似为[9]

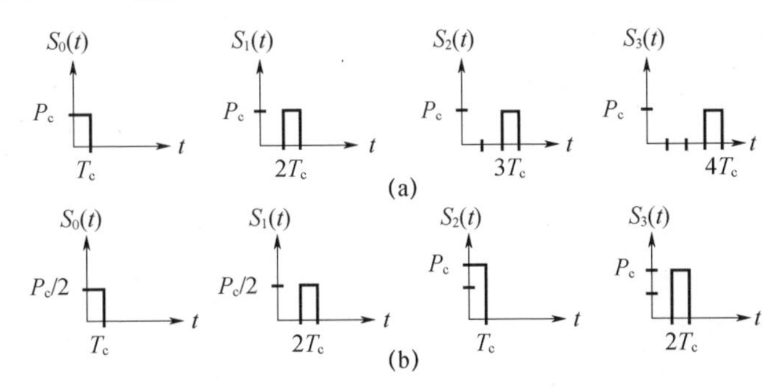

图 5.11　DPPM 和 DAPPM 的符号结构比较[9]

(a)DPPM;(b)DAPPM。

$$\mathrm{PER}=1-(1-P_{\mathrm{ce}})^{M_{\mathrm{avg}}D/n}\approx\frac{M_{\mathrm{avg}}DP_{\mathrm{ce}}}{n} \tag{5.45}$$

式中:P_{ce}为码片错误概率;M_{avg}为 DAPPM 码元的平均长度($M_{\mathrm{avg}}=M+1/2$);n 为输入比特的数量。在最大似然序列检测(MLSD)情况下,非色散信道的误包率为[9]

$$\mathrm{PER}=\frac{2(A-1)}{A}\frac{D}{\log_2(AM)}Q\left(\frac{R_0P_{\mathrm{R}}}{2A\sqrt{N_0B}}\right) \tag{5.46}$$

DAPPM 的带宽效率为

$$\frac{R_{\mathrm{b}}}{B}=\frac{2\log_2(AM)}{M+A}\quad\frac{\mathrm{bit/s}}{\mathrm{Hz}} \tag{5.47}$$

由于 DAPPM 符号的平均长度为 $M_{\mathrm{avg}}=M+1/2$,所以平均比特率 R_{b}可以表示为$\log_2M/(M_{\mathrm{avg}}T_{\mathrm{c}})$。码片持续时间 $T_{\mathrm{c}}=2\log_2M/(M+1)R_{\mathrm{b}}$。

恒功率脉冲峰值与平均功率比由文献[9]给出,即

$$\mathrm{PAPR}=\frac{P_{\mathrm{c}}}{P_{\mathrm{avg}}}=\frac{A(M+1)}{A+1} \tag{5.48}$$

5. 数字脉冲间隔调制

数字脉冲间隔调制(DPIM)是一种非同步 PPM 技术,其中每个 $\log_2M$ 数据比特块被映射到 M 个可能符号中的一个。符号长度是可变的,由符号的信息内容

决定。每个符号以一个脉冲开始，后面跟着一系列 k 个空槽位，其数量取决于正在编码的数据位块的十进制值。因此，对于 DPIM，M 位符号由恒功率脉冲 P_c 表示为“on chip”，其后是 k 个零功率空闲时隙“off chip”，其中 $1 \leqslant k \leqslant 2^M$[10]。为了避免相邻脉冲之间产生时间为零的符号，附加的保护码元也添加到脉冲之后的每个符号中。DPIM 可以表示为

$$S_{\mathrm{DPIM}}(t)=\begin{cases}P_c, & nT_c \leqslant t<(n+1)T_c \\ 0, & (n+1)T_c \leqslant t<(n+k+1)T_c\end{cases} \tag{5.49}$$

式中：T_c 为码片持续时间。

在表 5.4 中给出了 4 - PPM 和 4 - DPIM 的源比特和发送比特之间的映射，在图 5.12 中很好地显示出了相同的发送源比特组合，即 01 和 10。

表 5.4　4 - PPM 和 4 - DPIM 码元之间的映射

源位	4 - PPM	4 - DPIM
00	1000	1(0)
01	0100	1(0)0
10	0010	1(0)00
11	0001	1(0)000

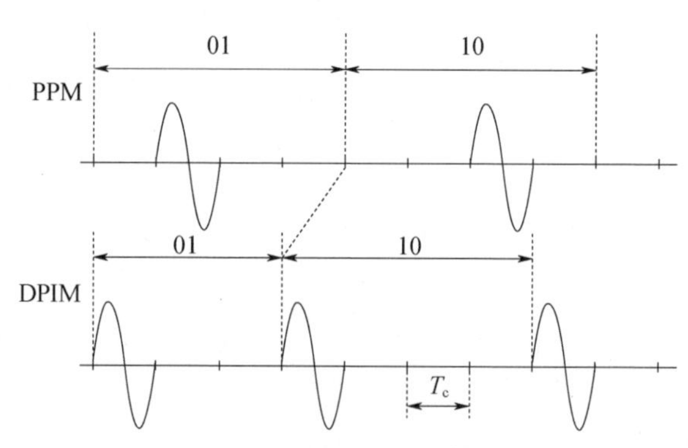

图 5.12　PPM 和 DPIM 的符号结构比较[11]
（相同的发送源比特组合情况下，即 01 和 10）

由于每个符号都是用脉冲启动的，因此它只需要码元同步而不需要符号同步。它具有更高的传输容量，因为它消除了每个符号中未使用的时间片。假设符号长度是随机的并且均匀分布在 2 ~ 2^M 时隙之间，则平均比特率为

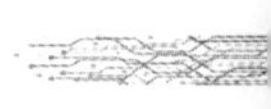

$$R_b = \frac{M}{L_{avg}T_c} \tag{5.50}$$

式中：$L_{avg} = (2^M + 3)/2$ 是带有零保护码元时隙中的平均符号长度。

DPIM 的带宽效率为

$$\frac{R_b}{B} = \frac{2M}{2^M + 3} \tag{5.51}$$

DPIM 的误包率为

$$P_e = 0.5\text{erfc}\left[\frac{L_{avg}P_{avg}R_0\sqrt{T_c}}{2\sqrt{2}\sigma_n}\right] \tag{5.52}$$

图5.13显示了每个符号具有相同平均功率的PPM和PIM的误包率(PER)性能比较。从图5.13可以看出，对于相同的PER性能和512bit的数据包长度，2-PIM比2-PPM的功耗要低4dB。随着调制级别数量的增加，PER性能会下降。

图5.14给出了基于简单阈值探测器计算的DPIM、PPM和OOK调制方案与按照自变量平均接收辐照度计算出的误包率背景功率假定为 -10dBm/cm^2，数据包长度为1024bit，数据率为1Mb/s。从图5.14可以看出，对于相同的分组差错性能，16-DPIM(比特数4)与OOK相比具有大约5dB的功率优势，但比16-PPM多需要约1dB的功率。

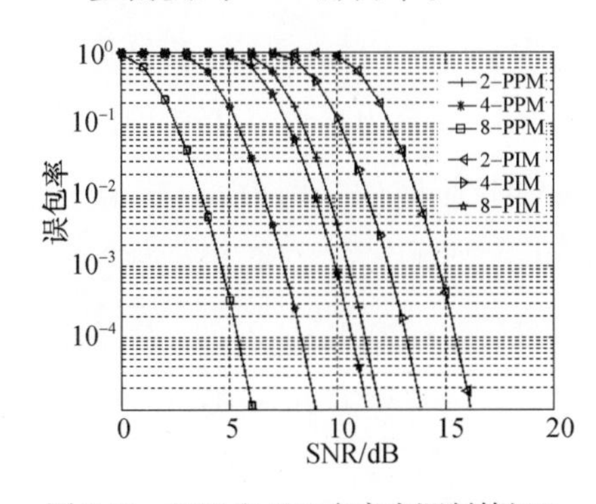

图5.13　PPM和PIM方案在调制等级2、4和8且具有相同平均功率情况下的误包率性能比较[11]

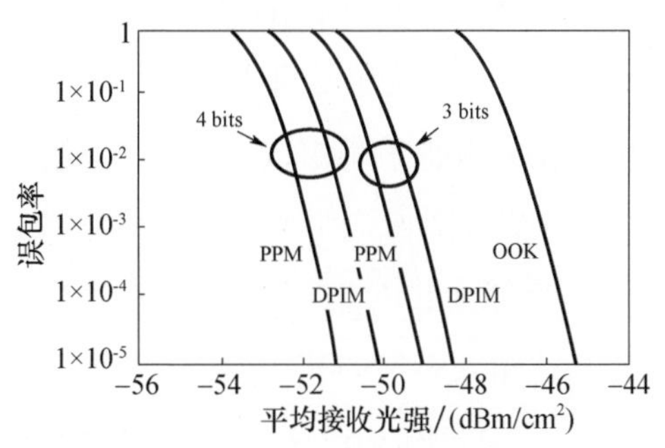

图5.14　DPIM、PPM和OOK调制方案误包率性能随平均接收变化情况比较[10]

6. 双头脉冲间隔调制

在双头脉冲间隔调制(DHPIM)中，符号可以具有两个预定义头中的一个，

具体取决于输入信息，如图 5.15 所示。

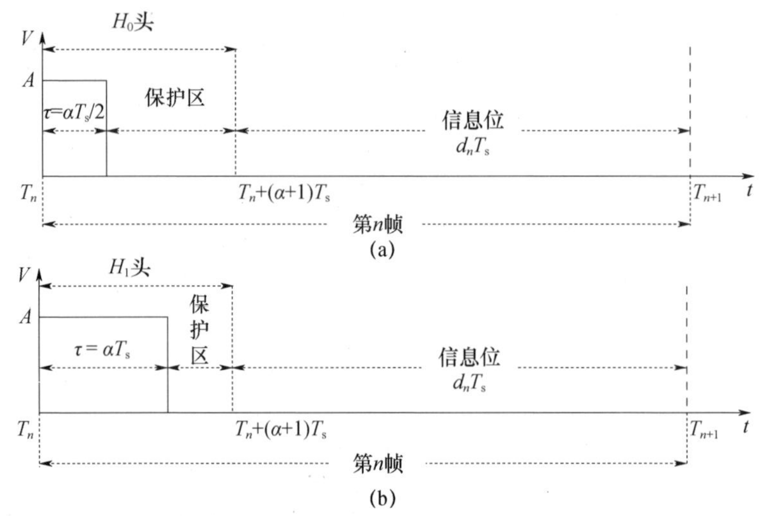

图 5.15 具有 H_0 和 H_1 报头的 DHPIM 方案的符号结构[12]

(a) H_0；(b) H_1

一个 DHPIM 序列的第 n 个符号 $S_n(h_n, d_n)$ 由一个起始符号的头部 h_n 和信息时隙 d_n 组成。根据输入码字的最高有效位(MSB)，考虑两个不同的头 H_0 和 H_1。

如果二进制输入字的 MSB = 0，则使用 H_0，d 代表输入二进制字的十进制值。但是，如果 MSB = 1 则使用 H_1，且 d 等于输入二进制字的 1 的补码的十进制值。H_0 和 H_1 具有相同的持续时间 $T_n + (\alpha + 1)T_s$，其中 $\alpha > 0$ 且为整数，T_s 是时隙的持续时间，由脉冲和保护带组成。对于 H_0 和 H_1，脉冲持续时间分别为 $\alpha T_s/2$ 和 αT_s。保护带持续时间取决于头脉冲持续时间，并且分别对应于 H_0 和 H_1 的 $\alpha T_s/2$ 和 αT_s。信息部分由 d_n 空位组成，当符号以 H_0 开始时，$d_n \in \{0, 1, \cdots, 2^{M-1} - 1\}$ 的值仅仅是 M 位输入码字的其余 $M - 1$ 位的十进制值。当符号以 H_1 开头时，$d_n \in \{0, 1, \cdots, 2^{M-1} - 1\}$ 取值为 1 补码的十进制值。

头脉冲对于前后符号具有符号初始化和时间基准的双重作用，可使内置符号同步。由于可以通过适当选择 α 来减少平均符号长度，DHPIM 与 PPM、DPPM 和 DPIM 相比可以提供更短的符号长度、改进的传输速率和带宽要求。理论上可以使用更大的 α 值，然而这将不必要地增加平均符号长度，导致数据吞吐量降低。因此，通常建议取 $\alpha = 1$ 或 $\alpha = 2$。

DHPIM 的带宽效率为

$$\frac{R_b}{B}=\frac{2^{M-1}+2\alpha+1}{2M} \tag{5.53}$$

为了便于理解,表5.5 中显示了变体 PPM 的3bit OOK 的字映射。所有调制方案的容量和平均光功率要求如图 5.16 所示。从图 5.16 可以看出,DAPPM 与其他任何调制方案相比都具有更高的传输容量。DH－PIM_2的容量与 DAPPM($A=2$)大致相同。此外,还可以看出 DAPPM 功率效率较低,并且需要比 PPM 和 DPPM 更多的平均光功率。

表 5.5　将 3 位 OOK 字映射到 PPM、DPPM、DHPIM 和 DAPPM 符号

OOK	PPM ($M=8$)	DPPM ($M=8$)	$DHPIM_2$ ($M=8$)	DAPPM ($L_A=2$; $M=4$)	DAPPM ($L_A=4$; $M=2$)
000	10000000	1	100	1	1
001	01000000	01	1000	01	01
010	00100000	001	10000	001	2
011	00010000	0001	100000	0001	02
100	00001000	00001	110000	2	3
101	00000100	000001	11000	02	03
110	00000010	0000001	1100	002	4
111	00000001	00000001	110	0002	04

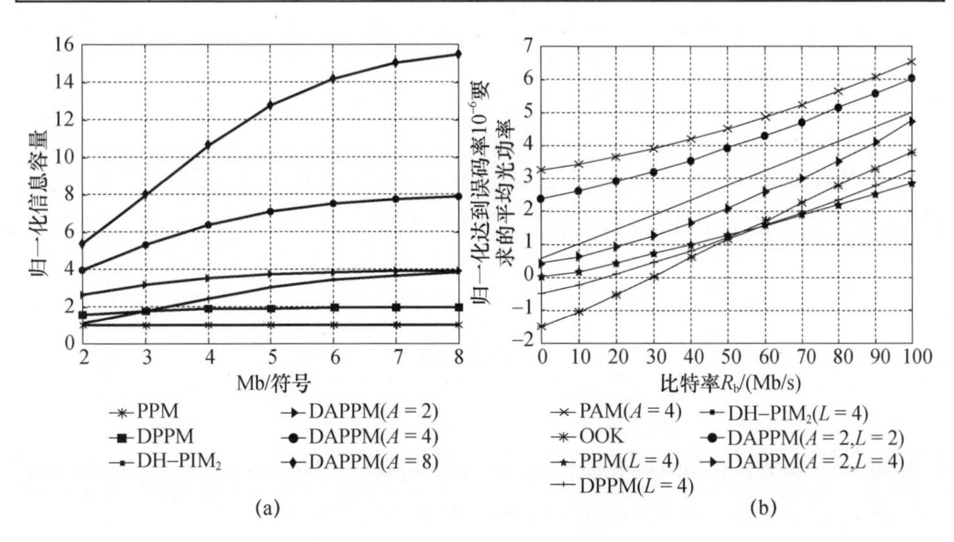

图 5.16　对于 PPM 变体的分析[9]

(a)归一化为 OOK 容量的 PPM 变体的容量;(b)在分散信道上实现封隔器误差率为 10^{-6}的平均光功率要求。

5.3 小结

本章讨论了相干和非相干调制方案。这些调制方案的选择标准取决于应用,包括功率限制及带宽限制。一些调制方案是功率效率优化的,而另一些是带宽效率优化的。在 FSO 通信系统中最常用的调制方案是具有简单性的 OOK。PPM 具有较低的峰均功率比,因此它是更节能的方案,由于这个原因,认为它是深空激光通信的最优方案。为了克服 PPM 带宽效率较差的问题,提出了比 PPM 具有更高带宽效率的各种 PPM 改进形式,但是它们会导致系统设计复杂度增加。表 5.6 给出了带宽需求、峰均功率比(PAPR)及所有调制方案容量的比较。

表 5.6 PPM 调制方案容量的比较

调制方案	M - PPM	DPPM	DHPIM	DAPPM	DPIM
带宽/Hz	$\frac{MR_b}{\log_2 M}$	$\frac{(M+1)R_b}{2\log_2 M}$	$\frac{(2^{\log_2 M-1}+2\alpha+1)R_b}{2\log_2 M}$	$\frac{(M+A)R_b}{2MA}$	$\frac{(M+3)R_b}{2\log_2 M}$
PAPR	M	$\frac{M+1}{2}$	$\frac{2(2^{\log_2 M-1}+2\alpha+1)}{3\alpha}$	$\frac{A(M+1)}{A+1}$	$\frac{M+1}{2}$
容量	$\log_2 M$	$\frac{2\log_2 M}{M+1}$	$\frac{2M\log_2 M}{2(2^{\log_2 M-1}+2\alpha+1)}$	$\frac{2M\log_2(M\cdot A)}{M+A}$	$\frac{2\log_2 M}{M+3}$

可以看出,DAPPM 能够提供更好的带宽效率,然而由于码持续时间较长,DAPPM 比其他任何 PPM 改型更容易受到码间干扰。

参考文献

1. A. Jurado - Navas, A. Garcia - Zambrana, A. Puerta - Notario, Efficient lognormal channel model for turbulent FSO communications. Electron. Lett. 43(3), 178 - 179 (2007)

2. Q. Shi, Y. Karasawa, An accurate and efficient approximation to the Gaussian Q - function and its applications in performance analysis in Nakagami - m fading. IEEE Commun. Lett. 15(5), 479 -

481 (2011)

3. Q. Liu, D. A. Pierce, A note on Gauss – Hermite quadrature. J. Biom. 81(3), 624 – 629 (1994)
4. S. Haykin, M. Moher, *Communication Systems* (John Wiley & Sons, Inc., USA, 2009)
5. A. Kumar, V. K. Jain, Antenna aperture averaging with different modulation schemes for optical satellite communication links. J. Opt. Netw. 6(12), 1323 – 1328 (2007)
6. Z. Ghassemlooy, W. O. Popoola, Terrestial free – space optical communications, in *Mobile and Wireless Communications Network Layer and Circuit Level Design*, ch. 17 (InTech, 2010), pp. 356 – 392. doi:10. 5772/7698
7. K. Kiasaleh, Performance of APD – based, PPM free – space optical communication systems in atmospheric turbulence. IEEE Trans. Commun. 53(9), 1455 – 1461 (2005)
8. D. Shiu, J. M. Kahn, Differential pulse – position modulation for power – efficient optical communication. IEEE Trans. Commun. 47(8), 1201 – 1210 (1999)
9. U. Sethakaset, T. A. Gulliver, Differential amplitude pulse – position modulation for indoor wireless optical communications. J. Wirel. Commun. Netw. 1, 3 – 11 (2005)
10. Z. Ghassemlooy, A. R. Hayes, N. L. Seed, E. Kaluarachehi, Digital pulse interval modulation for optical wireless communications. IEEE Commun. Mag. 98, 95 – 99 (1998)
11. M. Herceg, T. Svedek, T. Matic, Pulse interval modulation for ultra – high speed IR – UWB communications systems. J. Adv. Signal Process. (2010). doi:10. 1155/2010/658451
12. N. M. Aldibbiat, Z. Ghassemlooy, R. McLaughlin, Performance of dual header – pulse interval modulation (DH – PIM) for optical wireless communication systems. Proc. SPIE Opt. Wirel. Commun. III 4214, 144 – 152 (2001)

第 6 章

链路性能改进技术

6.1 孔径平均

在这种情况下，接收天线孔径的尺寸大于工作波长，使得探测器的光子收集能力增加。此时有利干预和有害干扰得到较大程度的平衡和缓解，并减轻了大气湍流的影响。根据孔径平均理论[1]，用于量化衰减抑制程度的参数称为孔径平均因子 A_{f}，有

$$A_{\mathrm{f}} = \frac{\sigma_I^2(D_{\mathrm{R}})}{\sigma_I^2(0)} \tag{6.1}$$

式中：$\sigma_I^2(D_{\mathrm{R}})$ 和 $\sigma_I^2(0)$ 分别为接收直径为 D_{R} 的天线和接收直径为 0（“点接收机”，即 $D_{\mathrm{R}} \approx 0$）天线透镜的闪烁指数。

在弱大气湍流条件下，孔径平均理论已广泛应用于平面波和球面波。对于弱大气湍流，不考虑内外尺度的平面波闪烁指数表达式和球面波闪烁指数表达式分别为[2]

$$\sigma_{I,\mathrm{Pl}}^2 = \exp\left[\frac{0.49\sigma_{\mathrm{R}}^2}{(1+0.65d^2+1.11\sigma_{\mathrm{R}}^{12/5})^{7/6}} + \frac{0.51\sigma_{\mathrm{R}}^2(1+0.69\sigma_{\mathrm{R}}^{12/5})^{-5/6}}{1+0.90d^2+0.62d^2\sigma_{\mathrm{R}}^{12/5}}\right] - 1 \tag{6.2}$$

$$\sigma_{I,\mathrm{Sp}}^2 = \exp\left[\frac{0.49\beta_0^2}{(1+0.18d^2+0.56\beta_0^{12/5})^{7/6}} + \frac{0.51\beta_0^2(1+0.69\beta_0^{12/5})^{-5/6}}{1+0.90d^2+0.62d^2\beta_0^{12/5}}\right] - 1 \tag{6.3}$$

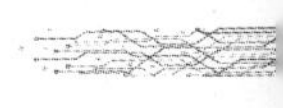

式中：σ_R^2 为 Rytov 方差（见第2章）；$d=\sqrt{kD_{\mathrm{R}}^2/4R}$ 为圆形孔径半径，它由菲涅耳长度公式 $\mathcal{F}=\sqrt{R/k}$ 决定，$k=(2\pi/\lambda)$ 为波数，R 为传输距离，D_{R} 为接收天线直径，且有 $\beta_0^2=0.5C_n^2k^{76}R^{116}$。

从图6.1可以看出，在弱到中等的大气湍流情况下，$D_{\mathrm{R}}>\sqrt{\lambda R}$ 条件下孔径平均因子 A_{f} 有效地减少，因为它达到了湍流情况下的辐照度波动平均值。然而，对于强大气湍流条件，当 $\sigma_{\mathrm{R}}^2\gg1$ 且 $r_0<D_{\mathrm{R}}<R/kr_0$ 时可以看到平均效应[4]。

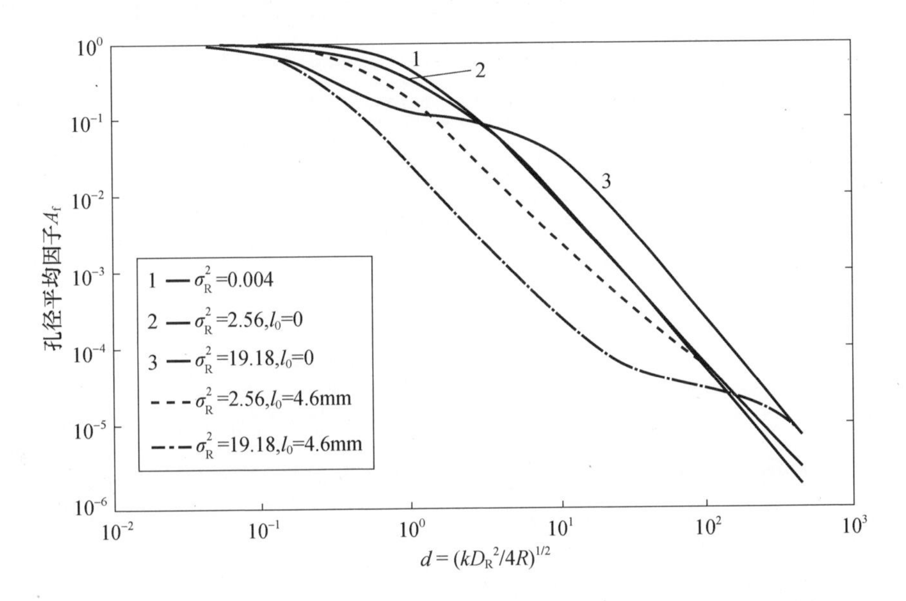

图6.1　不同大气湍流下孔径平均因子 A_{f}随归一化接收半径 d 的变化[3]

6.1.1　小尺度平面波

当湍流内部尺度 l_0远小于菲涅耳长度 $\sqrt{R/k}$或大气相干长度 r_0中的较小者时，代表小尺度平面波情况。平面波在弱大气湍流中传播的孔径平均因子和后续的横向连接已经被 Churnside[1,5] 近似给出，即

$$A_{\mathrm{f}}=\left[1+1.07\left(\frac{kD_{\mathrm{R}}^2}{4R}\right)^{7/6}\right]^{-1} \tag{6.4}$$

Andrew[6]的近似值则显示稍好一些的结果。Andrew 近似的孔径平均因子为

$$A_{\mathrm{f}} = \left[1 + 1.602\left(\frac{kD_{\mathrm{R}}^2}{4R}\right)\right]^{-7/6} \tag{6.5}$$

式(6.5)在 $d = \sqrt{kD_{\mathrm{R}}^2/4R} = 1$ 条件下,比式(6.4)给出的结果有7%的提升。从式(6.4)可以清楚地看出,对于给定的工作波长和链路长度,随着孔径尺寸的增加,孔径平均因子的影响也增加,从而减少了辐照波动或闪烁。在星地通信链路(即垂直或倾斜路径传播)的情况下,孔径平均因子由文献[7]给出,即

$$A_{\mathrm{f}} = \frac{1}{1 + A_0^{-1}\left(\dfrac{D_{\mathrm{R}}^2}{\lambda h_0 \sec\theta}\right)^{7/6}} \tag{6.6}$$

式中:A_0为近似等于1.1的常数;θ 为天顶角,h_0 可表示为

$$h_0 = \left[\frac{\int C_n^2(h) h^2 \mathrm{d}h}{\int C_n^2(h) h^{5/6} \mathrm{d}h}\right]^{6/7} \tag{6.7}$$

随着孔径 D_{R}的增加,孔径平均因子 A_{f}下降,如图6.2所示,清楚地表明了闪烁减少。然而,如图6.2(b)所示,在天顶角变化 θ 的情况下孔径平均没有明显改进。

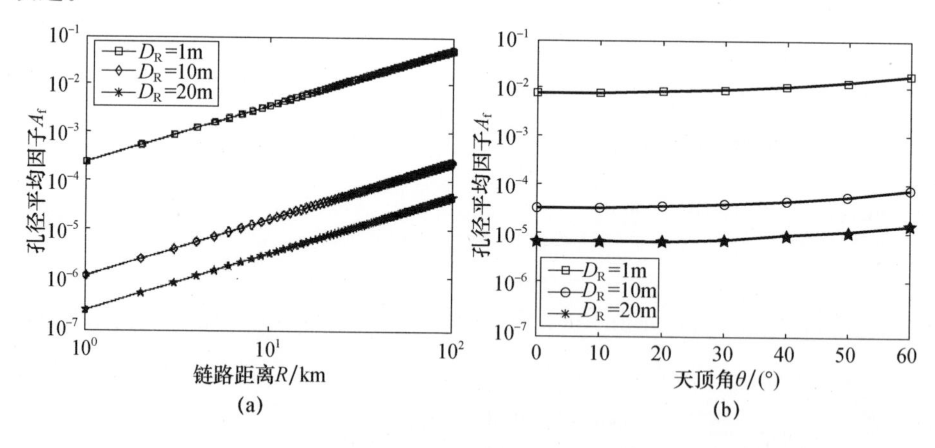

图6.2 不同孔径直径的孔径平均因子 A_{f} 的变化

(a)水平链路传播;(b)斜向链路传播。

6.1.2　大尺度平面波

当湍流内部尺度远大于菲涅耳长度（$l_0 \gg \sqrt{R/k}$）时，为大尺度平面波情况，这种情况下的孔径平均因子近似使用 Tatarskii 或 Hill 谱[8]给出，即

$$A_f = \left[1 + 2.21\left(\frac{D_R}{l_0}\right)^{7/3}\right]^{-1}, D_R \gg 1 \tag{6.8}$$

式(6.8)的改进型为[1]

$$A_f = \left[1 + 2.19\left(\frac{D_R}{l_0}\right)^2\right]^{-7/6}, 0 \leqslant \frac{D_R}{l_0} \leqslant 0.5 \tag{6.9}$$

孔径平均因子 A_f 与在孔径上 D_R 的函数依赖关系，与小尺度平面波 l_0 的情况相同（见式(6.4)）。

6.1.3　小角度球面波

这种情况下孔径平均因子使用 Kolmogorov 谱评估，可以近似为

$$A_f = \left[1 + 0.214\left(\frac{kD_R^2}{4R}\right)^{7/6}\right]^{-1} \tag{6.10}$$

当 $d = \sqrt{kD_R^2/4R} = 1$ 时，孔径平均因子 A_f 比理论值小 86%。

6.1.4　大角度球面波

这种情况下的孔径平均因子近似由文献[1]给出，即

$$A_f = \left[1 + 0.109\left(\frac{D_R}{l_0}\right)^{7/3}\right]^{-1} \tag{6.11}$$

当 l_0 与菲涅耳长度的 1.5 倍相比拟时，当 $l_0 < 1.5\sqrt{R/k}$ 时建议[1]使用小的内部尺度近似值，当 $l_0 \geqslant 1.5\sqrt{R/k}$ 时建议使用大内部尺度近似值。Andrew[6]建议当 $kD_R^2/4R < 1$ 时使用小的内部尺度近似。图 6.3 显示了中度和强烈大气湍流的各种传播模式下孔径平均的影响。

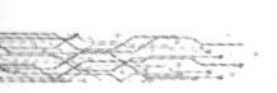

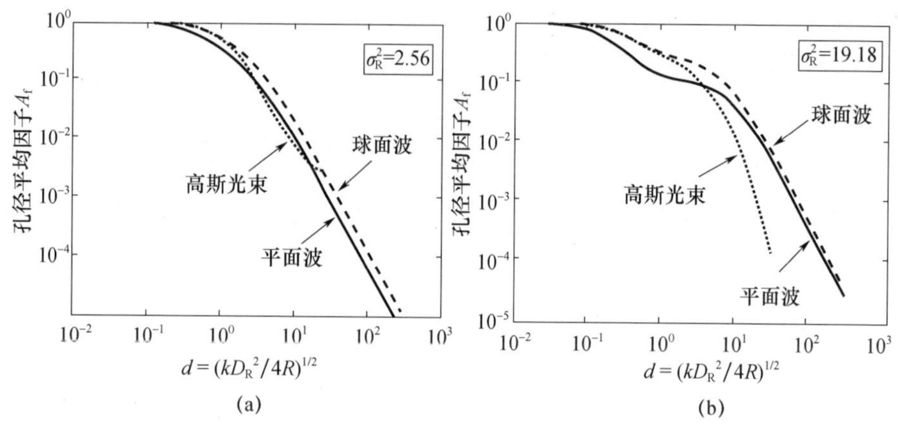

图 6.3　不同传播模型(平面、球面和高斯)的孔径平均因子 A_f[9]

(a)中等强度大气湍流;(b)强大气湍流。

6.2　孔径平均试验

为了验证孔径平均理论,许多研究人员进行了大量的试验。本书已经讨论了文献[10]中报道的类似试验。由于较小的传播距离改变了 C_n^2 的有效值,因此试验结果可能偏离理论结果。在试验过程中,为了观察大气湍流环境中接收机孔径增加的影响,使用光湍流发生器(OTG)在实验室环境内产生人造湍流,如图 6.4(a)所示。室内通过强制混合冷热空气产生湍流[10]。为了在 OTG 腔室内形成不同强度的湍流;腔室一端的进气口保持在室温;另一端的热空气使用电加热器吹入。腔室内的温度可以通过改变连接到加热器的自变量来控制,从而可以产生 C_n^2 的变化强度。空气的流速可以通过连接到 OTG 室的风扇转速来控制。因此,通过改变速度和温度,室内可产生不同强度的湍流。表 6.1 列出了为试验使用的其他参数。

如图 6.4(b)所示,激光束垂直传播通过 OTG 室到湍流气流的方向,缩短的波前被另一端的光束轮廓仪捕获。整个装置固定在无振动台上,在暗室中观察结果。进行试验的第一步是表征 OTG 腔内的湍流。通过评估由于光束方向改变而引起的最大辐照瞬时点的变化来完成湍流表征。换句话说,当光束在 OTG 腔

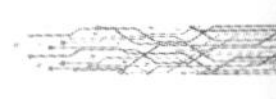

内传播时，必须确定光束漂移的变化。

表 6.1　实验室试验中使用的参数

序号	参数	值
1	激光功率	10mW
2	发射光束尺寸(W_0)	0.48mm
3	工作波长/nm	633 和 542
4	OTG 室尺寸	20cm×20cm×20cm
5	接收机相机类型	CCD 类型
6	曝光时间/ms	0.4
7	相机分辨率	1600 像素×1200 像素
8	像素大小	4.5μm×4.5μm
9	温差 δT/K	20～100
10	天顶角 θ/(°)	0
11	传播长度 R/cm	50

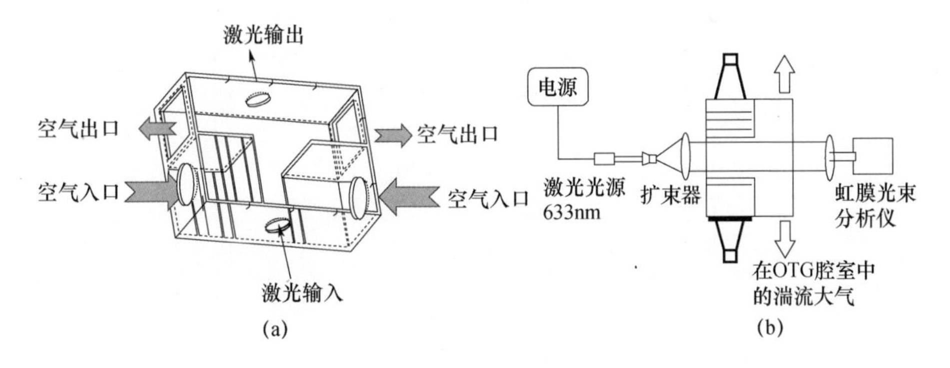

图 6.4　孔径平均试验

(a)OTG 室的三维视图；(b)试验装置。

光束漂移方差有助于确定 C_n^2 的值，该参数表征 OTG 室内部湍流的参数。在零天顶角处，具有光束尺寸 W_0 的准直光束的光束漂移方差(见式(2.33))为

$$\langle r_c^2 \rangle = 0.54R^2\left(\frac{\lambda}{2W_0}\right)^2\left(\frac{2W_0}{r_0}\right)^{5/3} \tag{6.12}$$

式中:〈〉表示总体平均值;r_0为大气相干长度(也称为 Fried 参数)。

表 6.2 显示了 OTG 腔内不同温度情况下的 $C_n^2\Delta R$ 试验值[11]。

表 6.2　不同温度情况下的 $C_n^2\Delta R$ 试验值

序号	温差/K	$C_n^2\Delta R/\mathrm{m}^{-1/3}$
1	10	5.5×10^{-12}
2	20	1.86×10^{-11}
3	30	3.65×10^{-11}

图 6.4(b)给出了确定孔径平均因子的试验装置。光束扩展器用于扩展来自激光源的透射光束宽度。这个扩展光束通过 OTG 腔室传输。在接收机端,可变光阑用于改变接收机孔径。来自可变光阑的光束被捕获到光束轮廓仪上,用于计算光束方差。图 6.5 分别显示了 $\sigma_I^2=0.03$ 情况下的孔径平均因子 A_f 与孔径直径的分析试验结果。

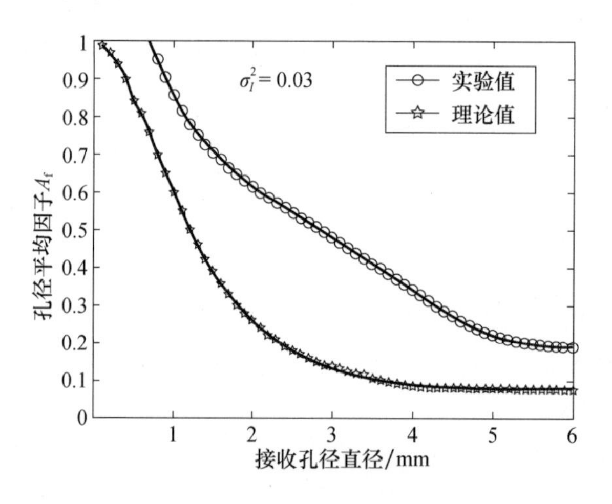

图 6.5　孔径平均的理论和实验结果

由图可以看出,在这两种情况下,孔径平均因子随着孔径的增加而减小。此外,对于给定的一组参数,孔径平均系数在 4mm 直径之后出现非常小的改善。虽然图 6.5 中的趋势在理论和试验结果上都是相同的,但对于给定的孔直径,孔径平均因子的值似乎有偏差。这是因为大气湍流是通过在有限的距离内改变气

流的温度和速度且在 OTG 腔内人为产生的，这将降低用理论数据获得的 C_n^2 值的精确度。

6.3　分集技术

FSO 通信系统在湍流大气信道中的性能可以通过采用分集技术来提高。无线通信系统中的分集有多种类型，包括时间分集、频率分集或空间分集。在时间分集的情况下，使用不同的时隙传输相同信号的多个分信号。在频率分集的情况下，使用不同的子载波传输信息以实现良好的系统性能，从而保持载波之间足够的分离度。在空间分集中，使用多个发射机或接收机以确保不同天线之间的零相关性。假设信号是独立接收的（信号之间零相关），这种分集方法给出最大的分集增益。空间分集的概念是通过使用在空间上充分分离的小探测器孔径阵列来实现大孔径的分集增益。所需的天线间隔取决于光束发散角、工作波长和大气湍流水平。

为了实现具有良好分集增益性能的分集，必须准确地估计信道参数。时变的湍流大气通道是很难理解和掌握的。因此引入一个近似信道模型，即广义静止不相关散射信道。在这个通道模型中，假设不同物体的散射体是独立的。表征这种信道的参数如下。

（1）多路径传播 T_m。信道中两个有功功率传播路径之间的最大延迟。

（2）相干带宽 Δf_c。它是信号的两个频率有可能经历相似的衰减或高度相关的最大频率间隔。

（3）相干时间 Δt_c。这是信道冲激响应基本不变或相关的最大时间间隔。

（4）多普勒扩展 B_d。多普勒频移的最大范围。

根据这些信道参数和发射信号的特性，时变衰落信道可以表征如下。

（1）频率非选择性与频率选择性。如果发射信号带宽比 Δf_c 小，那么信号的所有频率分量将大致经历相同程度的衰落。这种类型的信道为频率非选择性（也称为平坦衰落）信道。由于 Δf_c 和 Δt_c 具有倒数关系，因此与 Δt_c 相比，频率非选择性信道具有较大的符号持续时间（带宽的倒数）。在这种类型的信道中，不同路径之间的延迟相对于符号持续时间较小。接收到的信号增益和相位由在时间间隔 Δt_c 内接收信号的所有分信号的叠加确定。

另外，如果传输信号的带宽大于 Δf_c，则信号的不同频率分量将经历不同程度的衰减。这种类型的信道为频率选择性频道。由于与 Δt_c 的倒数关系，发送信号的符号持续时间与 Δt_c 相比较小。在这种类型的信道中，相对于符号持续时间，不同路径之间的延迟相对较大，并可在另一端接收信号的多个分信号。

（2）慢衰减信道与快衰减信道。如果符号持续时间与 Δt_c 相比较小，则该信道为慢衰减信道。在这种情况下，信道通常建模为时间不变的多个符号间隔。与之相应，如果符号持续时间大于 Δt_c，则该信道被认为是快衰减信道（也称为时间选择性衰减）。在这种情况下，通道参数不容易估计。

由于其固有的冗余性，分集技术在大气湍流环境中是一种有吸引力的方法。该技术还显著降低了由于其他种类的障碍物（如鸟）暂时阻挡激光束的可能性。对于采用 M 个发射天线和 N 个接收天线的 FSO 通信系统，第 n 个接收机的接收功率由下式给出，即

$$r_n = s\eta\sum_{m=1}^{M} I_{mn} + z(t) \tag{6.13}$$

式中：$s \in \{0,1\}$ 为传输比特信息；η 为光电转换系数；$z(t)$ 为具有零均值、方差 $\sigma_n^2 = N_0/2$ 的加性高斯白噪声。

对于恒定的传输总功率 P，每个波束将承载功率 P 的 $1/M$，并因此限制发射功率密度（单位为 $\mathrm{mW/cm^2}$）。实现给定的 BER 所需的多光束的数量取决于大气湍流的强度。然而，由于如可用空间、成本、分激光功率的效率等实际考虑因素，多光束的数量不能无限增加。

6.3.1 分集类型

当不同分支的衰减相互独立或不相关时，分集技术是行之有效的。分集可以通过多种方式实现的，具体如下。

（1）频率（或波长）分集。这是指如果载波之间频率间隔至少等于 Δf_c，则在不同的载波上发送相同的信息。这将确保不同的分支经历不同的衰减过程。

(2)时间分集。时间分集是通过在短时间间隔内重复传输相同的信息位来实现的。符号之间的间隔应至少等于 Δt_c,以使不同分支中的信号经历不同程度的衰减。时间间隔取决于衰减速率,并且随着衰减速率的降低而增加。

(3)空间分集。空间分集也称为天线分集,可以通过在发射机或接收机处放置多个天线来实现。天线之间的间距应大于大气的相干长度 r_0,以使不同分支中的信号经历不同程度且相互独立的衰减。由于光频率工作波长非常小,因此天线之间的微小间距将会增加实现分集增益的难度(图6.6和图6.7)。

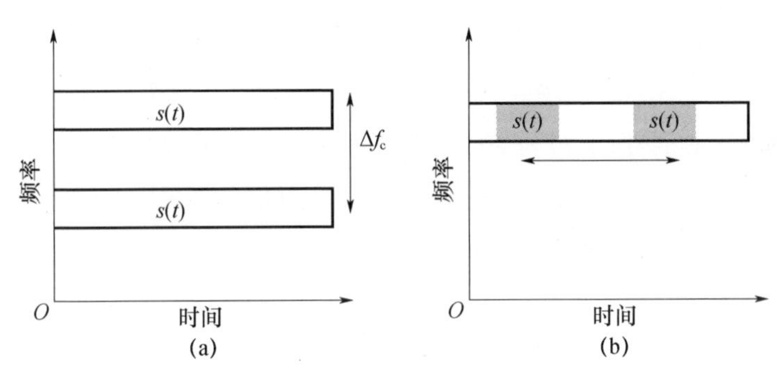

图6.6　不同分集比较

(a)频率分集;(b)时间分集。

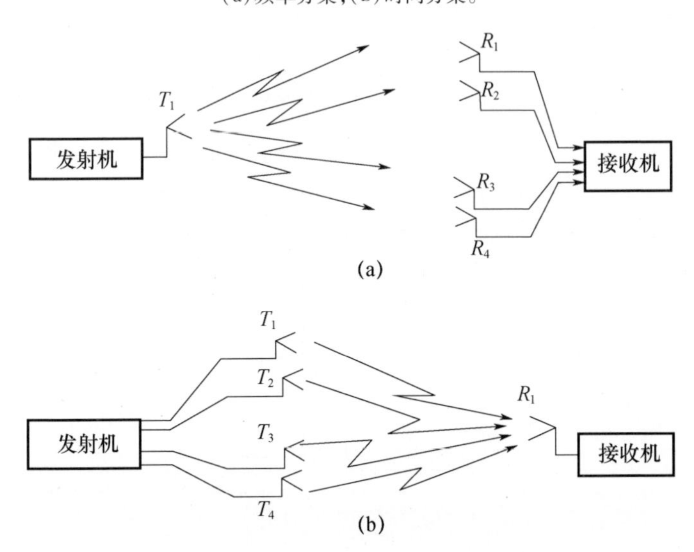

图6.7　接收和传输空间分集

(a)接收分集;(b)空间分集。

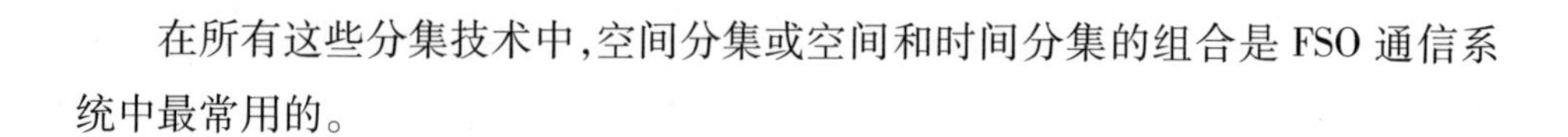

在所有这些分集技术中，空间分集或空间和时间分集的组合是 FSO 通信系统中最常用的。

6.3.2 分集合并技术

分集的思想是将传输信号的几个分信号组合起来以实现分集增益，这些分信号分别经历了独立的衰减过程。有许多分集组合技术可以提高接收信噪比。对于缓慢变化的平坦衰落信道，第 i 个分支处的接收信号可以表示为

$$r_i(t) = \alpha e^{j\theta_i} s(t) - z_i(t), \quad i = 1, 2, \cdots, M \tag{6.14}$$

式中：$s(t)$ 为发射信号；$z_i(t)$ 为加性高斯白噪声；$\alpha e^{j\theta_i}$ 为每个分集第 i 个分支的衰落系数。对于 M 个独立分支，发送信号的 M 个分信号可表示为

$$r = [r_1(t) \quad r_2(t) \quad \cdots \quad r_M(t)] \tag{6.15}$$

这 M 个不同的信号将通过对多个独立信号路径进行平均来实现高达 M 的分集增益，从而改善系统在湍流环境中的性能。已经观察到，随着大气湍流和发射/接收天线数量的增加，分集增益增加。有一些组合技术能够以最佳或接近最佳的方式组合接收到的信号，在接收机处实现良好的分集增益。下面讨论一些最常用的组合技术。

（1）选择组合（SC）。这种组合技术选择 SNR 最强的分支，如图 6.8 所示。

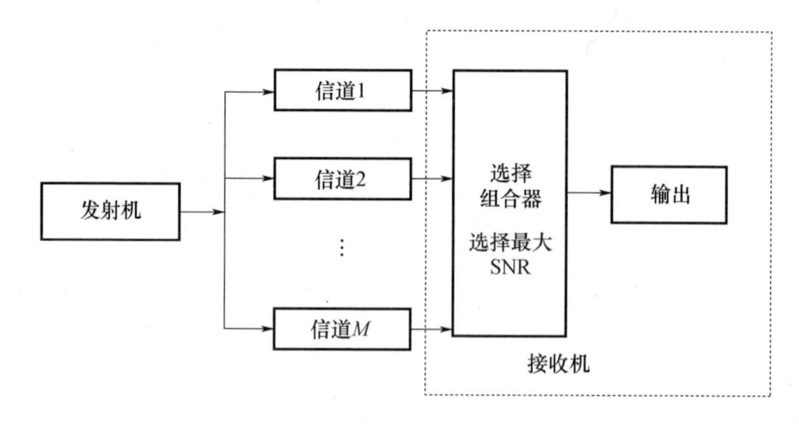

图 6.8　选择组合

可用分支的数量越大，在接收机处具有更大 SNR 的概率就越高。对于平坦

衰落信道,第 i 个分支的瞬时 SNR 由下式给出,即

$$\gamma_i = \frac{E}{N_0}|h_i|^2 \tag{6.16}$$

式中:h_i为信道(复数)增益;E 为符号能量。

假设所有分支中的噪声谱功率密度 N_0 相同。选择组合器输出的瞬时 SNR 由下式给出,即

$$\gamma_{sc} = \max\{\gamma_1, \gamma_2, \cdots, \gamma_M\} \tag{6.17}$$

所有分支的瞬时 SNR 的 PDF 服从指数分布,即

$$f(\gamma_i) = \frac{1}{\gamma_{av}}\exp^{-\gamma/\gamma_{av}} \quad \gamma_i > 0 \tag{6.18}$$

式中:$\gamma_{av} = \overline{\gamma_i} = \frac{E}{N_0}|\overline{h_i}|^2$ 为平均信噪比。

相应的累计分布函数(CDF)由下式给出,即

$$P(\gamma_i \leqslant \gamma) = \int_{-\infty}^{\gamma} f(\gamma_i)\mathrm{d}\gamma_i = 1 - \exp^{-\gamma/\gamma_{av}} \tag{6.19}$$

选择合并后瞬时 SNR 的 CDF 可表示为

$$\begin{aligned} F(\gamma_{sc}) &= P(\gamma_i \leqslant \gamma, i = 1,2,\cdots,M) = \prod_{i=1}^{M} P(\gamma_i \leqslant \gamma_{sc}) \\ &= \prod_{i=1}^{M}(1 - \exp^{-\gamma/\gamma_{av}}) = (1 - \exp^{-\gamma/\gamma_{av}})^M, \gamma_{sc} \geqslant 0 \end{aligned} \tag{6.20}$$

这也是第 i 个分支的中断概率 P_{out},是分集系统工作在衰落信道上的另一个性能标准特性。中断概率定义为瞬时错误概率超过规定值的概率,或者等于输出 SNR 下降到某个特定阈值 γ_{th}以下的概率。一般当 $\gamma = \gamma_{th}$时,代表 γ 的 CDF。

(2)最大比例组合(MRC)。在这种组合技术中,不同的权重分配给分集支路以优化 SNR,如图 6.9 所示。在这种情况下,不同分集支路的基带信号可以表示为

$$r_i(t) = h_i s(t) + z_i(t) \tag{6.21}$$

式中:h_i为复信道增益;$s(t)$为发射信号;$z_i(t)$为加性高斯白噪声。

接收到的信号被馈送到线性组合器,其输出可以表示为

$$y(t) = \sum_{i=1}^{M} w_i r_i = \sum_{i=1}^{M} w_i[h_i s(t) + z_i(t)] = s(t) \cdot \sum_{i=1}^{M} w_i h_i + \sum_{i=1}^{M} w_i z_i(t) \tag{6.22}$$

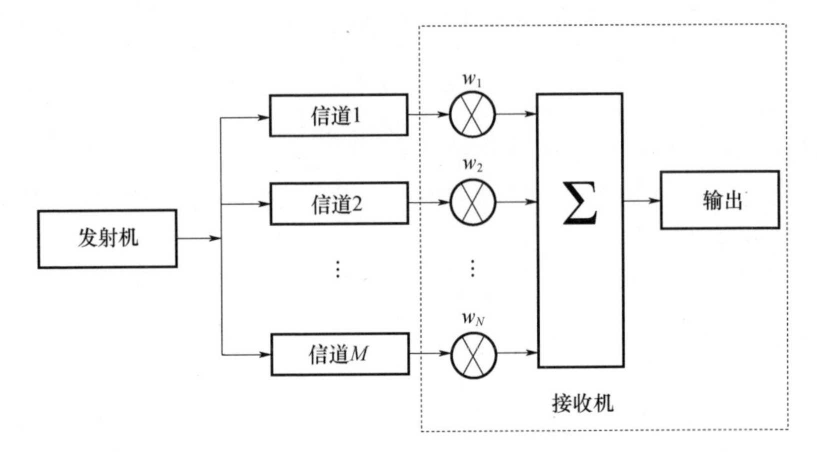

图 6.9　最大比例组合

组合器输出端的瞬时信号和噪声功率由下式给出，即

$$\sigma_y^2 = E[|s(t)|^2]\left|\sum_{i=1}^{M} w_i h_i\right|^2 \tag{6.23}$$

$$\sigma_{nc}^2 = \sigma_n^2 \cdot \sum_{i=1}^{M} |w_i|^2 \tag{6.24}$$

组合器输出的瞬时 SNR 由下式给出，即

$$\gamma_{MRC} = \gamma_{av}\frac{\left|\sum_{i=1}^{M} w_i h_i\right|^2}{\sum_{i=1}^{M} |w_i|^2} \tag{6.25}$$

根据复杂参数的施瓦尔兹(Schwarz)不等式，有

$$\left|\sum_{i=1}^{M} w_i h_i\right|^2 \leqslant \sum_{i=1}^{M} |w_i|^2 \cdot \sum_{i=1}^{M} |h_i|^2 \tag{6.26}$$

其中，a 是一个任意常数时，当 $w_i = ah_i^*$ 时，不等式(6.26)成立。如果 $a=1$，当权重选择为信道增益的共轭时，即 $w_i = h_i^*$，瞬时 SNR 最大化变成

$$\gamma_{MRC} = \gamma_{av}\sum_{i=1}^{M} |h_i|^2 = \sum_{i=1}^{M} \gamma_i \tag{6.27}$$

式中：γ_i为第 i 个分支的瞬时 SNR。组合器输出端 SNR 的 PDF 值为

$$f(\gamma_{MRC}) = \frac{1}{(M-1)!}\cdot\frac{\gamma_{MRC}^{M-1}}{\gamma_{av}^{M}}\exp^{\gamma_{MRC}/\gamma_{av}} \tag{6.28}$$

MRC 的中断概率可以从 CDF 获得，即

$$P(\gamma_{\mathrm{MRC}} \leqslant \gamma) = \int_{-\infty}^{\gamma} f(\gamma_{\mathrm{MRC}})\mathrm{d}\gamma_{\mathrm{MRC}} = 1 - \int_{\gamma}^{\infty} f(\gamma_{\mathrm{MRC}})\mathrm{d}\gamma_{\mathrm{MRC}}$$

$$= 1 - \exp^{-\gamma_{\mathrm{MRC}}/\gamma_{\mathrm{av}}} \sum_{i=1}^{M} \frac{(\gamma_{\mathrm{MRC}}/\gamma_{\mathrm{av}})^{i-1}}{(i-1)!} \tag{6.29}$$

(3)等增益组合(EGC)。在这种组合技术中,相同的权重被分配给每个分支,这就降低了接收机的复杂度,如图6.10所示。比较所有分集组合技术的性能,可看出MRC的性能优于所有其他组合技术,但是难以实现。SC是最简单的组合技术,但性能表现并不符合标准。EGC与MRC非常接近,复杂度较低。不过当单个分支不独立时EGC技术的性能会降低。

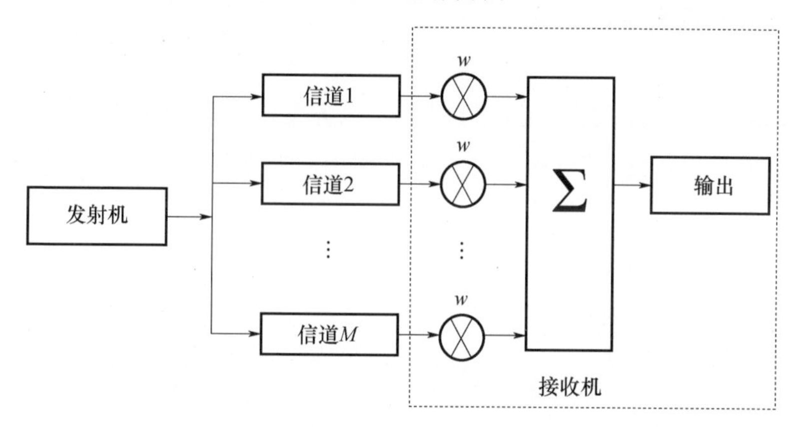

图6.10 等增益组合

6.3.3 阿拉穆蒂(Alamouti)发射分集方案

在发射分集的情况下,有多个发射天线和一个接收天线,因此也称为多输入单输出。它通过在不同的时间间隔内利用不同天线发送相同的符号来实现。该技术的实用性能较差,因为它在空间中重复发送相同的符号,并导致处理延迟。另一种方式是在不同的天线上同时发送不同的时间分集码。然而,当多个信号在特定角度的辐射中可能产生零点时,这种技术仍然存在一些问题。另一种技术是Alamouti提出的,利用时间分集和空间分集,也称为空时编码[12]。这种发射分集技术利用两个发射天线和一个接收天线,能够与使用一个发射天线和两个接收天线的MRC接收机实现相同的分集。该方案可以推广到两个发射天线

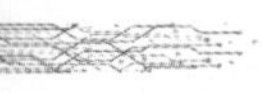

和 M 个接收天线,以提供 $2M$ 的分集阶数。能够改善无线通信系统的误码性能、数据率和容量。这种分集方案主要特征如下。

(1)在这种方案中,冗余多个天线之间的空间应用了冗余设计,而不是在时间或频率维度,因此该方案不需要任何带宽扩展。

(2)从接收机到发射机不需要反馈,因此它具有较少的计算复杂度。

(3)该方案可在不对现有系统进行完全重新设计的前提下,经济、有效地提高系统容量或增加衰落环境中的覆盖距离。

6.3.4 双发单收方案

Alamouti 分集的框图如图 6.11 所示。该方案使用两个发射天线和一个接收天线。在发射机处,信息符号专门编码用于发射分集系统并向接收机发射。在接收机处,使用组合器将接收到的符号组合,并基于最大似然检测进行判定。

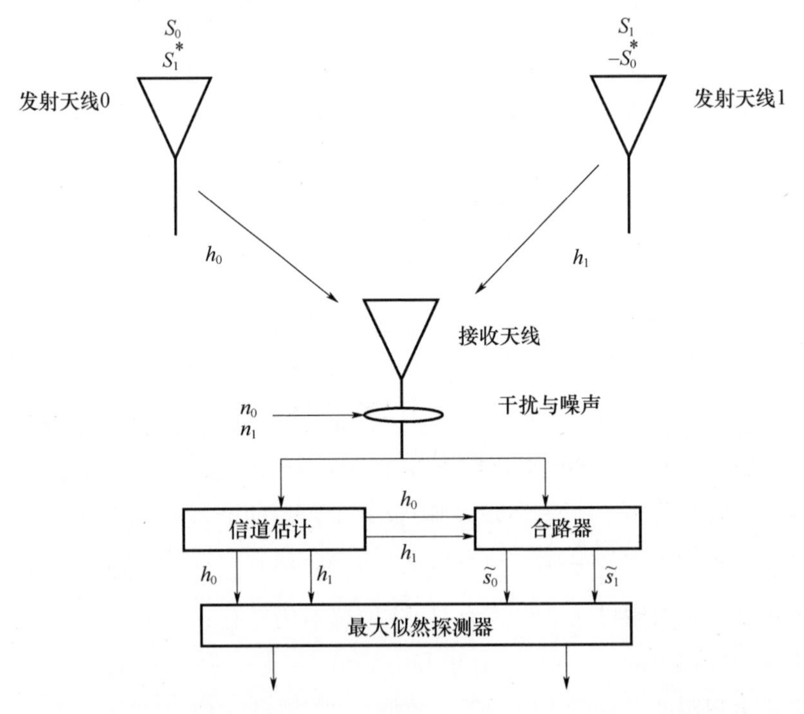

图 6.11 有两个发射天线和一个接收天线的 Alamouti 发射分集方案[12]

令$[s_0, s_1]$为使用 Alamouti 空时编码方案传输的复数数据,如表6.3所列。

表6.3 双分支发射分集方案的 Alamouti 空时编码方案

符号时期	发射天线0	发射天线1
时间 t	s_0	s_1
时间 $t+T$	$-s_1^*$	s_0^*

在发射天线0处,有

$$\boldsymbol{A} = [s_0, -s_1^*]$$

在发射天线1处,有

$$\boldsymbol{B} = [s_1, s_0^*]$$

在一个给定的符号周期中,两个符号由两个天线同时传输。在第一个符号周期,从发射天线0发射信号s_0,并从发射天线1发射信号s_1。在下一个符号周期,从发射天线0发射$-s_1^*$,并从发射天线1发射信号s_0^*,其中"*"代表复共轭操作。这种类型的编码在空间和时间上完成,因此被称为空时编码。如果使用两个相邻载波而不是两个符号周期,则编码方案称为空间频率编码。这种分集方案中使用了正交性质,即$\boldsymbol{AB}^{\mathrm{T}}=0$,因为在信道之间不存在共相位。

令$h_0(t)$和$h_1(t)$分别是接收机与发射天线0和1之间的复信道增益。假设两个连续符号之间具有固定的衰减,则信道状态信息可以表示为

$$h_0(t) = h_0 = \alpha_0 \exp^{j\theta_0} \tag{6.30}$$

$$h_1(t) = h_1 = \alpha_1 \exp^{j\theta_1} \tag{6.31}$$

接收到的信号可以表示为

$$r_0 = r(t) = h_0 s_0 + h_1 s_1 + n_0 \tag{6.32}$$

$$r_1 = r(t+T) = -h_0 s_1^* + h_1 s_0^* + n_1 \tag{6.33}$$

式中:T为符号持续时间;n_0和n_1分别为代表噪声和干扰的复杂随机变量。

随后,这些接收到的信号被馈送到产生两个信号的组合器,有

$$\tilde{S}_0 = h_0^* r_0 + h_1 r_1^* \tag{6.34}$$

$$\tilde{S}_1 = h_1^* r_0 - h_0 r_1^* \tag{6.35}$$

将式(6.30)~式(6.33)代入式(6.34)和式(6.35),可得

$$\tilde{S}_0 = (\alpha_0^2 + \alpha_1^2) s_0 + h_0^* n_0 + h_1 n_1^* \tag{6.36}$$

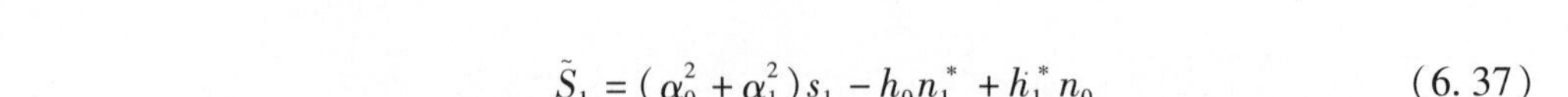

$$\tilde{S}_1 = (\alpha_0^2 + \alpha_1^2)s_1 - h_0 n_1^* + h_1^* n_0 \tag{6.37}$$

最后,将信号馈送到最大似然检测器用于信号判定。这些组合信号相当于从 MRC 接收机的一个发射机和两个接收机获得的信息,因此双分支发射分集方案的分集阶数结果与双分支 MRC 接收机相同。

6.3.5 有/无空间分集情况下误码率性能比较

对于存在湍流条件下的多个发射波束,条件 BER 通过对辐照度波动统计进行平均得到,其表达式为

$$P_e = \int_0^\infty f_I(I) Q[\sqrt{\mathrm{SNR}(I)}]\mathrm{d}I \tag{6.38}$$

采用对数正态建模的 FSO 通信系统 BER 表达式为

$$P_e = \int_0^\infty \frac{1}{I\sqrt{2\pi\sigma_l^2}} \exp\left\{-\frac{[\ln(I/I_0) + \sigma_l^2/2]^2}{2\sigma_l^2}\right\} Q[\sqrt{\mathrm{SNR}(I)}]\mathrm{d}I \tag{6.39}$$

式(6.39)可以使用 Q 函数进行替代表示[13-14],同时利用高斯 - 厄米特(Gauss - Hermite)正交积分来解,则式(6.39)可以重写为

$$P_e \approx \int_{-\infty}^{\infty} \frac{1}{\sqrt{\pi}} \exp(-x^2) Q\left[\frac{R_0 A I_0 \exp(\sqrt{2}\sigma_l x - \sigma_l^2/2)}{\sqrt{2}\sigma_n}\right]\mathrm{d}x \tag{6.40}$$

式中:$x = (\ln(I/I_0) + \sigma_l^2/2)/\sqrt{2}\sigma_l$。

式(6.40)引用的 Gauss - Hermite 正交积分为

$$\int_{-\infty}^{\infty} f(x)\exp(-x^2)\mathrm{d}x \approx \sum_{i=1}^{m} w_i f(x_i) \tag{6.41}$$

式中:x_i和 w_i为 m 阶 Hermite 多项式的零点和权重。

使用式(6.40),相干 BPSK 的 BER 表达式可写为

$$P_e(\mathrm{SC-BPSK}) \approx \frac{1}{\sqrt{\pi}} \sum_{i=1}^{m} w_i Q[K\exp(\sqrt{2}\sigma_l x_i - \sigma_l^2/2)] \tag{6.42}$$

式中:$K = R_0 A I_0/\sqrt{2}\sigma_l$。

以此类推,SC - QPSK 的 BER 可由下式给出,即

$$P_e(\mathrm{SC-QPSK}) \approx \frac{1}{\sqrt{\pi}} \sum_{i=1}^{m} w_i Q\left[\frac{K\exp(\sqrt{2}\sigma_l x_i - \sigma_l^2/2)}{\sqrt{2}}\right] \tag{6.43}$$

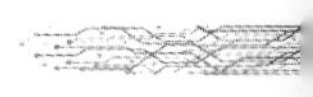

对于发射分集，式(6.42)和式(6.43)中有效方差按比例缩放，有$\sigma_l^2=\sigma_l^2/M$。如果发射天线之间存在相关性，则缩放有时不成立，因为它会导致分集增益降低。此时实际方差由下式给出，即

$$\sigma_l^2 = \frac{\sigma_l^2}{M} + \frac{1}{M^2}\sum_{\substack{p=1\\p\neq l}}^{M}\Gamma_{pl} \tag{6.44}$$

式中：$\Gamma_{pl}(p、l=1,2,\cdots,M,p\neq l)$是相关系数[15]。

使用式(6.42)、式(6.43)和式(6.44)计算得到SC－BPSK和SC－QPSK调制方案的FSO链路的性能，其中发射波束之间的不同相关值取$\rho=0.0$、0.3和0.7。图6.12显示了发射波束之间没有任何相关性，即$\rho=0.0$时SC－BPSK和SC－QPSK调制方案的计算结果。在相关性存在下($\rho=0.3$、0.7)的计算结果分别如图6.13(SC－BPSK)和图6.14(SC－QPSK)所示。

根据图6.12～图6.14可得到以下结论。

(1)SC－QPSK比SC－BPSK在大气湍流中的性能降低更多。

(2)在这两种情况下，随着发射天线数量的增加，性能都有所提高。然而，与SC－QPSK相比，SC－BPSK的改善程度更高。

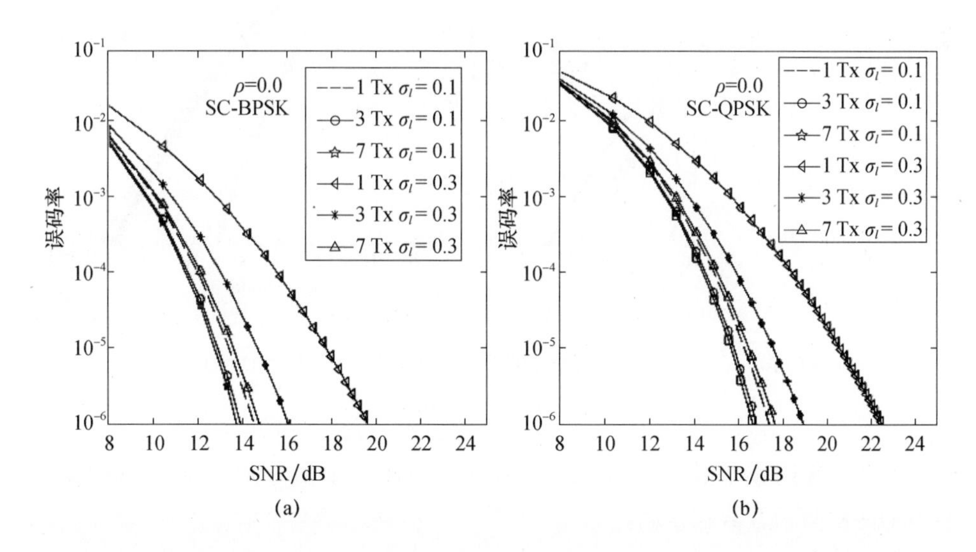

图6.12　在弱湍流条件下当发射天线波束之间不存在相关时误码率与SNR关系比较
(a)BPSK；(b)QPSK。

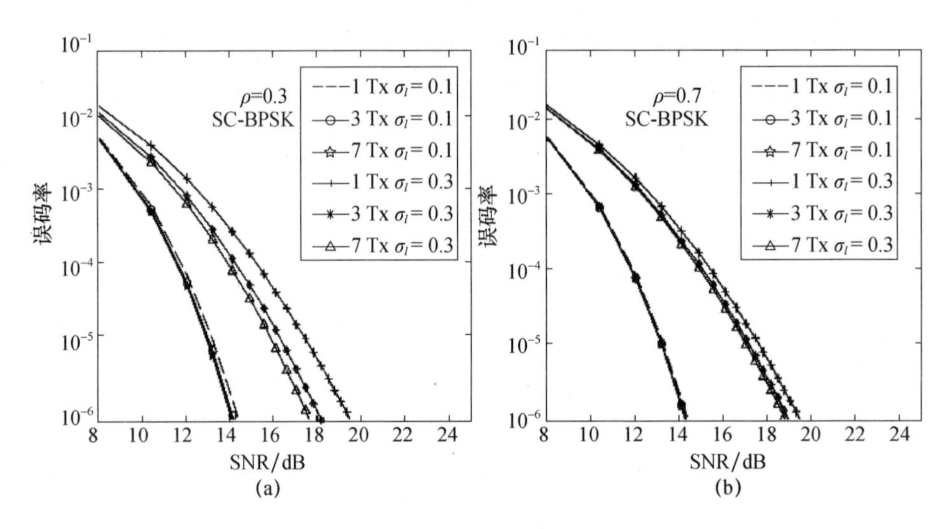

图 6.13　弱湍流中空间分集的误码率与 SNR 关系比较 SC－BPSK

(a)$\rho=0.3$;(b)$\rho=0.7$。

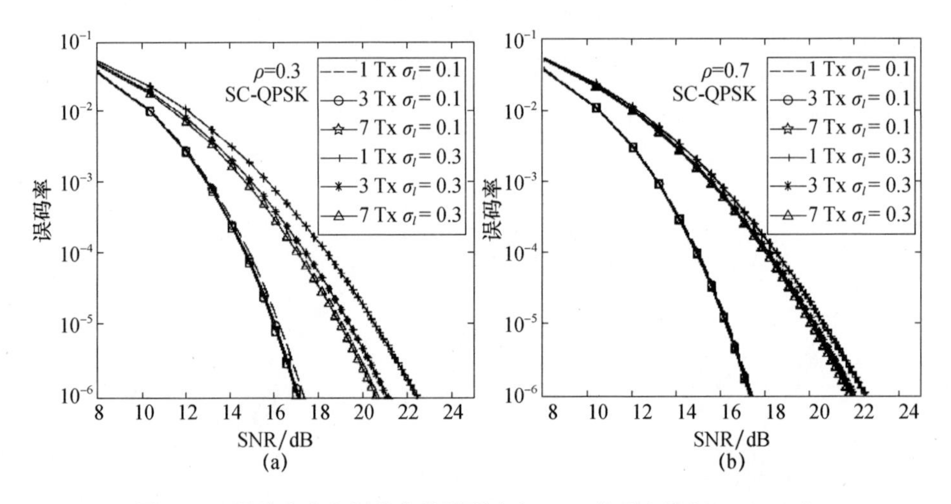

图 6.14　弱湍流中空间分集的误码率与 SNR 关系比较(SC－QPSK)

(a)$\rho=0.3$;(b)$\rho=0.7$。

(3)当湍流水平相对较高时,空间分集的改善显著。对于 SC－BPSK 和 SC－QPSK 调制方案都是如此。

(4)无论发射天线波束间的相关系数如何,结论(2)和(3)的结果都成立。

(5)在相同的分集水平下,性能的改善随着 SC－BPSK 和 SC－QPSK 方案相关系数的增加而降低。

6.4 编码

信道编码是在 FSO 湍流信道条件下实现有效和可靠通信的另一种方法。信道容量是通信信道最重要的测量指标之一,代表了可以通过信道可靠传输的最高信息速率。信道编码旨在实现信息论所承诺的信道容量,并实现可靠的信息传输。已经有大量的研究用来计算无大气湍流情况下"经典光通道"的通信能力。假设在热噪声和背景噪声可忽略情况下,早期的编码技术已经考虑了量子噪声受限接收机的泊松信道模型。在平均光功率受限条件下的光子计数接收机中,$\mathbb{M}$ -PPM 可在 BER 方面实现更好的性能。而且,在固定峰值光功率的限制下,二进制调制方案可实现更好的信道容量。众所周知,基于 PPM 的光子计数方案随着数据率的提高而引起带宽的增加。因此,为了在不增加带宽的情况下适应更高的数据率,改型的 PPM 或脉冲幅度调制(PAM)是更好的选择。

FSO 通信系统由于功率需求高和一些专门用于长距离通信的安全规定而受到功率等方面的限制。因此,为了克服环境衰减带来的功率损耗,除了调制方案的选择外,还要选择使用良好的信道编码技术来减轻大气中湍流的影响。

6.5 通信容量

信道容量是通信信道上实际可靠传输信息量的上限。令 X 表示可传输的信号集合,Y 表示接收信号集合,则给定 X 关于 Y 的条件分布函数为 $P_{Y/X}(y/x)$。X 和 Y 的联合概率分布可定义为

$$P_{XY}(x,y)=P_{Y/X}(y/x)P_X(x) \tag{6.45}$$

式中:$P_X(x)$ 为 X 的边界分布,可表示为

$$P_X(x)=\int_y P_{XY}(x,y)\,\mathrm{d}y \tag{6.46}$$

在这些约束条件下,可以在信道上传递的最大信息量是交互信息 $I(X;Y)$,

并且这个最大交互信息称为信道容量,即

$$C = \max I(X;Y) \tag{6.47}$$

式中:$I(X;Y) = \sum_{y \in Y} \sum_{x \in X} P_{XY}(x,y) \lg[P_{XY}(x,y)/P_X(x)P_Y(y)]$。

对于连续随机变量,$I(X;Y)$ 给出为 $I(X;Y) = \iint_{YX} P_{XY}(x,y) \lg[P_{XY}(x,y)/P_X(x)P_Y(y)] \mathrm{d}x\mathrm{d}y$。对于任何给定的信道状态 $h(t)$,平均信道容量可以表示为

$$\bar{C} = \int_{h=0}^{\infty} f(h) \cdot C \mathrm{d}h \tag{6.48}$$

根据 Shannon - Hartley 定理,在加性高斯白噪声存在下,带限信道的信道容量为

$$C = B \log_2(1 + \mathrm{S/N}) \tag{6.49}$$

式中:C 为信道容量(b/s);B 为单位信道带宽(Hz);S/N 为信噪比。

如果信道的频率响应已知,则信道容量也可以用带宽效率(b/(s/Hz))表示。当 $R_b \leqslant C$ 时,通过使用智能纠错编码技术,可以在给定 SNR 处获得任意小的误码率。对于较低的误码率,编码器必须处理较长的信号数据块。但是,这会导致更长的延迟和更高的计算要求。如果 $R_b > C$,则无论使用何种编码技术,都不能避免误码。

Shannon 容量可认为是对输入有受限无失真信道的容量。它给出了(理论上的)最大数据率,对于给定的平均信号功率,该数据率可以通过信道上任意小的 BER 实现。因此,在信道容量表达式中,如果信道损耗减少到零,将代表产生 Shannon 容量。由于大气信道的随机性,FSO 信道容量被视为随机变量。对于这种受到衰落影响的随机信道,使用遍历(平均)容量或中断容量的概念来表述,并将其定义为瞬时信道容量的期望值。遍历容量在快速衰落信道的情况下是有用的,即当信道相对于符号持续时间非常快地变化时。但是,在衰落信道较慢的情况下,即信道相干时间较长时,中断容量变得更有意义。在这种情况下,如果交互信息超过信息速率,则表明通信成功;否则,系统会声明一个中断事件,通常称为中断概率。

下面介绍 FSO 通信系统中的信道编码。

信道编码或前向纠错是一种通过在传输信息中添加冗余来控制噪声信道上

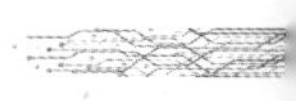

传输数据错误的技术。具有编码器和解码器的 FSO 通信系统的框图如图 6.15 所示。输入数据 U 首先由纠错码编码;然后映射到编码比特 C。在编码过程中:系统首先将冗余信息添加到输入数据以纠正接收信号中的错误;然后这些编码的比特 C 通过调制器将编码比特映射成符号 X,各种符号 X 代表激光传输的不同信息;最后这些符号在湍流和有噪声的大气信道上传输,接收到的符号集合用 Y 表示。在接收机中,解调接收到的符号 Y,并估计发射符号 $\hat{X}$ 或编码符号 $\hat{C}$。解码器对这些估计进行操作以产生对数据输出 U 的估计。

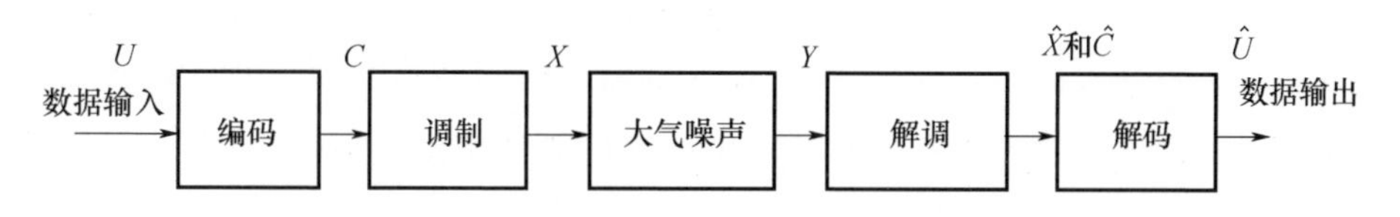

图 6.15 带有编码和解码的 FSO 通信系统的框图

纠错码向通过信道传输的数据位添加一些附加位来提高数据可靠性。增加附加比特的过程称为信道编码。卷积编码和分组编码是本章讨论的两种主要信道编码技术。卷积码对串行数据进行操作,一次只能处理一个或几个位。卷积码的编码器是带有存储器的设备,该存储器接收 k_b 个二进制符号,并输出 n_c 个二进制符号,其中每个输出符号由当前输入集合以及前面的输入集合确定。分组码操作针对较大的消息块(通常高达几百字节)。另外,分组码的编码器是一个无存储装置,它将 n_c 个编码输出序列中的输入信息序列的 k_b 个比特映射出来。有多种实用的卷积码和分组码及各种算法,可用于解码接收到的编码信息序列并恢复原始数据。编码中使用的一般符号如下。

k_b:“信息”或“数据”bit 的数量。

m:内存寄存器的数量。

n_c:编码长度,有 $n_c = m + k_b$。

有两种类型的解码,即软判决解码和硬判决解码。在硬判决解码中,接收到的脉冲与单个阈值进行比较。如果接收信号的电压大于阈值,不管它与阈值有多接近都认为它是“1”;否则认为它是“0”。在软判决解码的情况下,将接收到的信号与编码调制系统中预置的各个信号点进行比较,并且选择具有最小欧几里得距离的信号点。AWGN 信道上的最优信号检测方案基于最小欧几里得距离判决。

6.5.1 卷积编码

卷积码在包括 FSO 链路在内的各种通信系统中发挥了重要作用。这些码具有两个主要参数,即码率 k_b/n_c 和约束长度$\mathbb{L}$。码率 k_b/n_c 是编码效率的量度,定义为输入到编码器的比特数 k_b 与编码器输出的符号数 n_c 之比。约束长度$\mathbb{L}$表示编码器存储器中影响 n_c 输出位生成的位数。通常,约束长度$\mathbb{L} = k_b(m-1)$。来自卷积编码器的编码信号可以使用维特比(Viterbi)解码或顺序解码来解码。顺序解码具有很长约束长度的优点,但它的解码时间是可变的。维特比解码具有固定解码时间的优点。它非常适合解码器的硬件实现,但其计算需求随约束长度呈指数增长。

卷积码一般可表示为 n_c、k_b 和 m。具有约束长度为 3、比率为 1/2 的卷积编码器的结构如图 6.16 所示。输入 k_bb/s 到编码器产生 $2k_b$symbols/s。数据的编码通过使用移位寄存器和执行模 2 加法的相关逻辑运算器来完成。输出选择器有 A、B 两种循环状态:在第一种状态下,它选择并给出上模 2 加法器的输出;在第二种状态下,它选择并给出下模 2 加法器的输出。最后,调制后的编码信号通过噪声和湍流大气信道传输。

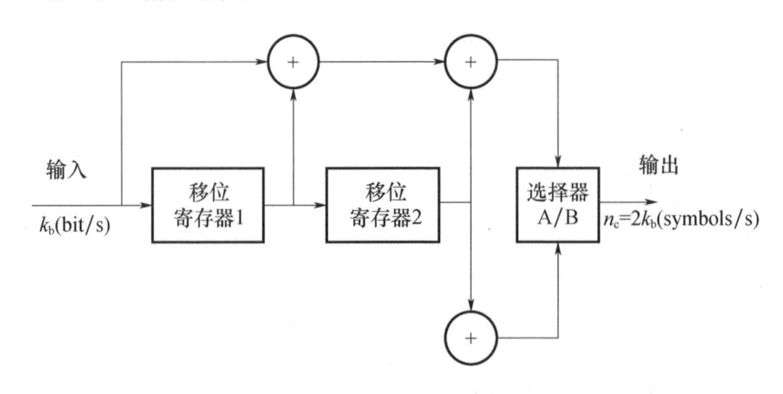

图 6.16 具有两个存储器单元以及码率为 1/2 的卷积编码器

在接收机侧,信号被解调后使用维特比解码器进行解码。维特比算法的目标是找到最接近接收序列的发送序列(或码字)。一个理想的维特比解码器将以无限精度工作。接收到的信道符号可用一个或几个比特的精度量化,以降低

维特比解码器的复杂度。如果接收到的信道符号被量化为一位精度(小于 0V 表示“0”、不小于 0V 表示“1”),结果称为硬判决数据。如果接收到的信道符号被多个比特的精度量化,则结果称为软判定数据。具有软判决的维特比解码器可将数据量化为 3 位或 4 位精度,比使用硬判决输入时的性能高出约 2dB[16]。维特比算法还使用网格图计算从接收序列到可能的发射序列的累积距离(称为路径度量)。这种网格路径的总数随着网格中的阶段数量增加成指数增长,并会导致潜在的如规模、延迟等复杂性和内存问题。

FSO 信道的编码增益已进行了蒙特卡罗模拟,运行条件为相干(SC - BPSK 和 SC - QPSK)方案下的弱大气湍流环境($\sigma_l = 0.25$)。仿真程序运行终止的执行标准为:最大处理位数达到 10^6 且最大误码数达到 30。随后确定系统性能在编码增益方面的改进结果。

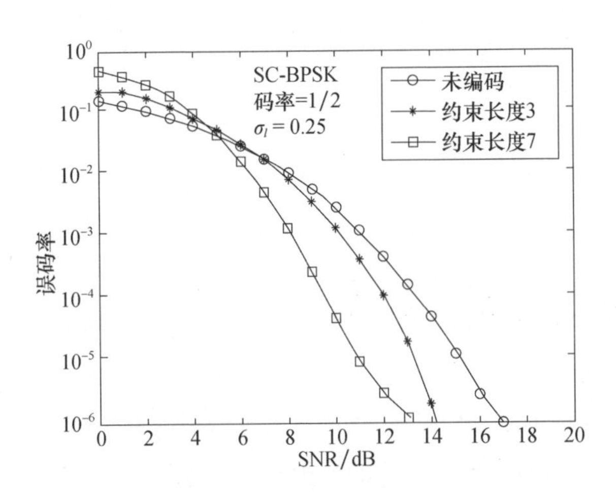

图 6.17　具有卷积码(约束长度为 3 和 7)以及码率 1/2 的 SC - BPSK 误码率

图 6.17 和图 6.18 分别描述了使用具有约束长度 3 和约束长度 7 的 SC - QPSK 卷积码的 BER 随 SNR 而变化的蒙特卡罗仿真模拟结果。在高信噪比条件下使用约束长度 3 和约束长度 7 的卷积码可以提高性能。但是,在较低的 SNR(0 ~ 5dB)下,性能会有所下降。编码和未编码系统的性能有一个交叉点。这个交叉点随着约束长度的增加而发生变化。例如,当 SC - BPSK 的约束长度为 3 时,交叉点出现在 7dB。对于约束长度 7,这个交叉点转移到 5dB。这种交叉的物理原因是接收机处的解码器需要某个最小数量的比特以获得由于编码而

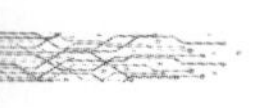

带来的效益。在这个最小位数之前,编码系统的性能会比未编码系统差。具有较大约束长度的卷积编码会在给定时间处理更多数量的比特,因此其交叉点比具有小约束长度的交叉点提前。

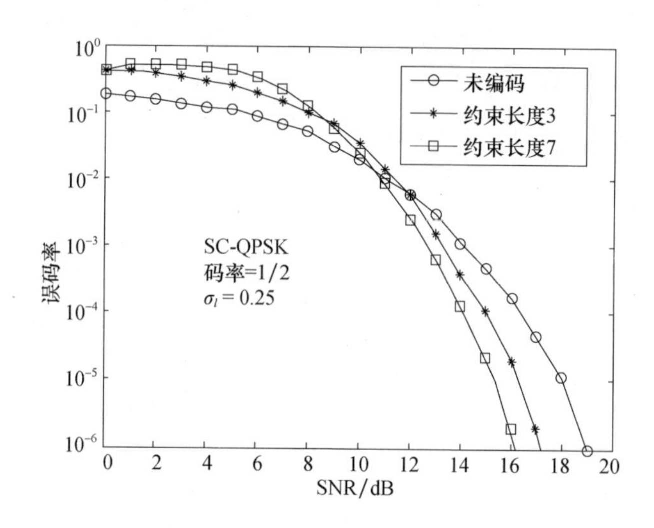

图 6.18　具有卷积码(约束长度为 3 和 7)以及码率 1/2 的 SC - QPSK 误码率

当对未编码和编码(具有约束长度 3 和约束长度 7 的卷积码)系统进行比较时,可观察到在较低的 SNR 下,约束长度$\mathbb{L}$ = 7 的性能比约束长度$\mathbb{L}$ = 3 的性能差。同时,将会出现$\mathbb{L}$ = 7 的处理时间增加。然而,在更高的 SNR 下约束长度$\mathbb{L}$ =7 比约束长度$\mathbb{L}$ =3 性能更好。在较高的约束长度下,处理时间增加的缺点仍然存在。因此,可推断在较低的 SNR 下具有较小约束长度的卷积码是优选方案,较高 SNR 下具有较大约束长度的卷积码是优选的。

6.5.2　低密度奇偶校验编码

低密度奇偶校验(LDPC)码是一类线性分组编码。这些代码是在奇偶校验矩阵的帮助下构建的,奇偶校验矩阵是稀疏的,由大量的 0 和几个 1 组成。如果设计得当,LDPC 码能够使性能达到 shannon 极限。LDPC 码的性能取决于与矩阵中 1 的密度直接相关的解码算法的复杂度。具有维数 $m \times n$ 的 LDPC 码的奇偶校验矩阵由下式给出,即

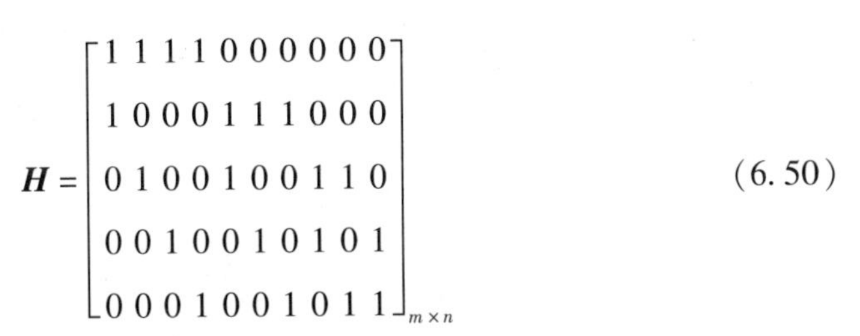

$$H = \begin{bmatrix} 1 & 1 & 1 & 1 & 0 & 0 & 0 & 0 & 0 & 0 \\ 1 & 0 & 0 & 0 & 1 & 1 & 1 & 0 & 0 & 0 \\ 0 & 1 & 0 & 0 & 1 & 0 & 0 & 1 & 1 & 0 \\ 0 & 0 & 1 & 0 & 0 & 1 & 0 & 1 & 0 & 1 \\ 0 & 0 & 0 & 1 & 0 & 0 & 1 & 0 & 1 & 1 \end{bmatrix}_{m \times n} \tag{6.50}$$

令 w_r表示每一行中1的数目，w_c表示每一列中1的数目。对于低密度矩阵，必须满足两个条件，即 $w_c < m$ 和 $w_r < n$，其中 m 和 n 分别是行数和列数。一个规则的LDPC码有 $w_c = w_r =$（矩阵 $\boldsymbol{H}$ 中1的数量），和码率 $k_b/n_c \geqslant 1-(w_c/w_r)$ 成立。这样的编码称为(w_c, w_r)阶规则LDPC码。如果矩阵 $\boldsymbol{H}$ 是低密度的，但每行或每列中1的数量不是常数，则该代码称为不规则LDPC码。因此，式(6.50)表示一个(2,4)阶的规则LDPC码，其中 $n_c = 10$、$m = 5$、$w_c = 2$、$w_r = 4$。

有几种不同的算法可以用来构造合适的LDPC码。一种方法是半随机生成稀疏奇偶校验矩阵[17]。用这种方法构建的编码性能良好，但是编码复杂度通常较高。LDPC码的解码使用迭代解码算法完成。这些算法执行局部计算，并且此步骤通常重复多次。局部计算意味着使用了分治策略，将复杂问题分解为可管理的子问题。稀疏的奇偶校验矩阵方法在多个方面超越了这些算法，它可简化局部计算，并通过减少交换所有信息所需的消息数量来降低组合子问题的复杂性。据研究显示，稀疏码的迭代解码算法性能非常接近最佳最大似然解码器[18]。

用于SC－BPSK和SC－QPSK的LDPC码的BER性能的蒙特卡罗仿真结果如图6.19所示。

对于给定的BER(10^{-6}和10^{-4})，约束长度为3和7的卷积码在未编码系统上的编码增益结果见表6.4。表6.4中还给出了图6.19中LDPC码的结果。

以下观察结果由图6.17至图6.19以及表6.4综合得到，即相干调制方案SC－BPSK和SC－QPSK的性能对比。

(1)可以看出，对于卷积编码方案和LDPC编码方案，SC－BPSK都比SC－QPSK具有更好的性能。

(2)编码增益(以dB为单位)的改进在更高的SNR下随着卷积码约束长度的增加而增加。

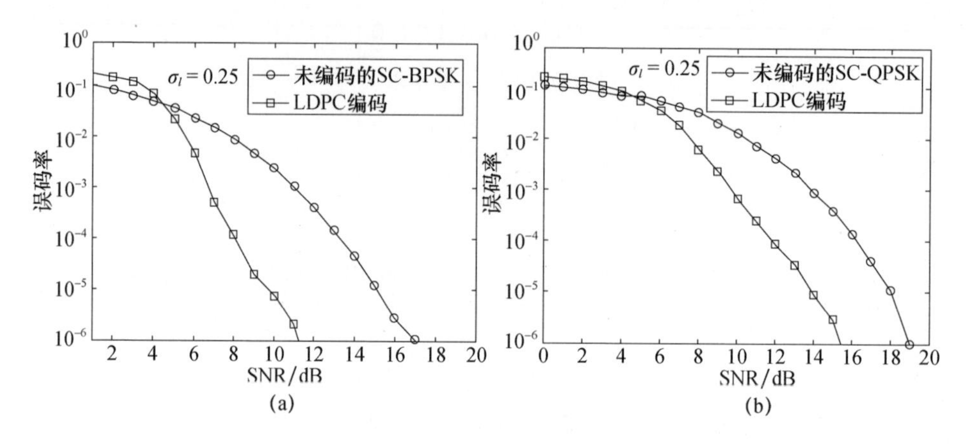

图 6.19　在 $\sigma_l=0.25$ 处的 LDPC 码误码率

(a) SC－BPSK；(b) SC－QPSK。

(3)与用于 SC－BPSK 和 SC－QPSK 调制方案的卷积码相比，LDPC 码的编码增益更大。

(4)上述观察结果在 $BER=10^{-6}$ 和 $BER=10^{-4}$ 都有效。但是，在较低的 BER 下，编码增益相对更高。两种调制方案(即 SC－BPSK 和 SC－QPSK)都是如此。

表 6.4　卷积码和 LDPC 码 SC－BPSK 和 SC－QPSK 调制的编码增益比较(在弱大气扰动下，$\sigma_l=0.25$，$BER=10^{-6}$ 和 $BER=10^{-4}$)

调制方案	编码增益/dB，($BER=10^{-6}$)			编码增益/dB，($BER=10^{-4}$)		
	卷积码		LDPC	卷积码		LDPC
	$\mathbb{L}=3$	$\mathbb{L}=7$		$\mathbb{L}=3$	$\mathbb{L}=7$	
SC－BPSK	2.8	4.0	5.7	1.5	3.8	5.3
SC－QPSK	1.7	2.7	3.5	1.3	2.2	3.3

6.6　自适应光学

自适应光学(AO)是一种基于波前感知和重建技术的大气补偿光波前校

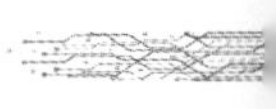

正技术。该技术中，光信号在传播到大气中之前进行预校正，可减少由闪烁引起的信号衰落。在 AO 系统中有两个重要的组成部分，即实现光学校正的“偏转镜”和每秒测量数百次湍流的“波前传感器”。它们之间通过高速计算机连接。

偏转镜由薄玻璃片构成，并且这种玻璃附着于制动器(在电压信号的作用下伸缩的装置，局部弯曲薄片玻璃的装置)。目前，偏转镜基于采用小型压电制动器的微机电系统(MEMS)。波前传感器利用电荷耦合器件或雪崩光电二极管组作为探测器。

传统的 AO 系统基于波前共轭原理。相位共轭是在一个光电反馈回路系统中实现的，AO 系统由波前传感器、重建器、控制系统和偏转镜组成，如图 6.20 所示。为了避免在强湍流条件下进行不需要的波前测量，可以通过盲或无模型优化来控制 AO 系统中的波前校正器。

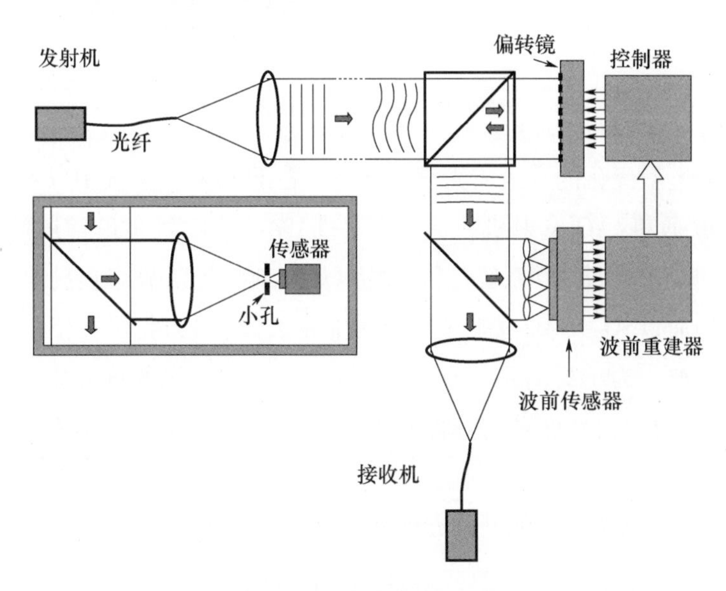

图 6.20　使用波前传感器和重建器的常规自适应光学系统

接收信号的一部分发送到波前传感器，产生偏转镜控制信号，如图 6.21 所示。然而，这种波前控制方法对控制带宽提出了较高的限制要求。实时 AO 系统中的无模式优化使用单个标量反馈信号难以控制具有多个可控元件(高达数百数量级)的偏转镜。控制单个偏转镜所需的信息必须在时间或频率范围内从单个传感器获取，而不是从空间分布式传感器阵列的并行信号中获取。因此，实时校正大气波前失真所需的偏转镜和控制器的带宽超出了可用硬件的限制。然而，最近微机械变形镜（μDM）已经展示了无模式 AO 系统的发展前景。

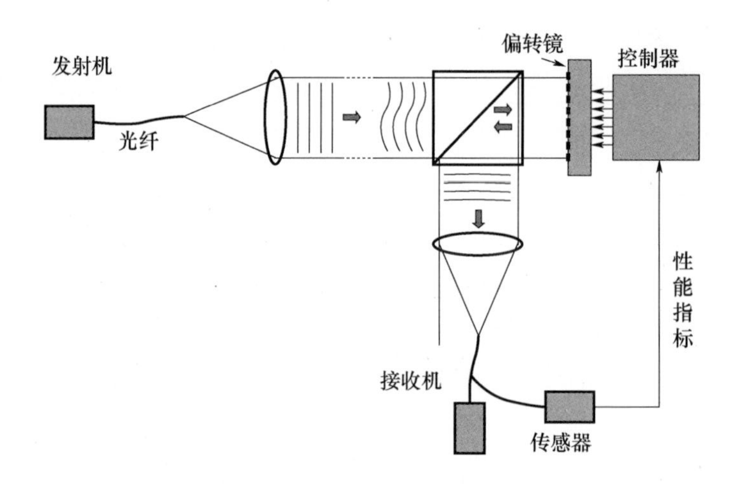

图 6.21　模型自由 AO 系统

基于无模型优化的自适应光学器件可以在 FSO 通信系统中以不同方式使用，即 AO 接收机、AO 发射机或 AO 收发机。AO 接收机是最常用的架构，接收光束中的变形通过 AO 系统进行补偿以更好地将光信号聚焦到小接收机孔径区域。然而，FSO 中 AO 接收机的潜力非常有限，因为它仅补偿了进入接收机孔径的光波。为了提高系统性能，在传播路径另一端的 AO 发射机系统是必不可少的，因为它允许对发射波束进行补偿，并有助于减轻湍流引起的波束扩散。

大气湍流引起的波前倾斜均方根可表示为

$$\sigma_{\text{tilt}} = 0.43\left(\frac{\lambda}{D_{\mathrm{R}}}\right)\left(\frac{D_{\mathrm{R}}}{r_0}\right)^{5/6} \tag{6.51}$$

从式（6.51）可以清楚地看出波前倾斜与波长无关，因为相干长度 r_0 是波长的函数。图 6.22 显示了不同望远镜孔径的波前倾角均方根与天顶角的函数关系。从图 6.22 中可以清楚地看出，均方根倾斜误差随着天顶角的增加而增加。对于给定的天顶角，较大的望远镜孔径其倾斜度均方根较小。

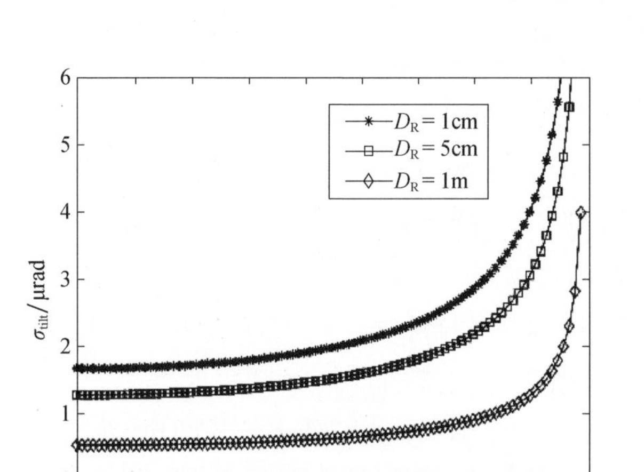

图 6.22　RMS 波前倾斜与不同望远镜天顶角的关系

6.7　中继辅助空间光传输

中继辅助传输是实现空间分集优势的另一种方式,它是缓解和抑制大气湍流影响的强大助力[19-20]。这项技术早期与 RF 技术一起使用,现在正在与 FSO 进行紧密结合,其中分集增益可以补偿衰落信道的损失,达到改进 FSO 链路的效果。协作分集的思想最早来自于广播无线 RF 信号可被其他伙伴或中继节点侦听的实例。协作分集可利用这种侦听信息通过中继从源传输到目的地。因此,简单的协作网络是由 3 个组件/节点组成,即源节点、目的地节点和中继站,每个节点只有一个天线。如果源与目的地之间的距离过大(大约数千米),那么中继节点侦听到的信息会通过不同的路径发送到目的地,遵循串行或并行中继原则,如图 6.23 所示。

多个单天线节点形成实现分布式空间分集的虚拟天线阵列。这些中继节点可以进一步分为 4 种方式,即解码和转发(DF)、压缩和转发(CF)、放大和转发及检测和转发(DEF)。在 DF 中继中,中继将解码源消息并将编码消息发送到目的地。在 CF 中,中继器对来自源的接收信号进行量化,并将量化的接收信号

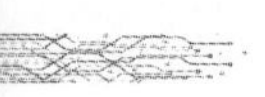

编码后发送到目的地。在 AF 中继中,中继将收到的信号放大并从源传输到目的地。AF 中继是低复杂度的中继收发器,因为编码和解码过程不涉及信号处理。但是,AF 中继的主要缺点是它也会传递中继节点接收到的噪声。在 DEF 中,中继节点检测到信号(硬判决检测),对其进行调制并将其转发到目的地。随着近期的研究,自适应 DEF 或自适应 DF 方案已被提出[21],其原理是只有在接收到来自信源的无差错数据帧时或者中继接收机的信噪比足够大时,中继节点才能参与数据传输。

中继辅助 FSO 传输技术最初由 Acampora 和 Krishnamurthy 在文献[22]中提出,其中网络 FSO 的性能以网络容量为标尺进行了比较分析。本书仅从网络层视角考虑通信,并没有考虑物理层的通信。后来,Karagiannidis 等[23]评估了使用 K 和$\gamma-\gamma$大气湍流信道模型的多跳 FSO 通信系统的中断概率,其中不考虑路径损耗。多跳传输是一种替代的中继辅助传输方案,它采用串行配置的中继(图 6.23(a))。可以看出,多跳串行中继 FSO 传输可增大通信距离并获得优良的分集增益。对数正态分布湍流通道中的分集增益(假设平面波传播)给出分集阶数为$(Z+1)^{11/6}$,其中 Z 是中继的数量。

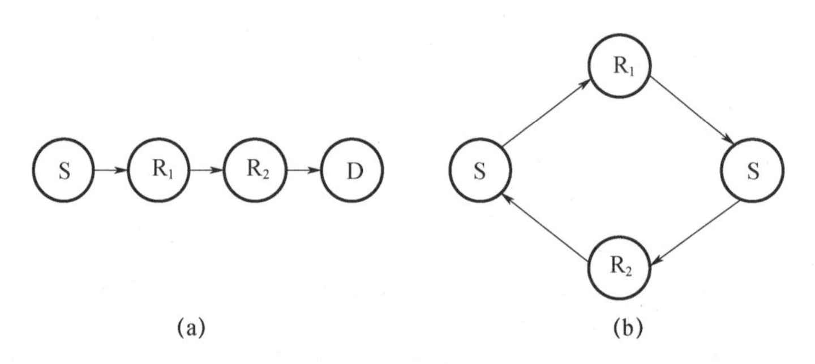

图 6.23　中继节点配置

(a)串联中继;(b)并联中继。

考虑图 6.23(b)所示的中继辅助并行 FSO 传输(协作分集),其中通过定向波束的视距 FSO 是无法实现的。它利用多个发射激光指向相应中继节点的方向。在这种情况下,源节点将相同的信息发送给 Z 个中继,并且这些中继进一步将信息重新发送到目的地。对于并行中继,所有的中继应该位于距离信源更近的同一地点(沿着信源和目的地之间的直接链路),这个地点的确切位置是

 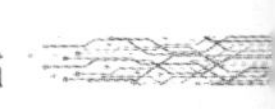

SNR、中继数量、端到端链路距离的函数[24]。值得注意的是,中继辅助 FSO 传输不需要类似于 RF 传输那样的分布式空时分组码,因为接收信号在充分分离的传输孔径中具有正交性[25]。

一种中继辅助 FSO 链路改进在文献[26]中提出:在弱大气湍流条件下,$C_n^2 = 10^{-14}\mathrm{m}^{-2/3}$,链路长度为 5km,大气衰减 0.43dB/km,目标中断概率为 10^{-6}。可以看出,当使用 DF 中继辅助 FSO 传输,并在源和目的地之间放置一个或两个等距中继节点时,功率余量的改善可分别达到 18.5dB 和 25.4dB。当使用 AF 中继传输时,功率余量分别提高了 12.2dB 和 17.7dB。在并联中继 FSO 传输的情况下(中继位于源和目的地之间的中间位置),对于 DF 模式以及两个和三个中继情况,功率余量分别提高了约 20.3dB 和 20.7dB,对于 AF 模式,分别提高了约 18.1dB 和 20.2dB。

6.8 小结

本章讨论自由空间光通信系统中涉及的各种性能改进技术,它们可用于减轻大气带来的不利影响。

首先介绍了孔径平均,湍流引起的闪烁效应随着接收机孔径尺寸的增加而减小。但是,接收机的光圈大小不能无限增加,因为它增加了设备成本和背景噪声。因此,选择的替代方法是分集技术,通过在空间分离的接收机或接收天线分支之间提供接收功率设计冗余来提高 FSO 通信系统性能。当接收天线分支之间的相关性为零时,即接收天线分支相互独立时,可获得最大的分集增益。

随后讨论了 Alamouti 发射分集,它利用时间分集和空间分集,提供与 MRC 接收机类似的分集阶数。纠错码可在较多噪声的嘈杂环境中提供可靠的通信,通过在编码数据中添加冗余位来增加信道带宽,系统在高数据率下具有较高效率。本书讨论了两种纠错码的性能,即卷积码和 LDPC 码。据分析,对于相同的码率,LDPC 码具有较大的 SNR 增益。LDPC 码的编码器和解码器设计复杂性低,是 FSO 通信系统的理想选择。本章对自适应光学系统也进行了简要论述,它利用波前传感器和偏转镜来抑制大气湍流引起的信号衰落。为进一步抑制和缓解大气湍流的衰减，提出了使用多跳串行传输和协作分集等中继方案辅助FSO传输。

参考文献

1. J. Churnside, Aperture averaging of optical scintillation in the turbulent atmosphere. Appl. Opt. 30(15), 1982 – 1994 (1991)
2. L. C. Andrews, R. L. Phillips, *Laser Beam Progapation Through Random Media*, 2nd edn. (SPIE Press, Bellingham, Washington, 2005)
3. M. Khalighi, N. Schwartz, N. Aitamer, S. Bourennane, Fading reduction by aperture averaging and spatial diversity in optical wireless systems. J. Opt. Commun. Net. 1(6), 580 – 593 (2009)
4. L. C. Andrews, R. L. Phillips, C. Y. Hopen, Aperture averaging of optical scintillations: power fluctuations and the temporal spectrum. Waves Random Media 10(1), 53 – 70 (2000)
5. J. Churnside, Aperture averaging factor for optical propagation through turbulent atmosphere, *in NOAA Technical Memorandum ERLWPL* – 188 (1990). [Weblink: http://www. ntis. gov]
6. L. C. Andrews, Aperture averaging factor for optical scintillation of plane and spherical waves in the atmosphere. J. Opt. Soc. Am. 9(4), 597 – 600 (1992)
7. H. T. Yura, W. G. McKinley, Aperture averaging for space – to – ground optical communications applications. Appl. Opt. 22(11), 1608 – 1609 (1983)
8. R. J. Hill, S. F. Clifford, Modified spectrum of atmospheric temperature fluctuations and its applications to optical propagation. J. Opt. Soc. Am. 68(7), 892 – 899 (1978)
9. M. Khalighi, N. Aitamer, N. Schwartz, S. Bourennane, Turbulence mitigation by aperture averaging in wireless optical systems, in *Proceedings IEEE*, *International Conference on Telecommunication – ConTel* 2009, Zagreb (2009), pp. 59 – 66
10. H. Kaushal, V. Kumar, A. Dutta, A. Aennam, V. K. Jain, S. Kar, J. Joseph, Experimental study on beam wander under varying atmospheric turbulence conditions. IEEE Photon. Technol. Lett. 23 (22), 1691 – 1693 (2011)
11. N. Mehta, H. Kaushal, V. K. Jain, S. Kar, Experimental study on aperture averaging in free space optical communication link, in *National Conference on Communication – NCC*, 15th – 17th Feb 2013
12. S. M. Alamouti, A simple transmit diveristy technique for wireless communications. IEEE J. Se-

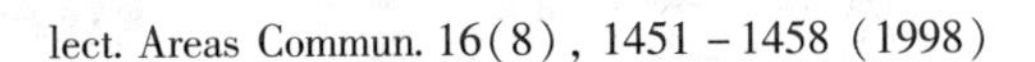

lect. Areas Commun. 16(8), 1451 – 1458 (1998)

13. Q. Shi, Y. Karasawa, An accurate and efficient approximation to the Gaussian Q – function and its applications in performance analysis in Nakagami – m fading. IEEE Commun. Lett. 15(5), 479 – 481 (2011)
14. Q. Liu, D. A. Pierce, A note on Gauss – Hermite quadrature. J. Biom. 81(3), 624 – 629 (1994)
15. X. Zhu, J. M. Kahn, Free space optical communication through atmospheric turbulence channels. IEEE Trans. Commun. 50(8), 1293 – 1300 (2002)
16. O. O. Khalifa, T. Al – maznaee, M. Munjid, A. A. Hashim, Convolution coder software implementation using VIiterbi decoding algorithm. J. Comput. Sci. 4(10), 847 – 856 (2008)
17. D. J. C. MacKay, Good error – correcting codes based on very sparse matrices. IEEE Trans. Inf. Theory 45(2), 399 – 431 (1999)
18. L. Yang, M. Tomlinson, M. Ambroze, J. Cai, Extended optimum decoding for LDPC codes based on exhaustive tree search algorithm, in *IEEE International Conference on Communication Systems* – ICCS (2010), pp. 208 – 212
19. A. Nosratinia, T. E. Hunter, A. Hedayat, Cooperative communication in wireless networks. IEEE Commun. Mag. 42(10), 74 – 80 (2004)
20. J. N. Laneman, D. N. C. Tse, G. W. Wornell, Cooperative diversity in wireless networks: efficient protocols and outage behavior. IEEE Trans. Inf. Theory 50(12), 3062 – 3080 (2004)
21. M. Karimi, N. Nasiri – Kenari, BER analysis of cooperative systems in free – space optical networks. J. Lightw. Technol. 27(12), 5639 – 5647 (2009)
22. A. Acampora, S. Krishnamurthy, A broadband wireless access network based on mesh connected free – space optical links. IEEE Pers. Commun. 6(10), 62 – 65 (1999)
23. G. Karagiannidis, T. Tsiftsis, H. Sandalidis, Outage probability of relayed free space optical communication systems. Electron. Lett. 42(17), 994 – 996 (2006)
24. M. A. Kashani, M. Safari, M. Uysal, Optimal relay placement and diversity analysis of relay – assisted free – space optical communication systems. IEEE J. Opt. Commun. Netw. 5(1), 37 – 47 (2013)
25. M. Safari, M. Uysal, Do we really need OSTBC for free – space optical communication with direct detection? IEEE Trans. Wirel. Commun. 7, 4445 – 4448 (2008)
26. M. Safari, M. Uysal, Relay – assisted free – space optical communication. IEEE Trans. Wirel. Commun. 7(12), 5441 – 5449 (2008)

第7章

链路可行性分析

7.1 建链需求与基本参数

对于链路设计，应规定初始链路要求，即数据率、误码率、数据采集时间和范围。本章的研究，考虑了典型的误码率要求，比特数小于百万分之一比特的误码，即 $P_e \leqslant 10^{-6}$。链路设计要求见表 7.1。

表 7.1　链路设计要求

需求	数值
数据率/(Mb/s)	500
误码率	$<10^{-6}$
范围/km	40000

考虑到复杂性等约束条件，使用 SC - BPSK 调制的三级发射分集模型进行链路余量的后续计算。对于采用这种分集方式在链路余量计算方面的改进，可通过使用 LDPC 编码方案明确给出。在进行链路功率预算时常用的参数及其缩写见表 7.2。

在接收端，光电探测接收机收到的光信号功率由距离方程计算得出，即

$$P_R = P_T G_T \eta_T \eta_{TP} (L_S) G_R \eta_R \eta_\lambda \tag{7.1}$$

式中：P_T 和 P_R 分别为发射和接收光功率；G_T 和 G_R 分别为发射机和接收机的天线增益；η_T 和 η_R 分别为发射机和接收机的光透过率；L_S 为空间损耗系数；η_{TP} 为指向损耗；η_λ 为窄带滤波器(NBF)的传输损耗。

 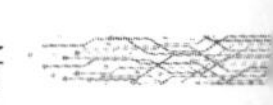

在式(7.1)中,前4个参数(即 P_T、G_T、η_T 和 η_{TP})为发射机参数,第五个参数为大气传输损耗(L_S),最后3个参数(G_R、η_R 和 η_λ)是接收机参数。这些参数将在下面的内容中讨论。

表7.2 链路功率预算中常用的参数及其缩略语

参 数	物理量
激光功率	P_T
激光工作波长	λ
发射望远镜孔径	D_T
发射望远镜遮蔽率	γ_T
发射机光学效率	η_T
发射机指向损耗因数	η_{TP}
接收机望远镜孔径	D_R
接收望远镜遮蔽率	γ_R
接收机光学效率	η_R
窄带滤波器频谱带宽	$\Delta\lambda_{filter}$
窄带滤波器传输损耗	η_λ

7.1.1 发射机参数

$G_T\eta_T$ 给出了发射机的径向增益。其中 G_T 是望远镜的增益,由下式给出,即

$$G_T = \left(\frac{16}{\theta_{div}^2}\right) \tag{7.2}$$

光束发散角 θ_{div} 与波长 λ 成正比,与发射天线直径 D_T 成反比,即

$$\theta_{div} = \frac{4\lambda}{\pi D_T} \tag{7.3}$$

联立式(7.2)与式(7.3),可得

$$G_T = \left(\frac{\pi D_T}{\lambda}\right)^2 = \left(\frac{4\pi A}{\lambda^2}\right) \tag{7.4}$$

式中:$A = \pi D_T^2/4$ 为等效孔径面积。

具有中心遮挡[1]的高斯光束的径向增益为

$$G_{\mathrm{T}}=\left(\frac{4\pi A}{\lambda^{2}}\right)\left[\frac{2}{\alpha_{\mathrm{T}}^{2}}\left(\mathrm{e}^{-\alpha_{\mathrm{T}}^{2}}-\mathrm{e}^{-\alpha_{\mathrm{T}}^{2}\gamma_{\mathrm{T}}^{2}}\right)^{2}\right] \tag{7.5}$$

式中：α_{T} 为截断率（定义为主孔径直径与高斯光斑尺寸之比，即 $D_{\mathrm{T}}/D_{\mathrm{spot}}$），其表达式为

$$\alpha_{\mathrm{T}}=1.12-1.30\gamma_{\mathrm{T}}^{2}+2.12\gamma_{\mathrm{T}}^{4} \tag{7.6}$$

式中：γ_{T} 为遮蔽率（定义为中心遮蔽直径与主孔径的比率）。

式(7.6)的有效范围为 $\gamma_{\mathrm{T}}\leqslant 0.4$。在极限情况下没有中心模糊区域时，即 $\gamma_{\mathrm{T}}=0$ 时，式(7.5)可简化为

$$G_{\mathrm{T}}=\left(\frac{4\pi A}{\lambda^{2}}\right)\left[\frac{2}{\alpha_{\mathrm{T}}^{2}}\left(\mathrm{e}^{-\alpha_{\mathrm{T}}^{2}}-1\right)^{2}\right] \tag{7.7}$$

高斯光束的离轴增益近似为

$$G_{\mathrm{T}}(\text{off}-\text{axis})\approx\left(\frac{4\pi A}{\lambda^{2}}\right)\mathrm{e}^{-8(\theta_{\mathrm{off}}/\theta_{\mathrm{div}})^{2}} \tag{7.8}$$

式中：θ_{off}为离轴角度；θ_{div}为光束直径的 $1/\mathrm{e}^{2}$。

在本书的链路功率预算计算中，只考虑径向增益 G_{T}。

式(7.1)中的参数 η_{T} 是发射机光学透过率，即发射机中的传输和反射损耗，如各种中继光学器件、转向反射镜及望远镜中的传输和反射损耗。其典型值取决于发射系统中光学组件的透射和反射系数，一般在 0.4 ~ 0.7 内。在链路功率预算中，将 η_{T} 的值设为 0.65。式(7.1)中的参数 η_{TP}是发射机指向损耗因子。在大多数情况下，其平均值[2-3]可由下式给出，即

$$\eta_{\mathrm{TP}}=\int_{0}^{\infty}\eta_{\mathrm{TP}}(\alpha_{\gamma})\frac{\alpha_{\gamma}}{\sigma_{\mathrm{T}}^{2}}\exp-\left(\frac{\alpha_{\gamma}^{2}+\varepsilon_{\mathrm{T}}^{2}}{2\sigma_{\mathrm{T}}^{2}}\right)I_{0}\left(\frac{\gamma\varepsilon_{\mathrm{T}}}{2\sigma_{\mathrm{T}}^{2}}\right)\mathrm{d}\alpha_{\gamma} \tag{7.9}$$

式中：α_{γ} 为轴外指向角位移；ε_{T} 为两轴指向偏差的均方根（RSS）；σ_{T} 为两轴抖动均方根；I_0为修正的 0 阶贝塞尔函数；$\eta_{\mathrm{TP}}(\alpha_{\gamma})$为瞬时指向损耗对于轴外指向角位移的函数。

对于标准指向误差，当 $\alpha_{\gamma}\leqslant\lambda/D_{\mathrm{T}}$ 时，$\eta_{\mathrm{TP}}(\alpha_{\gamma})$可近似为[4]

$$\eta_{\mathrm{TP}}(\alpha_{\gamma})\approx\frac{1}{f_{0}^{2}(\gamma_{\mathrm{T}})}\left[f_{0}(\gamma_{\mathrm{T}})+\frac{f_{2}(\gamma_{\mathrm{T}})}{2!}x^{2}+\frac{f_{4}(\gamma_{\mathrm{T}})}{4!}x^{4}+\frac{f_{6}(\gamma_{\mathrm{T}})}{6!}x^{6}\right]^{2} \tag{7.10}$$

式中：$x=\pi(D_{\mathrm{T}}/\lambda)\alpha_{\gamma}$。

表 7.3 中给出了几个不同 γ_{T} 取值情况下参数f_0、f_2、f_4和f_6的结果。偏轴指

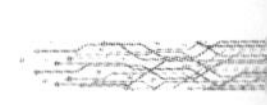

向角位移基本上等于指向误差。由于假定校正误差为零,因此该指向误差即表示全部的指向误差。当轴外指向角位移 $\alpha_\gamma = 1\mu\text{rad}$ 时,$D_T = 5.94\text{cm}$ 与 $D_T = 9.42\text{cm}$ 分别对应 $\lambda = 1064\text{nm}$ 和 $\lambda = 1550\text{nm}$ 的情况下,满足 $\alpha_\gamma \leqslant \lambda / D_T$ 的条件。

表7.3 指向损耗因数计算的系数值

发射机遮光率	f_0	f_2	f_4	f_6
0.0	0.569797	-0.113421	0.0503535	-0.0292921
0.1	0.566373	-0.115327	0.0513655	-0.0299359
0.2	0.555645	-0.120457	0.0542465	-0.0317773
0.3	0.535571	-0.126992	0.0584271	-0.0344978
0.4	0.501381	-0.131777	0.0626752	-0.0374276

因此,在这两种情况下,指向损耗因子可以使用式(7.10)和表7.3中数值得到。对于遮蔽率 $\gamma_T = 0.2$ 的典型值,η_{TP} 在 1064 ~ 1550nm 波长下取值都接近 0.9。本书已经将这个损失因子纳入到7.2节的链路功率预算中。

7.1.2 大气传输损耗参数

大气传输损耗参数 L_s 基本上是距离损耗(也称为空间损耗)。当光束横穿链路长度(距离)R 时,产生 FSO 链路中最大的损耗,由下式给出,即

$$L_s = \left(\frac{\lambda}{4\pi R}\right)^2 \tag{7.11}$$

由于光学通信波长小于 RF 通信中使用的波长,因此相对应的光学系统产生的空间损耗明显高于 RF 系统空间损耗。

7.1.3 接收机参数

参数 G_R 是接收望远镜的增益,它是根据天线的收集区域参数和工作波长计算得到的。对于一个理想的接收孔径,其面积等于望远镜的未遮挡部分,接收机增益为[4]

$$G_R = \left(\frac{\pi D_R}{\lambda}\right)^2 (1 - \gamma_R^2) \tag{7.12}$$

式中:γ_R 为接收机遮蔽率,定义为接收机遮蔽直径与有效接收孔径的比值。

另一个接收机参数 η_R(式(7.1))是接收机光学透过率,它反映接收机中的传输损耗和反射损耗。其典型值为0.5~1。在链路功率预算计算中,取损耗 η_R 为0.7。距离方程中最后一个接收机参数 η_λ 是窄带滤波器传输损耗,典型值取0.7。

窄带滤波器是光通信系统中的重要组成部分,因为它会极大地影响灵敏度和背景噪声抑制。在理想情况下,滤波器应该在通带内具有100%的透射率,并且具有非常窄的光谱带宽 $\Delta\lambda_{filter}$(如1Å 或更小)。在计算背景噪声功率时,设 $\Delta\lambda_{filter}$ =10Å。

7.2 链路功率预算

在给定初始条件和边界条件(表7.1)以及其他系数/参数值(表7.4)的情况下,SC-BPSK调制方案的链路预算分析见表7.5。

表7.4 链路功率预算计算的各种通信链路单元/参数值

序号	单元/参数	参数值
1	激光功率 P_T/mW	3000
2	工作波长 λ/nm	1064、1550
3	接收望远镜直径 D_T/cm	5.94、9.42
4	发射遮蔽率 γ_T	0.2
5	发射光学效率 η_T	0.65
6	发射指向损失因子 η_{TP}	0.9
7	接收望远镜直径 D_R/cm	30
8	接收遮蔽率 γ_R	0.35
9	接收光学效率 η_R	0.7
10	频谱滤波器带宽 $\Delta\lambda_{filter}$/Å	10
11	数据率 R_b/(Mb/s)	500
12	链路距离 R/km	40000
13	天顶角 θ/(°)	0

表7.5 使用零天顶角的卫星上行链路的LDPC码的SC-BPSK调制方案的链路功率余量

发射机参数					
序号		绝对值		等效值	
		$\lambda=1064$nm	$\lambda=1550$nm	$\lambda=1064$nm	$\lambda=1550$nm
1	激光功率 P_T	3000mW	3000mW	34.77dBm	34.77dBm
2	发射望远镜 G_T 发射遮蔽率 $\gamma_T=0.2$ $\lambda=1064$nm($D_T=5.92$cm) $\lambda=1550$nm($D_T=9.42$cm)	3.13×10^{10}	3.64×10^{10}	105dB	105.61dB
3	发射光学效率 η_T	0.65	0.65	-1.87dB	-1.87dB
4	发射指向损失因子 η_{TP}	0.9	0.9	-0.45dB	-0.45dB
大气传输损耗参数					
5	空间损失 L_s	4.48×10^{-30}	9.50×10^{-30}	-293.48dB	-290.21dB
接收机参数					
6	接收望远镜增益 G_R 接收遮蔽率 $\gamma_T=0.35$, $D_R=30$cm	6.88×10^{11}	3.24×10^{11}	118.37dB	115.11dB
7	接收光学效率 η_R	0.7	0.7	-1.54dB	-1.54dB
8	NBF 传输损耗 η_λ	0.7	0.7	-1.54dB	-1.54dB
9	接收信号功率 P_R(根据前8项计算)	8.97×10^{-8}W	9.72×10^{-8}W	-40.74dBm	-40.12dBm
10	最低接收信号功率 P_R(单接收机)	5.24×10^{-8}W	3.63×10^{-8}W	-42.80dBm	-44.39dBm
11	最低接收信号功率 P_R(3台接收机)	2.96×10^{-8}W	2.05×10^{-8}W	-45.27dBm	-46.86dBm
12	最低接收信号功率 P_R(LDPC码)	9.97×10^{-9}W	6.91×10^{-9}W	-50.01dBm	-51.59dBm
13	单台发射机链路功率余量 (根据9、10项的 P_R 指标)	1.59	2.66	2.03dB	4.25dB
14	3台发射机链路功率余量 (根据9、11项的 P_R 指标)	2.77	4.62	4.43dB	6.65dB
15	LDPC码链路功率余量 (根据9、12项的 P_R 指标)	8.45	14.02	9.27dB	11.47dB

从表7.5可以看出,波长 $\lambda=1064$nm 和波长 $\lambda=1550$nm 的链路功率余量分别为2.03dB和4.25dB。在存在吸收和散射损耗的情况下,这些功率余量是无

法满足传输条件的。在这种情况下，将采用发射分集或 LDPC 码的方式提高链路功率余量。通过发射分集，功率余量在波长 $\lambda=1064\text{nm}$ 和波长 $\lambda=1550\text{nm}$ 时分别变为 4.43dB 和 6.65dB。这意味着每个波长情况下获得接近 2.40dB 的改善。在使用 LDPC 码情况下，功率余量在波长 $\lambda=1064\text{nm}$ 和波长 $\lambda=1550\text{nm}$ 时分别改善了 7.24dB 和 7.22dB。明显地，使用 LDPC 码提供了接近 4.80dB 的额外增益。因此，LDPC 码在改善链路功率余量方面比发射分集方式更有效。

需要指出的是，表 7.5 中给出的结果是天顶角为 0°的情况，对于其他天顶角，发射分集对功率余量的提高值也会变化。图 7.1 显示了波长 $\lambda=1064\text{nm}$ 和波长 $\lambda=1550\text{nm}$ 处发射分集的链路功率余量随天顶角的变化。运用这些数字可以看出，在波长 $\lambda=1064\text{nm}$ 和波长 $\lambda=1550\text{nm}$ 时，不同天顶角情况下的链路功率余量的变化趋势近乎一致。当 $\lambda=1064\text{nm}$ 时，链路功率余量随天顶角增加不断减小，在单台发射机和发射分集（$M=3$）的情况下也是如此。在单台发射机的情况下，链路余量在 $\theta\leqslant30°$时变化很小：随着 θ 值增加到 30°以上，链路功率余量开始显著减少。在发射分集情况下，随着天顶角的增加，链路功率余量下降趋势较缓。例如，在天顶角 $\theta=30°$时，图 7.1（a）中的功率余量从零天顶角处的 2.03dB（表 7.5 的第 13 行第 5 列）减少到 1.11dB。在发射分集（$M=3$）的情况下，图 7.1（a）中天顶角 $\theta=30°$处的功率余量从零天顶角时的 4.43dB（表 7.5 的第 14 行和第 5 列）减少到 3.82dB。在此天顶角情况下，使用 LDPC 的更加有利，它可带来 5.45dB 的增益，此时发射分集（$M=3$）带来增益仅为 4.80dB。

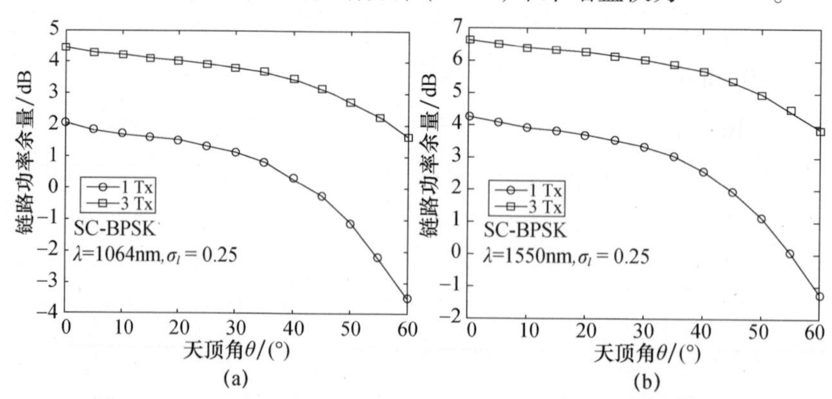

图 7.1 SC－BPSK 调制方案的链路功率余量与天顶角的变化

（a）$\lambda=1064\text{nm}$；（b）$\lambda=1550\text{nm}$ 时。

7.3 小结

FSO通信系统的性能取决于可用带宽、接收机灵敏度、发射机和接收机天线增益及环境条件。自由空间损耗是降低信号强度的主要因素之一。为了研究FSO通信系统的可用性,进行了链路预算分析。本章在两个通信工作波长(1064nm和1550nm)下进行了SC－BPSK调制方案的FSO链路预算。计算出地球和地球同步轨道卫星之间约40000km的链路功率预算。还分析了使用系统分集方法和纠错码对链路性能带来的改进。可以看出,使用单个发射机的链路余量不足以实现可靠的FSO链路。通过对发射系统分集($M=3$),在两个工作波长处都提高了近2.40dB的链路余量。如果使用LDPC码而不是发射分集,功率余量提高了接近7.24dB。此外,链路功率余量的大小还取决于天顶角,因此书中给出了不同天顶角($\theta=0°\sim60°$)情况下功率余量的变化。可以看出,这两种情况下功率余量都随着天顶角不断下降。然而,与单个发射机相比,发射分集系统中功率余量随天顶角的降低相对较小。因此,发射分集获得的链路功率余量改善在天顶角$\theta=30°$,波长为1064nm时更高,链路功率余量为2.71dB。

这意味着发射分集在较高的天顶角时,即便在不利的条件下也可得到更高增益。在相同的天顶角和波长下,如果使用LDPC码可得到相同的增益,即9.27dB。在这种情况下,由单个发射机上的LDPC码得到的增益是8.16dB。在天顶角$\theta=0°$和$\theta=30°$两处,由LDPC码带来的增益远大于发射分集带来的增益。随着天顶角的增加,这种趋势将会进一步增强,且对于1064nm和1550nm两种工作波长都成立。因此可得出结论,与发射分集($M=3$)相比,LDPC码在提高功率裕度方面更有效。

参考文献

1. B. J. Klein, J. J. Degnan, Optical antenna gain I: transmitting antennas. Appl. Opt. 13(9), 2134 –

2141 (1974)

2. V. A. Vilnrotter, The effect of pointing errors on the performance of optical communications systems, TDA progress report 42 – 63, Jet Propulsion Laboratory, Pasadena, 1981, pp. 136 – 146
3. P. W. Gorham, D. J. Rochblatt, Effect of antenna – pointing errors on phase stability and interferometric delay, TDA progress report 42 – 132, Jet Propulsion Laboratory, Pasadena, Feb 1998, pp. 1 – 19
4. W. K. Marshall, B. D. Burk, Received optical power calculations for optical communications link performance analysis, TDA progress report 42 – 87, Communication Systems Research Section, Jet Propulsion Laboratory, Pasadena, Sept 1986